"绿十字"安全基础建设新知丛书

安全生产应急救援知识

"'绿十字'安全基础建设新知丛书"编委会　编

中国劳动社会保障出版社

图书在版编目(CIP)数据

安全生产应急救援知识/《“绿十字”安全基础建设新知丛书》编委会编. —北京：中国劳动社会保障出版社，2014

“绿十字”安全基础建设新知丛书

ISBN 978-7-5167-0913-9

Ⅰ.①安… Ⅱ.①绿… Ⅲ.①安全生产-紧急事件-生产管理-基本知识 Ⅳ.①X92

中国版本图书馆 CIP 数据核字(2014)第 029452 号

中国劳动社会保障出版社出版发行

（北京市惠新东街 1 号　邮政编码：100029）

新华书店经销

*

北京地质印刷厂印刷　三河市华东印刷装订厂装订

787 毫米×1092 毫米　16 开本　19.25 印张　374 千字

2014 年 2 月第 1 版　　2014 年 2 月第 1 次印刷

定价：48.00 元

读者服务部电话：(010) 64929211/64921644/84643933

发行部电话：(010) 64961894

出版社网址：http://www.class.com.cn

版权专有　　　侵权必究

如有印装差错，请与本社联系调换：(010) 80497374

我社将与版权执法机关配合，大力打击盗印、销售和使用盗版图书活动，敬请广大读者协助举报，经查实将给予举报者奖励。

举报电话：(010) 64954652

编　委　会

主　任： 郑希文

副主任： 张力娜

委　员： 闫长洪　陈国恩　赵霁春　袁　晖　张力娜
张　平　曹　军　杨书宏　舒江华　张金保
丁　盛　张立军　王建平　赵钰波　刘丽华
郑　煜　高海燕　马若莹　李　康　谭　英
孟　超　司建中　尹之山　徐晋青　秦　芳
曾启勇　侯静霞　冯寿亭　童树飞　蔡峻涛
王金文　任　军　朱子博　彭　宁　张成利
赵继宽　石　英　张启发　张　兵　冯树林
王红颖　付永强　王　贺　牛建成　鲁小迪
王长江　王新文　朱永虎　李中武

内容提要

企业在生产过程中，不可避免地存在着各种危险因素，包括人员错误操作导致的危险、机械设备故障引起的危险、不良环境造成的危险，等等。在一定的条件下，这些危险因素就有可能导致事故的发生，从而造成人员伤亡和财产损失。在目前的安全科学技术条件下，还没有发展到能够有效预测和预防所有事故的程度，因此，事故的应急救援是必不可少的。

事故应急救援一定要科学化、规范化。科学化是指应急人员要有与事故应急救援相关的基本科学知识，有针对不同类型的事故采用科学的方法和手段施救的能力和水平。规范化是指应急工作要遵循一定的程序和步骤。在紧急状态下，用什么样的程序和步骤开展救援工作，如果救援程序不合理，就容易导致人员伤亡。因此，企业各级领导、班组长以及广大员工，必须要学习应急救援相关知识，掌握应急救援相关技能，这样才能在突如其来的事故面前，冷静处置，从容应对。

本书比较全面系统地介绍了安全生产应急救援相关知识、应急救援相关政策法规知识、应急救援管理知识、应急救援预案的制定、应急救援培训与演练知识、应急救援自救与互救知识，并且还对一些应急救援事例进行了分析。本书是各类企业开展安全生产应急救援教育培训的重要参考读物，也是各类企业安全管理的必备图书。本书还可以用于企业开展安全生产应急救援人员的培训教材，也可以作为班组安全生产活动的读物。

前 言

党中央、国务院高度重视安全生产工作，确立了安全发展理念和“安全第一、预防为主、综合治理”的方针，采取一系列重大举措加强安全生产工作，目前，以《安全生产法》为基础的安全生产法律法规体系不断完善，以“关爱生命、关注安全”为主旨的安全文化建设不断深入，安全生产形势也在不断好转，事故起数、重特大事故起数连续几年持续下降。

“十二五”时期，是全面建设小康社会的重要战略机遇期，是深化改革、扩大开放、加快转变经济发展方式的攻坚阶段，也是实现安全生产状况根本好转的关键时期。安全生产工作既要解决长期积累的深层次、结构性和区域性问题，又要积极应对新情况、新挑战，任务十分艰巨。随着经济发展和社会进步，全社会对安全生产的期望不断提高，广大从业人员安全健康观念不断增强，对加强安全监管、改善作业环境、保障职工安全健康权益等方面的要求越来越高。

2003—2013 年十年间，国务院先后发布了许多重要的安全生产法律法规，国家安全监管总局也制定了一系列安全生产监管规章，开始逐渐形成比较完善的安全生产法律法规体系。企业也迫切需要按照国家安全监管总局制定的安全生产“十二五”规划和工作部署，按照新的法律法规、部门规章的精神和实际需要的新知识丛书。

由于这些变化，我们在 2003 年出版的“‘绿十字’安全生产教育培训丛书”的基础上，根据新的法律法规、部门规章组织编写了“‘绿十字’安全基础建设新知丛书”，以满足企业在安全管理、安全教育、技术培训方面的要求。

本套丛书内容全面、重点突出，主要分为四个部分，即安全管理知识、安全培训知识、通用技术知识、行业安全知识。在这套丛书中，介绍了新的相关法律法规知识、企业安全管理知识、班组安全管理知识、行业安全知识和通用技术知识。读者对象主要为安全生产监管人员、企业管理人员、企业班组长和员工。

本套丛书的编写人员除安全生产方面的专家外，还有许多来自企业，其中大部分人对企业的各项工作十分熟悉，有着切身的感受，从选材、叙述、语言文字等方面更加注重班组的实际需要。

在企业安全生产工作中，人是起决定作用的关键因素，企业安全生产工作都需要具体人员来贯彻落实，企业的生产、技术、经营等活动也需要人员来实现。因此，加强人员的安全培训，实际上就是在保障企业的安全。安全生产是人们共同的追求与期盼，是国家经济发展的需要，也是企业发展的需要。

“‘绿十字’安全基础建设新知丛书”编委会

2014 年 1 月

目录

第一章　安全生产应急救援相关知识

我国是一个自然灾害、事故灾难等突发事件较多的国家，这些事件的发生，给人民群众的生命财产造成了巨大损失。为了提高企业和社会各方面依法应对突发事件的能力，及时有效控制、减轻和消除突发事件引起的严重社会危害，保护人民生命财产安全，维护国家安全、公共安全、环境安全和社会秩序，就需要未雨绸缪，有针对性、有组织地做好预防工作，对员工进行应急救援培训，定期组织应急演练，通过积极有效的措施，增强应对突发事件的能力，从而减少突发事件发生后人员和财产损失。

第一节　应急救援概述

我国自新中国成立以来，党中央和国务院就高度重视企业安全生产与职业卫生工作，制定了一系列安全生产、职业卫生方面的法律法规，为了应对突发事件，还成立了许多救援队伍，如矿山救护队、消防队、职业病防治中心，开发了许多应急救援装备。但是就总体而言，现代意义上的应急救援工作在我国还是刚开始起步。面对严峻的安全形势，迫切需要建立与现代工业化生产相适应的应急救援理念与方法，通过对应急救援工作的宣传教育，让现代应急救援理念、方法深入人心、广为所用，为应急救援工作的顺利开展打下坚实的基础。

一、我国应急管理的体系

1. 应急管理的概念

应急管理是指为了降低突发事件的危害，达到优化决策的目的，基于对突发事件的原因、过程及后果的分析，有效集成社会各方面的资源，对突发事件进行有效的应对、控制和处理。我国作为世界上人口最多的发展中国家，正处在经济与社会发展的快速转型期，也是公共安全突发事件的易发期。虽然，近几年来各级党委政府重视加强了公共安全工作，但部分地区、行业和领域的形势依然严峻，因此，加强应急管理工作十分必要。

突发公共事件是影响我国构建和谐社会主义社会的一个重要不利因素，我国突发公共事件主要包括：自然灾害、事故灾难、公共卫生事件、社会安全事件。

各类突发公共事件按照其性质、严重程度、可控性和影响范围等因素，一般分为Ⅰ级

（特别重大）、Ⅱ级（重大）、Ⅲ级（较大）、Ⅳ级（一般）四级。

一般情况下，国务院及有关部门、省级人民政府及有关部门负责处置特别重大、重大等级的事故（事件），市、县级地方人民政府及有关部门负责处置较大和一般等级的事故（事件）。对一些事件本身比较敏感或发生在敏感地区、敏感时间，或可能演化为特别重大、重大突发公共事件的，不受分级标准限制。

各类突发公共事件往往是相互交叉和关联的，某类突发公共事件可能和其他类别的事件同时发生，或引发次生、衍生事件，应当具体分析，统筹应对。

2. 应急管理的组织体系

应急管理的组织体系主要是：

（1）领导机构

国家层面上，国务院是应急管理工作的最高行政领导机构。在地方层面上，各级政府是所在地区应急管理工作的领导机构，一般都设立应急委员会。

（2）办事机构

国务院办公厅设置国务院应急管理办公室（国务院总值班室），是应急管理的办事机构。各级政府也设立与国务院应急管理办公室职能相对应的应急管理办事机构。

（3）工作机构

国务院及地方政府的主管部门依据有关法律、行政法规和各自的职责，负责相关类别应急管理工作。

（4）专家组

国家、地方政府及其主管部门根据实际需要聘请有关专家组成专家组，为应急管理提供决策建议，参加应急处置工作。

3. 应急管理的预案体系

我国的应急预案体系主要由国家总体应急预案、国家专项应急预案、国家部门应急预案、地方政府应急预案和基层单位应急预案组成。

应急管理的预案体系主要是：

（1）国家总体应急预案

这是全国应急预案体系的总纲，是国务院应对特别重大突发公共事件的规范性文件，适用于涉及跨省级行政区划的，或超出事发地省级人民政府处置能力的，或需要由国务院负责处置的特别重大突发公共事件的应对工作，由国务院制定并公布实施。

（2）国家专项应急预案

这是国务院及其有关部门为应对某一类型或某几类突发公共事件而制定的应急预案。

由国务院有关部门牵头制定，报国务院批准后实施。

（3）国家部门应急预案

这是国务院有关部门根据总体应急预案、专项应急预案和部门职责，为应对突发公共事件制定的预案。由国务院有关部门制定印发，报国务院备案。

（4）地方政府应急预案

地方政府应急预案包括省级人民政府的突发公共事件总体应急预案、专项应急预案和部门应急预案；各市（地）、县（市）人民政府及其基层政权组织的突发公共事件应急预案。这些预案在省级人民政府的领导下，按照分类管理、分级负责的原则，由地方人民政府及其有关部门分别制定并实施。

（5）基层单位应急预案

基层单位应急预案包括企事业单位以及社区街道、乡镇村屯等根据实际情况制定应急预案。

二、应急管理的运行机制

1. 应急管理运行机制概念

应急管理运行机制是指应急组织体系中各部分之间相互作用的方式和规律。为应对和处理突发事件而建立的应急体系和工作机制。应急运行机制有统一指挥、分级响应、属地管理、公众动员四个基本原则。

应急管理运行机制主要包括：预测预警机制、应急信息报告程序、应急决策协调机制、应急公众沟通机制、应急响应级别确定机制、应急处置程序、应急社会动员机制、应急资源征用机制和责任追究机制等内容。

2. 预测与预警

各级政府及有关部门要针对各种可能发生的突发公共事件，完善预测预警机制，开展风险分析，做到早发现、早报告、早处置；要综合分析可能引发突发公共事件的预测预警信息，并及时上报上级政府及有关部门。

（1）预警级别

根据突发公共事件可能造成的危害程度、紧急程度和发展势态，预警级别一般划分为Ⅰ级（特别严重，用红色表示）、Ⅱ级（严重，用橙色表示）、Ⅲ级（较重，用黄色表示）和Ⅳ级（一般，用蓝色表示）四级。

（2）预警信息发布

预警过程中所发布的信息包括突发公共事件的类别、预警级别、起始时间和可能影响范围等。预警信息的发布、调整和解除可通过广播、电视、报刊、通信、信息网络、警报器、宣传车或组织人员逐户通知等方式进行，对老、幼、病、残、孕等特殊人群以及学校等特殊场所和警报盲区应当采取有针对性的公告方式。

3. 应急处置

应急处置是应急运行机制的核心内容，必须按照相关的原则和程序进行。应急处置需要制定详细、科学的应对突发公共事件处置技术方案；明确各级指挥机构调派处置队伍的权限和数量，处置措施，队伍集中、部署的方式，专用设备、器械、物资、药品的调用程序，不同处置队伍间的分工协作程序。如果是国际行动，还必须符合国际机构行动要求。

（1）信息报告

按照国家总体预案要求，特别重大、重大突发公共事件发生后，省级人民政府、国务院有关部门要立即如实向国务院有关部门报告，最迟不得超过 4 小时，不得迟报、谎报、瞒报和漏报，同时通报有关地区和部门。目前，较大或一般等级的突发公共事件发生后，省级人民政府及部门要求市、县政府及有关部门最迟不得超过 2 小时向上级机关报告。敏感事件可不受分级标准限制。

（2）先期处置

突发公共事件发生后，事发地人民政府和有关单位要立即采取措施控制事态发展，组织开展应急救援工作，并及时向上级政府及部门报告。在报告特别重大、重大突发公共事件信息的同时，要根据职责和规定的权限启动相关应急预案，及时、有效地进行处置，控制事态发展。

（3）应急响应

对于事发地政府先期处置未能有效控制的事态，或者需要上级政府、部门直至国务院有关部门协调处置的，根据有关领导指示或者实际需要或事发地政府的请求以及上级主管部门的建议，经上级批准后，启动相关预案，开展应急响应。

（4）紧急状态

发生或者即将发生特别重大突发公共事件，采取一般处置措施无法控制和消除其严重社会危害，需要宣布全国或者个别省、自治区、直辖市进入紧急状态的，依法由国务院提请全国人民代表大会常务委员会决定或者由全国人民代表大会常务委员会依职权决定；需要宣布省、自治区、直辖市范围内部分地区进入紧急状态的，依法由有关省级人民政府提请国务院决定或者由国务院依职权决定。进入紧急状态的决定应当依法立即通过新闻媒体公布。

（5）应急结束

突发公共事件应急处置工作结束，或者相关危险因素消除后，现场应急指挥机构予以撤销。紧急状态终止的决定以及决定的宣布、公布由有关机关依据法定程序办理。

4. 恢复与重建

（1）善后处置

事发地政府及有关部门要积极稳妥、深入细致地做好善后处置工作。对突发公共事件中的伤亡人员、应急处置工作人员，以及紧急调集、征用有关单位及个人的物资，要按照规定给予抚恤、补助或补偿，并提供心理及司法援助。要做好疾病防治和环境污染消除工作，保险监管机构督促有关保险机构及时做好有关单位和个人损失的理赔工作。

（2）调查与评估

政府有关主管部门要会同事发地政府，对突发公共事件的起因、性质、影响、责任、经验教训和恢复重建等问题进行调查评估，并向上级政府作出报告。

（3）恢复重建

恢复重建工作由事发地政府负责。需要上一级政府援助的，事发地政府要提出解决建议或意见，按有关规定报经批准后组织实施。

5. 信息发布

突发公共事件的信息发布要及时、准确、客观、全面。由国务院负责处置的特别重大突发公共事件的信息发布，由国务院办公厅会同新闻宣传主管部门和牵头处置的国务院主管部门负责；由国务院部门负责处置的特别重大突发公共事件和跨省级行政区划的重大突发公共事件，由国务院主管部门发布有关信息；其他突发公共事件信息由事发地政府组织发布。具体按照国家和地方政府《突发公共事件新闻发布应急预案》执行。

三、应急管理的应急保障机制

按照国家和地方政府总体预案的要求，切实做好应对突发公共事件的人力、财力、物资、医疗卫生、交通运输、治安维护、通信、公共设施保障等工作，保证应急救援工作的需要和灾区群众的基本生活，以及恢复重建工作的顺利进行。

1. 人力保障

在我国，公安消防、医疗卫生、地震救援、矿山救护、抗洪抢险等专业应急救援队伍是处置突发公共事件的专业骨干力量；社会团体、企事业单位以及志愿者是社会力量；中国人民解放军和中国人民武装警察部队是处置突发公共事件的突击力量。

2. 财力保障

按照现行事权、财权划分原则，应急资金和工作经费实行中央和地方财政分级负担，按规定程序列入各级政府财政预算。

3. 物资保障

各级政府主管部门负责基本生活用品的应急供应及重要生活必需品的储备管理工作。建立健全重要应急物资监测网络、预警体系和应急物资生产、储备、调拨及紧急配送体系，完善应急工作程序，确保应急所需物资和生活用品的及时供应，并加强对物资储备的监督管理，及时予以补充和更新。

4. 医疗卫生保障

做好医疗应急准备工作，组织医疗救护，部署对生物、化学物品、饮用水、食品等监测工作，及时提出保护公众的对策和建议。

5. 交通运输保障

按照有关规划和应急预案的要求，根据应急工作的实际需要，建立健全应急装备和应急物资储备、维护、管理和调拨制度，储备必需的应急物资和运力，配备必要的专用应急指挥交通工具和应急通信装备，并确保应急物资装备处于正常使用状态。

6. 治安维护

及时设置隔离带，封锁和保护现场，疏散职工，迅速采取有效措施消除继发性危险，防止次生事故发生。要认真配合公安消防部门做好物证搜寻、排除险情工作，防止再次发生事故。

7. 通信保障

加强应急通信专业保障队伍建设，针对灾害分布进行合理配置，并展开相应的培训、演练及考核，提高队伍通信保障的实战能力。要按照统一部署，不断完善专业应急机动通信保障队伍，加强应急通信装备的配备，以满足应急通信保障工作的要求。

8. 公共设施保障

城市建设、环境保护、电力供应等部门确保突发事件发生时，煤、电、油、气、水的供给，以及废水、废气、固体废弃物等有害物质的监测和处理。

第二节　应急救援的原则与任务

事故应急救援工作是在预防为主的前提下，贯彻统一指挥、分级负责、区域为主、单位自救和社会救援相结合的原则。其中预防工作是事故应急救援工作的基础，除了平时做好事故的预防工作，避免或减少事故的发生外，还应落实好救援工作的各项准备措施，做到预有准备，一旦发生事故就能及时实施救援。

一、应急救援的原则与特点

1. 应急救援的原则

（1）统一指挥，步调一致的原则

统一指挥，步调一致，是应急救援的最基本原则。无论应急救援涉及单位的行政级别高低、隶属关系是否相同，都必须按照预案的要求，在指挥部的统一组织指挥下协调运行。做到号令统一，步调一致。

（2）属地管理，分级响应的原则

事故发生后，只有本企业、本地区对事发地的地理情况、气候条件、事故情况等信息了解得最直接、最清楚，也能以最快的速度到达现场进行救援，并能够就近灵活调动各种应急资源。因此，坚持属地管理的原则，会最快速、最合理地进行初期救援。与此同时，无论企业，还是地方政府，都必须坚持分级响应的原则。分级响应，主要是合理提高应急指挥级别、扩大应急范围、增加应急力量。分级响应，有利于节省应急资源，降低救援成本，弱化不良社会影响。

（3）快速反应，协同应对的原则

事故的发生通常具有突发性，快速蔓延的特点，因此，在事发初期，应急行动早开始一秒，就多一分主动，这就要求接到报警必须快速行动。同时，应急救援涉及装置操作、消防灭火、医疗救治等操作，是一件涉及面广、专业性强的工作，必须依靠各种救援力量的密切配合，协同应对，救援行动才能有序、高效，如果单打独斗，不仅不利于应急救援的成功，而且可能造成事故的恶化和扩大。

（4）以人为本，救人第一的原则

无论事故可能造成多大的财产损失，都必须把保障人民群众的生命安全和身体健康作为应急工作的出发点和落脚点，最大限度地减少突发事故、事件造成的人员伤亡和危害。

（5）预案科学，功能实用的原则

应急救援体系以能够实现及时、高效地开展应急救援为出发点和落脚点，根据应急救援工作的现实和发展的需要，建立高效的应急指挥系统，编制科学完整、简单实用、可操作性的应急预案，努力采用国内外的先进技术、先进装备，保证应急救援体系的先进性和实用性。

2. 应急救援的特点

在进行应急救援活动中，事故的突发性、演变的不确定性，会使在应急救援过程中，出现各种意料不到的情况，应急救援主要具有以下特点。

（1）应急救援复杂性

由于事故突发，事故的原因一般不会很快查清，事故原因不清，而且事故现场具有何种危险因素并不一定与预想的完全一致，因为要预想到一切可能的危险情况是不可能的，任何事前预想，都可能与实际情况出现或大或小的差异，这就使得救援行动很复杂。必须先摸清现场情况，综合进行事态分析，才能最终决定采取何种救援行动。

（2）应急救援艰巨性

应急救援的对象往往是突发重大事故的危险源，许多事故如油库火灾、井喷泄漏、船体爆炸、大楼着火等，即便按照预案要求迅速出动强大的应急救援力量，也很难迅速控制事态的发展。对这类事故的应急救援，注定是一项艰巨的任务，必须经过艰苦的努力，才能将事故控制住，这是不以人的意志为转移的。

（3）应急救援扩大性

重大事故一旦发生，必须在其突发初期进行及时处置，稍有延误，事故就会迅速发展扩大，甚至造成次生事故。同时，应急技术不对、装备不到位、错用抢险物资，都有可能造成事故的恶化和扩大。因此，应急救援不仅要行动迅速，而且要技术科学，操作准确。

（4）应急救援危险性

应急救援面对的是急需控制的事故，若事故不能得到有效控制，如易燃易爆有毒气体泄漏，就可能造成厂区员工、周围居民出现人员伤亡。同时，救援人员个体防护不当，也会造成人员的伤亡，而即便防护到位，也可能因事故突发新的情况，而受到致命伤害。如戴着呼吸器处理设备易燃易爆气体泄漏，突发气团爆炸，使救援人员根本来不及逃生，非死即伤。因此，应急救援具有极大的危险性，这就要求对各种可能的情况进行充分的考虑，对各种应急救援操作，在科学的基础上，细之又细，慎之又慎。

二、应急救援的基本任务

在各类突发事件中，自然灾害和事故灾难破坏力惊人，人员伤亡和财产损失巨大，需要迅速有效控制危害，其中道路交通事故、火灾、爆炸等事故灾难更为严重，发生地点又多为工矿企业、大中城镇等人员密集地，因而成为应急救援的主要对象。面对各类突发事件，应急救援的基本任务，主要有以下五项：

1. 迅速抢救人员

救人是应急救援的首要任务。抢救人员，包括以下几个层次：

（1）伤亡人员

事故发生后，对发现的伤亡人员，应立即进行抢救，该急救的急救，该转移的转移、该入院救治的入院救治。

（2）下落不明的遇险人员

事故发生后，首先对事故现场的人员进行抢救。即便遇险人员可能被初步判定死亡，也不应放弃救人，必须坚持“依然活着”的原则，深入现场，采取一切可能的安全方法，在避免造成新的人员伤亡的前提下，积极进行救援，以最大程度地减少人员的伤亡。

（3）周围公众

许多事故，都会对周围居民、路过行人等公众造成直接或潜在的生命、健康威胁。因此，必须高度重视事故对周围公众的威胁，该警告的警告，该疏散的及时疏散。避免造成不应有的人员伤亡。

2. 迅速控制危险源

在救人的同时，应迅速采取措施控制危险源，只有控制住危险源，事故才会从根本上得到控制。特别是在人口稠密地区出现危险物质泄漏或可能发生重大爆炸事故的情形，控制危险源，在某些时候比抢救现场的人员更重要，而且需要根据实际情况，作出放弃“少数人”保证“多数人”的应急决策。如果死搬教条、一味坚持“救人第一”的原则，很可能造成更大的伤亡。此时的放弃，也是对救人第一原则的坚持。

3. 保护生态

危险物品泄漏、燃烧、爆炸，会对大气、水质造成污染，在抢救过程中，使用大量消防水及化学灭火剂，也可能对水质造成污染。这些污染，轻则会对局部地区的居民造成不甚严重的健康危害，重则会引发生态灾难，产生广泛而恶劣的社会影响。如 2005 年 11 月 13 日，吉林石化公司双苯厂苯胺装置硝化单元发生着火爆炸事故，由于大量有毒污水流入松花江，结果造成松花江严重污染，严重影响了沿江居民的正常生活，如哈尔滨市因此停水 4 天，并跨越国界，引起了松花江流经俄罗斯的高度关注和强烈反应。因此，保护生态，也是应急救援的一个重要任务。

4. 消除危害，恢复常态

应急救援必须在事故现场得以控制，环境符合有关标准，直至次生、衍生事故隐患消除后，也即事故危害消除后，才能宣布现场应急结束。因此，消除危害是应急救援的目标，也是应急救援的任务。在应急结束之后，还须进行应急恢复，使生产、生活、工作恢复到正常秩序，才算一次完整的应急救援行动正式结束。

5. 评估事故危害，改进事故预案

应急救援结束，要对事故危害情况进行评估，总结经验教训，对事故预案进行评审改进，为今后的应急救援工作提供更为科学的应急救援预案，以提高应急救援水平。

三、加强应急救援工作的迫切性

1. 加强应急救援工作是应对严峻的安全生产形势的需要

新中国成立后，我国经济得到了飞速的发展。特别是改革开放以来，随着经济体制从计划经济向市场经济的转变，国民经济长期保持了高速增长，目前，我国正处在向工业化转型的关键时期。

然而，在工业化加速发展的同时，我国也步入各类生产安全事故的“易发期”。一方面，粗放型经济增长方式尚未根本转变，“煤电油运”持续紧张，能源原材料工业和交通运输满负荷甚至超负荷运行；一些行业特别是煤炭行业长期负重爬坡，安全生产基础相当薄弱；农村劳动力大量转移，而培训教育又相对滞后等，都加大了安全生产的压力。近些年来，安全生产形势却非常严峻：每年有约 13 万事故遇难者，几乎平均每 3 天就有 1 起 10 人以上遇难的事故、1 个月 1 起 30 人以上遇难的事故，每年事故损失高达 2 500 多亿元，其中，2002 年成为新中国成立以来的高峰期，死亡 14 万人。严峻的安全形势，与持续快速发展的中国经济以及人们日益提高的物质文化生活极不和谐，与全面建设小康社会的宏伟目标极不协调，因此，加强安全生产应急救援工作成为一项迫切的任务。

工业化国家的统计表明，有效的应急系统可将事故损失降低到无应急系统的 6%。因此，面对当前安全生产事故涉及行业多、地域广、频率高的现状，迫切需要建立覆盖重、特大事故多发行业和地区、运转协调、反应快速的安全生产应急救援体系，提高安全生产事故应急救援的效率和效果，减少事故造成的生命和财产损失。

2. 加强应急救援工作是完善安全生产监管体系的要求

安全生产工作包括事故预防、应急救援和事故调查处理三个主要方面，其中事故应急

救援承上启下，与事故预防和事故调查处理密切联系。

应急救援的一个重要作用，就是降低突发事故的危害程度，将事故损失最大限度地降低，是事故预防措施的重要补充和发生事故后的重要补救措施。因此，安全生产应急救援体系是安全生产监管体系的重要组成部分，它的运行状态直接关系到安全生产工作体系的完整性和有效性。

长期以来，我国在事故预防和事故调查处理方面打下了良好的工作基础，但应急救援起步较晚，一直是安全生产监管体系的一个薄弱环节。加强和完善我国安全生产监督管理体系，迫切需要建立健全我国安全生产应急救援体系。

3. 加强应急救援工作是应对突发事件的要求

安全生产应急救援体系与公共卫生应急救援体系、自然灾害应急救援体系、社会安全应急救援体系共同构成国家应急体系，是国家突发公共事件管理的重要支撑和主要组成部分。建立健全安全生产应急体系有利于合理配置资源、实现资源共享、避免重复建设，符合提高行政效率的原则，是完善国家突发公共事件管理体系、提高政府应对突发事件能力的要求。对此，《安全生产法》《国务院关于进一步加强安全生产工作的决定》等法律法规也有明确的规定。

4. 加强应急救援工作是人们安全需求层次日益提高的要求

现代安全需求层次理论认为，在人类的进程中，安全需求也在不断随着社会的进步而发生变化。

（1）生理本能需求

生理本能需求即对外来的危险本能地予以抗拒，但由于对自然界的认识程度非常低下，对外来的危险不能辨识，不能发挥人的主观能动作用，产生具有安全意识支配的防御或化解行为，减轻或者免除伤害。此时，首先是寻找食物以求生存，对外来的伤害只能产生非条件反射的本能反抗动作，而不是主动反击行为。这种本能抵抗的结果是，几乎无法避免危险带来的伤害，死亡经常发生，但与划伤、骨折伤害一样都是可接受的风险。人们的期望是活着。

（2）安全需求

经过了漫长的年代，人类在与大自然的斗争中，付出了惨重的代价，也积累了经验，丰富了知识，创造了工具，掌握了抵御所在局部生存环境中外界伤害的技能，生存安全已经基本得到保障。随着社会的发展进步，人们不再仅满足于生存，而是提出了更高的要求：一是延长寿命，这不仅是希望，而且也成为可能；二是追求安全，要避免头部、胳膊、腿等任何部位的意外伤害，不仅要长寿地活着，而且要活得健康。

(3) 优质生活需求

人类社会不会停止发展的脚步。随着科学技术的持续进步和物质生活的极大丰富，人们的生命不再受到威胁，健康得到保障，设备、设施、器材、工艺的本质安全化程度极高，工作环境舒适宜人，各种不安全因素都得到了程序化控制，在社会活动中的人类已经基本不用考虑安全问题，健康的身体、愉悦的心理和舒适的环境，成为生命活动的重要前提。

这三个需求层次的不断提升，也要求应急救援水平必须同步提高，不断满足人们对工作、生活、生命安全与健康的相应要求，如若不然，就会阻碍社会的和谐发展。以人为本，保障人民的生命财产免受损害，是树立科学发展观、构建和谐社会的本质和核心。要保障人民的生命财产免受损害，就必须建立科学、高效的应急管理体系，大力提高应急救援能力。因此，强化应急管理，提高应急救援能力，是时代所需，民众所需，极为迫切。

5. 加强应急救援工作是建立集中统一的应急救援体系的需要

国外经验表明，建立一个由政府集中统一指挥、有权威的应急救援协调指挥机构是应对特别重大事故灾难的重要举措。俄罗斯、美国、德国、日本等发达国家都设有专门的、相对集中的应急管理领导机构和指挥协调机构。因此，加强应急救援工作极为迫切，任重道远。

在以人为本、构建和谐社会的政策方针指引下，党中央、国务院对应急工作给予了前所未有的空前重视，作出了诸多具有重要现实意义和决策意义的重大决策。这些战略性的决策和部署，大大推进了应急工作的深入开展，并迅速取得了一定的成绩，但是，从其中存在的问题不难看出，与安全生产的实际需要之间，仍存在较大差距。

必须适应加快工业化、城市化进程和信息化、社会化发展的要求，在成立国家安全生产应急救援指挥中心的基础上，把全国的应急救援资源组织起来，整合到一起，尽快形成健全完善、统一协调的安全生产应急救援体系和工作机制，整体提高国家应对重特大事故灾害的能力，充分实现应急救援的各项功能，实现应急救援的目标，适应加强安全生产，保障人民的生命财产免受损害，保障构建和谐社会目标的顺利实现。

第二章 安全生产应急救援相关政策法规知识

应急管理和应急救援工作，是企业预防事故灾害的一项重要工作，本着“重在预防，关口前移，防患于未然”的思路，要从制度上预防突发事件的发生，及时消除事故隐患。突发事件的演变，一般都有一个过程，这个过程从本质上看是可控的，只要措施得力、应对有方，完全可以预防和减少突发事件的发生，减轻和消除突发事件引起的严重社会危害。因此，《突发事件应对法》以及其他相关法律法规以及部门规章，把预防和减少突发事件的发生，作为立法的重要目的和出发点，对突发事件的预防、应急准备、监测、预警等制度作了详细规定。

第一节 应急法制建设

没有健全的法制，就不会有工作规则，管理就会出现混乱。应急管理同样如此。应急管理的基础是应急法治建设，通过法律法规、规章规范以及各项标准的规定，明确管理工作的规则、应急救援工作的规则，从而保证应急管理工作的顺利开展，保证应急救援的顺利进行。

一、法制基础知识

1. 法的广义性与狭义性

从广义上讲，法是指国家按照统治阶级利益和意志制定或者认可、并由国家强制力保证其实施的行为规范的总和。

从狭义上讲，法是专指拥有立法权的机关依照立法程序制定和颁布的规范性文件，即具体的法律规范，包括宪法、法令、法律、行政法规、地方性法规、行政规章、判例、习惯法等各种成文法和不成文法。

在人们的日常生活中，使用法律一词，多是广义性的。如“执法必严”“法律面前人人平等”，其中涉及的法和法律都是从广义上讲的。为了加以区别，法学专业领域将广义的法律称之为法；但在很多场合，二者都根据约定俗成原则，统称为法律。

2. 法的分类

按照法的法律地位和法律效力的层级，其分类如下：

(1) 宪法

宪法是国家的根本法，具有最高的法律地位和法律效力。

(2) 法律

广义的法律与法同义。狭义的法律特指由享有国家立法权的机关依照一定的立法程序制定和颁布的规范性文件。法律的地位和效力仅次于宪法。

(3) 行政法规

行政法规是国家行政机关制定的规范性文件的总称。狭义的行政法规专指最高国家行政机关即国务院制定的规范性文件。行政法规的名称通常为条例、规定、办法、决定等。

(4) 地方性法规

地方性法规是指地方国家机关依照法定职权和程序制定和颁布的、施行于本行政区域的规范性文件。

(5) 行政规章

行政规章是指国家机关依照行政职权所制定、发布的针对某一类事件、行为或者某一类人员的行政管理的规范性文件。

行政规章分为部门规章和地方政府规章两种。部门规章是指国务院的部、委员会和直属机构依照法律、行政法规或者国务院授权制定的在全国范围内实施行政管理的规范性文件。地方政府规章是指有地方性法规制定权的地方人民政府依照法律、行政法规、地方性法规或者本级人民代表大会或其常务委员会授权制定的在本行政区域实施行政管理的规范性文件。

3. 法的效力

法的效力，即法的生效范围，是指法对什么人、在什么地方、什么时间发生效力。

(1) 对人的效力

法律对什么人产生效力，大体有三种情况：一是属人原则。以国籍为主，法律只对本国人适用，不适用于外国人。二是属地原则。以地域为主，法律对该国主权控制下的陆地、水域及其水底、底土和领空内有绝对效力。不论本国人、外国人，均适用。三是属地原则与属人原则相结合。即凡居住在一国领土内者，无论本国人，还是外国人，原则上一律适用该国法律；但在某些问题上，对外国人仍要适用其本国法律；特别是依照国际惯例和条约，享有外交特权和豁免权的外国人，仍适用其本国法律。我国法的效力采用第三种情况，即属人原则与属地原则相结合的原则。

（2）关于地域的效力

法的地域效力，包括三个方面的内容：一是在全国范围内生效。如全国人大及其常委会制定的规范性法律，除有特殊规定之外，一般都在全国范围内有效。二是在局部地区有效。一般是指地方国家机关制定的规范性法律文件。三是不但在国内有效，而且在一定条件下可以超出国境。《中华人民共和国刑法》第八条规定：外国人在中华人民共和国领域外对中华人民共和国国家或者公民犯罪，而按本法规定的最低刑为三年以上有期徒刑的，可以适用本法，但是按照犯罪地的法律不受处罚的除外。

（3）关于时间的效力

这是指法律何时生效、何时终止。主要有两种情况：一是自法律公布之日起生效。二是法律另行规定生效时间。

（4）关于层级的效力

法的层级不同，其法律地位和效力也不同。上位法是指法律地位、法律效力高于其他相关法的法律。下位法是相对于上位法而言，是指法律地位、法律效力低于相关上位法的法律。上位法的效力要高于下位法；在同一层级上，特殊法优于普通法。如《宪法》与《安全生产法》，《宪法》就是上位法，《安全生产法》是下位法，《宪法》的效力就要高于《安全生产法》。

《宪法》具有最高的法律效力，一切法律、行政法规、地方性法规、自治条例和单行条例、规章都不得同《宪法》相抵触。

法律的效力高于行政法规、地方性法规、规章。全国人民代表大会常务委员会的法律解释同法律具有同等效力。

行政法规的效力高于地方性法规、规章。

地方性法规的效力高于本级和下级地方政府规章。

省、自治区的人民政府制定的规章的效力高于本行政区域内的较大的市的人民政府制定的规章。

自治条例和单行条例依法对法律、行政法规、地方性法规作变通规定的，在本自治地方适用自治条例和单行条例的规定。

经济特区法规根据授权对法律、行政法规、地方性法规作变通规定的，在本经济特区适用经济特区法规的规定。

部门规章之间、部门规章与地方政府规章之间具有同等效力，在各自的权限范围内施行。

同一机关制定的法律、行政法规、地方性法规、自治条例和单行条例、规章，特别规定与一般规定不一致的，适用特别规定；新的规定与旧的规定不一致的，适用新的规定。

普通法是指适用于某领域中普遍存在的基本问题、共性问题的法律规范。如《安全生产法》就是安全领域中的普通法。

特殊法是相对于普通法而言，适用于该领域中存在的特殊性、专业性问题的法律规范，它们比普通法更有专业性、具体性、可操作性，如《消防法》就是安全生产领域中的特殊法，如遇到消防问题时，《消防法》效力就高于《安全生产法》。

4. 法的适用原则

法的适用原则主要有三个：

（1）法律适用机关依法独立行使职权

国家行政机关和人民法院、人民检察院等司法机关必须依照法律规定行使职权，依法行使职权不受其他国家机关、社会团体和个人的干涉。

（2）以事实为依据，以法律为准绳

适用法律时，必须尊重客观事实，实事求是，并严格依照法律规定办事，不能徇私枉法。

（3）法律面前人人平等

一是权利和义务平等，即公民不分性别、民族、种族、职业等，一律平等地享有法律规定的权利、平等地承担法律规定的义务，坚决反对特权。二是责任平等，即公民在适用法律上一律平等。它要求司法机关在适用法律时，以同一法定标准对待所有公民。

5. 法律责任

法律责任是指由于违法行为而应当承担的法律后果。按照违法的性质、程度不同，法律责任可以分为刑事责任、行政责任和民事责任。

二、加强应急救援法制建设的重要性

1. 充分认识加强应急救援法制建设的重要性

应急工作事关人民群众生命财产安全，事关改革发展和社会稳定大局，加强应急法制建设，有利于规范应急管理与应急救援工作，有利于避免、减少事故的发生，有利于避免、减少人员的伤亡和财产损失，有利于社会的稳定，有利于创造良好的经济效益、生态效益和社会效益。

没有健全的法则，就会失去规则，应急管理就会混乱，应急救援目标就不可能实现。加强应急法制建设，是保障应急工作顺利开展，实现应急预期目标的有力武器。特别是随着时代的发展，依法治国、建设社会主义法治国家成为当前我国政府治理国家的基本方针。以人为本，科学发展，构建和谐社会成为新时期各项建设的重要指导思想。因此，加强应急法制建设，是工作所需，时代所需，不仅极为必要，而且极为重要。

2. 我国应急管理和应急救援体系的构建

2003年5月，国务院在抗击非典型性肺炎（以下简称非典）的关键时刻，公布和实施了《突发公共卫生事件应急条例》，将应对突发公共卫生事件纳入法制化轨道。从2003年下半年开始，党中央和国务院随即开始认真总结防治非典工作的经验和教训，布置了应急管理“一案三制”（即：应对突发公共卫生事件所制定的应急预案、管理体制、运行机制和有关法律制度）建设工作，拉开了我国应急管理体系构建工作的序幕。

2006年1月，《国家突发公共事件总体应急预案》经国务院第79次常务会议讨论通过。2006年2月，国家安全生产应急救援指挥中心成立。2006年4月，国务院作出关于实施国家突发公共事件总体应急预案的决定。2006年5—6月，国务院印发4大类25件专项应急预案，80件部门预案以及省级总体应急预案也相继出台，至此，国家应急预案框架体系初步形成。在安全生产领域，我国目前已经形成了全国性的应急预案体系。

2007年8月30日，第十届全国人大常委会第29次会议通过了《中华人民共和国突发事件应对法》（以下简称《突发事件应对法》），并于2007年11月1日起施行。《突发事件应对法》的公布施行，是我国法制建设的一件大事，标志着突发事件应对工作全面纳入法制化轨道，也标志着依法行政进入更广阔的领域，对于提高全社会应对突发事件的能力，及时有效地控制、减轻和消除突发事件引起的严重社会危害，保护人民生命财产安全，维护国家安全、公共安全和环境安全，构建社会主义和谐社会，都具有重要意义。当前，学习好、宣传好、执行好这部法律，是各级国家行政机关的重要责任。

《突发事件应对法》主要着眼于应对突发危机行政措施的有效性和合法性。一方面立法需要授予政府足够的权力，以有效地控制和克服危机；另一方面还要依法规范行政机关应急权力的行使，使国家和社会应对危机的代价降到最低限度。

据统计，我国目前已经制定涉及突发事件应对的法律35件、行政法规37件、部门规章55件，有关文件111件。国务院和地方人民政府制定了有关自然灾害、事故灾难、公共卫生事件和社会安全事件的应急预案，突发事件应急预案体系初步建立。同时，应急管理机构和应急保障能力建设也得到进一步加强。

第二节 应急管理与应急救援相关政策法规

我国地域辽阔、人口众多，是一个自然灾害、公共卫生事件、事故灾难等突发事件较多的国家，能否有效预防和处置突发事件，直接考验政府以及企业的应急管理的能力。应对突发事件不能仅依靠经验，更重要的应当依靠法制，这是我国在处置各类突发事件的实践中总结出来的经验和教训。近年来，国家先后发布了一系列法律法规，强化应急管理和应急救援的法制建设，也取得了重要的进展，应急管理和应急救援的法制建设初步建成，并且在各类突发事件中发挥了重要作用。

一、《突发事件应对法》相关要点

2007 年 8 月 30 日，《中华人民共和国突发事件应对法》（中华人民共和国主席令第 69 号）已由全国人民代表大会常务委员会第 29 次会议通过，自 2007 年 11 月 1 日起施行。

《突发事件应对法》共分为七章七十条，各章内容为：第一章总则，第二章预防与应急准备，第三章监测与预警，第四章应急处置与救援，第五章事后恢复与重建，第六章法律责任，第七章附则。制定本法的目的，是为了预防和减少突发事件的发生，控制、减轻和消除突发事件引起的严重社会危害，规范突发事件应对活动，保护人民生命财产安全，维护国家安全、公共安全、环境安全和社会秩序。本法适用于突发事件的预防与应急准备、监测与预警、应急处置与救援、事后恢复与重建等应对活动。

《突发事件应对法》中所称突发事件，是指突然发生，造成或者可能造成严重社会危害，需要采取应急处置措施予以应对的自然灾害、事故灾难、公共卫生事件和社会安全事件。按照社会危害程度、影响范围等因素，自然灾害、事故灾难、公共卫生事件分为特别重大、重大、较大和一般四级。

1. 总则中有关原则性的规定

在第一章总则中，对相关原则性问题作了规定。

《突发事件应对法》规定：突发事件应对工作实行预防为主、预防与应急相结合的原则。国家建立重大突发事件风险评估体系，对可能发生的突发事件进行综合性评估，减少重大突发事件的发生，最大限度地减轻重大突发事件的影响。国家建立有效的社会动员机制，增强全民的公共安全和防范风险的意识，提高全社会的避险救助能力。

《突发事件应对法》规定：有关人民政府及其部门采取的应对突发事件的措施，应当与突发事件可能造成的社会危害的性质、程度和范围相适应；有多种措施可供选择的，应当选择有利于最大程度地保护公民、法人和其他组织权益的措施。公民、法人和其他组织有义务参与突发事件应对工作。

有关人民政府及其部门为应对突发事件，可以征用单位和个人的财产。被征用的财产在使用完毕或者突发事件应急处置工作结束后，应当及时返还。财产被征用或者征用后毁损、灭失的，应当给予补偿。

2. 预防与应急准备的有关规定

在第二章预防与应急准备中，对相关事项作了规定。

国家建立健全突发事件应急预案体系。国务院制定国家突发事件总体应急预案，组织制定国家突发事件专项应急预案；国务院有关部门根据各自的职责和国务院的相关应急预案，制定国家突发事件部门应急预案。地方各级人民政府和县级以上地方各级人民政府有关部门根据有关法律、法规、规章、上级人民政府及其有关部门的应急预案以及本地区的实际情况，制定相应的突发事件应急预案。应急预案制定机关应当根据实际需要和情势变化，适时修订应急预案。应急预案的制定、修订程序由国务院规定。

所有单位应当建立健全的安全管理制度，定期检查本单位各项安全防范措施的落实情况，及时消除事故隐患；掌握并及时处理本单位存在的可能引发社会安全事件的问题，防止矛盾的激化和事态扩大化；对本单位可能发生的突发事件和采取安全防范措施的情况，应当按照规定及时向所在地人民政府或者人民政府有关部门报告。

矿山、建筑施工单位和易燃易爆物品、危险化学品、放射性物品等危险物品的生产、经营、储运、使用单位，应当制定具体应急预案，并对生产经营场所、有危险物品的建筑物、构筑物及周边环境开展隐患排查，及时采取措施消除隐患，防止发生突发事件。

公共交通工具、公共场所和其他人员密集场所的经营单位或者管理单位应当制定具体应急预案，为交通工具和有关场所配备报警装置和必要的应急救援设备、设施，注明其使用方法，并显著标明安全撤离的通道、路线，保证安全通道、出口的畅通。有关单位应当定期检测、维护其报警装置和应急救援设备、设施，使其处于良好状态，确保正常使用。

各级各类学校应当把应急知识教育纳入教学内容，对学生进行应急知识教育，培养学生的安全意识和自救与互救能力。

3. 监测与预警的有关规定

在第三章监测与预警中，对相关事项作了规定。

国务院建立全国统一的突发事件信息系统。县级以上地方各级人民政府应当建立或者确定本地区统一的突发事件信息系统，汇集、储存、分析、传输有关突发事件的信息，并与上级人民政府及其有关部门、下级人民政府及其有关部门、专业机构和监测网点的突发事件信息系统实现互联互通，加强跨部门、跨地区的信息交流与情报合作。

国家建立健全突发事件监测制度。县级以上人民政府及其有关部门应当根据自然灾害、事故灾难和公共卫生事件的种类和特点，建立健全基础信息数据库，完善监测网络，划分监测区域，确定监测点，明确监测项目，提供必要的设备、设施，配备专职或者兼职人员，对可能发生的突发事件进行监测。

国家建立健全突发事件预警制度。可以预警的自然灾害、事故灾难和公共卫生事件的预警级别，按照突发事件发生的紧急程度、发展势态和可能造成的危害程度分为一级、二级、三级和四级，分别用红色、橙色、黄色和蓝色标识，一级为最高级别。

《突发事件应对法》规定：发布三级、四级警报，宣布进入预警期后，县级以上地方各级人民政府应当根据即将发生的突发事件的特点和可能造成的危害，采取下列措施：

(1) 启动应急预案；

(2) 责令有关部门、专业机构、监测网点和负有特定职责的人员及时收集、报告有关信息，向社会公布反映突发事件信息的渠道，加强对突发事件发生、发展情况的监测、预报和预警工作；

(3) 组织有关部门和机构、专业技术人员、有关专家学者，随时对突发事件信息进行分析评估，预测发生突发事件可能性的大小、影响范围和强度以及可能发生的突发事件的级别；

(4) 定时向社会发布与公众有关的突发事件预测信息和分析评估结果，并对相关信息的报道工作进行管理；

(5) 及时按照有关规定向社会发布可能受到突发事件危害的警告，宣传避免、减轻危害的常识，公布咨询电话。

发布一级、二级警报，宣布进入预警期后，县级以上地方各级人民政府除采取本法规定的措施外，还应当针对即将发生的突发事件的特点和可能造成的危害，采取下列一项或者多项措施：

(1) 责令应急救援队伍、负有特定职责的人员进入待命状态，并动员后备人员做好参加应急救援和处置工作的准备；

(2) 调集应急救援所需物资、设备、工具，准备应急设施和避难场所，并确保其处于良好状态、随时可以投入正常使用；

(3) 加强对重点单位、重要部位和重要基础设施的安全保卫，维护社会治安秩序；

(4) 采取必要措施，确保交通、通信、供水、排水、供电、供气、供热等公共设施的安全和正常运行；

(5) 及时向社会发布有关采取特定措施避免或者减轻危害的建议、劝告；

(6) 转移、疏散或者撤离易受突发事件危害的人员并予以妥善安置，转移重要财产；

(7) 关闭或者限制使用易受突发事件危害的场所，控制或者限制容易导致危害扩大的公共场所的活动；

(8) 法律、法规、规章规定的其他必要的防范性、保护性措施。

4. 应急处置与救援的有关规定

在第四章应急处置与救援中，对相关事项作了规定。

自然灾害、事故灾难或者公共卫生事件发生后，履行统一领导职责的人民政府可以采取下列一项或者多项应急处置措施：

（1）组织营救和救治受害人员，疏散、撤离并妥善安置受到威胁的人员以及采取其他救助措施；

（2）迅速控制危险源，标明危险区域，封锁危险场所，划定警戒区，实行交通管制以及其他控制措施；

（3）立即抢修被损坏的交通、通信、供水、排水、供电、供气、供热等公共设施，向受到危害的人员提供避难场所和生活必需品，实施医疗救护和卫生防疫以及其他保障措施；

（4）禁止或者限制使用有关设备、设施，关闭或者限制使用有关场所，中止人员密集的活动或者可能导致危害扩大的生产经营活动以及采取其他保护措施；

（5）启用本级人民政府设置的财政预备费和储备的应急救援物资，必要时调用其他急需物资、设备、设施、工具；

（6）组织公民参加应急救援和处置工作，要求具有特定专长的人员提供服务；

（7）保障食品、饮用水、燃料等基本生活必需品的供应；

（8）依法从严惩处囤积居奇、哄抬物价、制假售假等扰乱市场秩序的行为，稳定市场价格，维护市场秩序；

（9）依法从严惩处哄抢财物、干扰破坏应急处置工作等扰乱社会秩序的行为，维护社会治安；

（10）采取防止发生次生、衍生事件的必要措施。

第五十二条规定：履行统一领导职责或者组织处置突发事件的人民政府，必要时可以向单位和个人征用应急救援所需设备、设施、场地、交通工具和其他物资，请求其他地方人民政府提供人力、物力、财力或者技术支援，要求生产、供应生活必需品和应急救援物资的企业组织生产、保证供给，要求提供医疗、交通等公共服务的组织提供相应的服务。

履行统一领导职责或者组织处置突发事件的人民政府，应当组织协调运输经营单位，优先运送处置突发事件所需物资、设备、工具、应急救援人员和受到突发事件危害的人员。

任何单位和个人不得编造、传播有关突发事件事态发展或者应急处置工作的虚假信息。

突发事件发生地的公民应当服从人民政府、居民委员会、村民委员会或者所属单位的指挥和安排，配合人民政府采取的应急处置措施，积极参加应急救援工作，协助维护社会秩序。

5. 事后恢复与重建的有关规定

在第五章事后恢复与重建中，对相关事项作了规定。

突发事件应急处置工作结束后，履行统一领导职责的人民政府应当立即组织对突发事件造成的损失进行评估，组织受影响地区尽快恢复生产、生活、工作和社会秩序，制订恢复重建计划，并向上一级人民政府报告。受突发事件影响地区的人民政府应当及时组织和协调公安、交通、铁路、民航、邮电、建设等有关部门恢复社会治安秩序，尽快修复被损坏的交通、通信、供水、排水、供电、供气、供热等公共设施。

公民参加应急救援工作或者协助维护社会秩序期间，其在本单位的工资待遇和福利不变；表现突出、成绩显著的，由县级以上人民政府给予表彰或者奖励。县级以上人民政府对在应急救援工作中伤亡的人员依法给予抚恤。

履行统一领导职责的人民政府应当及时查明突发事件的发生经过和原因，总结突发事件应急处置工作的经验教训，制定改进措施，并向上一级人民政府提出报告。

6. 法律责任的有关规定

在第六章法律责任中，对相关事项作了规定。

有关单位有下列情形之一的，由所在地履行统一领导职责的人民政府责令停产停业，暂扣或者吊销许可证或者营业执照，并处五万元以上二十万元以下的罚款；构成违反治安管理行为的，由公安机关依法给予处罚：

（1）未按规定采取预防措施，导致发生严重突发事件的；

（2）未及时消除已发现的可能引发突发事件的隐患，导致发生严重突发事件的；

（3）未做好应急设备、设施日常维护、检测工作，导致发生严重突发事件或者突发事件危害扩大的；

（4）突发事件发生后，不及时组织开展应急救援工作，造成严重后果的。

前款规定的行为，其他法律、行政法规规定由人民政府有关部门依法决定处罚的，从其规定。

违反本法规定，编造并传播有关突发事件事态发展或者应急处置工作的虚假信息，或者明知是有关突发事件事态发展或者应急处置工作的虚假信息而进行传播的，责令改正，给予警告；造成严重后果的，依法暂停其业务活动或者吊销其执业许可证；负有直接责任的人员是国家工作人员的，还应当对其依法给予处分；构成违反治安管理行为的，由公安机关依法给予处罚。

单位或者个人违反本法规定，不服从所在地人民政府及其有关部门发布的决定、命令或者不配合其依法采取的措施，构成违反治安管理行为的，由公安机关依法给予处罚。

单位或者个人违反本法规定，导致突发事件发生或者危害扩大，给他人人身、财产造成损害的，应当依法承担民事责任。

违反本法规定，构成犯罪的，依法追究刑事责任。

二、《突发事件应对法》有关问题解答

2007 年 8 月 30 日，第 10 届全国人民代表大会常务委员会第 29 次会议通过了《中华人民共和国突发事件应对法》（以下简称《突发事件应对法》），并于 2007 年 11 月 1 日起施行。日前，国务院法制办负责人就《突发事件应对法》有关问题，回答了新华社记者的提问。

1. 为什么要制定《突发事件应对法》?

我国是一个自然灾害、事故灾难等突发事件较多的国家。各种突发事件的频繁发生，给人民群众的生命财产造成了巨大损失。党和国家历来高度重视突发事件应对工作，采取了一系列措施，建立了许多应急管理制度。改革开放以后，特别是近些年来，国家高度重视突发事件应对法制建设，取得了显著成绩。据统计，我国目前已经制定涉及突发事件应对的法律 35 部、行政法规 37 部、部门规章 55 部，有关文件 111 份。国务院和地方人民政府制定了有关自然灾害、事故灾难、公共卫生事件和社会安全事件的应急预案，突发事件应急预案体系初步建立。同时，应急管理机构和应急保障能力建设得到进一步加强。但是，突发事件应对工作还存在一些突出问题：一是应对突发事件的责任不够明确，统一、协调、灵敏的应对体制尚未形成。二是一些行政机关应对突发事件的能力不够强，危机意识不够高，采取的应急处置措施不够充分、有力。三是突发事件的预防与应急准备、监测与预警、应急处置与救援等制度和机制不够完善，导致一些突发事件未能得到有效预防，有的突发事件引起的社会危害未能及时得到控制。四是社会广泛参与应对工作的机制还不够健全，公众的自救与互救能力不够强、危机意识有待提高。

为了提高社会各方面依法应对突发事件的能力，及时有效控制、减轻和消除突发事件引起的严重社会危害，保护人民生命财产安全，维护国家安全、公共安全、环境安全和社会秩序，迫切需要在认真总结我国应对突发事件经验教训、借鉴其他国家成功做法的基础上，根据宪法，制定一部规范应对各类突发事件共同行为的法律。制定《突发事件应对法》、提高依法应对突发事件的能力，是政府全面履行职能、建设服务型政府的迫切需要；是贯彻落实依法治国方略、全面推进依法行政的客观要求；是构建社会主义和谐社会的重要举措。

2. 制定《突发事件应对法》体现了什么样的基本思路?

一是重在预防，关口前移，防患于未然，从制度上预防突发事件的发生，及时消除风险隐患。突发事件的演变一般都有一个过程，这个过程从本质上看是可控的，只要措施得力、应对有方，预防和减少突发事件发生，减轻和消除突发事件引起的严重社会危害，是完全可能的。因此，《突发事件应对法》把预防和减少突发事件发生，作为立法的重要目的和出发点，对突发事件的预防、应急准备、监测、预警等制度作了详细规定。

二是既授予政府充分的应急权力，又对其权力行使进行规范。突发事件往往严重威胁、危害社会的整体利益。为了及时有效处置突发事件，控制、减轻和消除突发事件引起的严重社会危害，需要赋予政府必要的处置权力，坚持效率优先，充分发挥政府的主导作用，以有效整合各种资源，协调指挥各种社会力量。因此，《突发事件应对法》规定了政府应对突发事件可以采取的各种必要措施。同时，为了防止权力滥用，把应对突发事件的代价降到最低限度，《突发事件应对法》在对突发事件进行分类、分级、分期的基础上，明确了权力行使的规则和程序。

三是对公民权利的限制和保护相统一。突发事件往往具有社会危害性，政府固然负有统一领导、组织处置突发事件应对的主要职责，同时社会公众也负有义不容辞的责任。在应对突发事件中，为了维护公共利益和社会秩序，不仅需要公民、法人和其他组织积极参与有关突发事件应对工作，还需要其履行特定义务。因此，《突发事件应对法》对有关单位和个人在突发事件预防和应急准备、监测和预警、应急处置和救援等方面服从指挥、提供协助、给予配合、必要时采取先行处置措施的法定义务作了规定。同时，为了保护公民的权利，《突发事件应对法》确立了比例原则，并规定了征用补偿等制度。

四是建立统一领导、综合协调、分级负责的突发事件应对机制。实行统一的领导体制，整合各种力量，是提高突发事件处置工作效率的根本举措。借鉴世界各国的成功经验，结合我国的具体国情，《突发事件应对法》规定，国家建立统一领导、综合协调、分类管理、分级负责、属地管理为主的应急管理体制。

3. 对突发事件的预防和应急准备规定了哪些制度?

建立健全有效的突发事件预防和应急准备制度，是做好突发事件应急处置工作的基础。对此，《突发事件应对法》从四个方面作了明确规定。

一是各级政府和政府有关部门应当制定、适时修订应急预案，并严格予以执行；城乡规划应当符合预防、处置突发事件的需要，统筹安排应对突发事件所必需的设备和基础设施建设，合理确定应急避难场所；县级人民政府应当加强对本行政区域内危险源、危险区域的监控，并责令有关单位采取安全防范措施；省级和设区的市级人民政府应当加强对本行政区域内容易引发特别重大、重大突发事件的危险源、危险区域的监控，并责令有关单位采取安全防范措施；县级以上地方各级人民政府应当及时向社会公布危险源、危险区域；所有单位应当建立健全安全管理制度，定期检查本单位各项安全防范措施的落实情况，及时消除事故隐患，掌握并及时处理本单位可能引发社会安全事件的问题；县级人民政府及其有关部门、乡级人民政府、街道办事处、居民委员会、村民委员会应当及时调解处理可能引发社会安全事件的矛盾纠纷。

二是县级以上人民政府应当建立健全突发事件应急管理培训制度，整合应急资源，建立或者确定综合性应急救援队伍，加强专业应急救援队伍与非专业应急救援队伍的合作，联合培训、联合演练，提高合成应急、协同应急的能力；国务院有关部门、县级以上地方各级人民政府及其有关部门、有关单位应当为专业应急救援队伍购买人身意外伤害保险，配备必要的防护设备和器材；中国人民解放军、中国人民武装警察部队和民兵组织应当有计划地组织开展应急救援的专门训练。

三是县级人民政府及其有关部门、乡级人民政府、街道办事处应当组织开展应急知识的宣传普及活动和必要的应急演练；居民委员会、村民委员会、企业事业单位应当根据所在地人民政府的要求，结合自身的实际情况，开展有关突发事件应急知识的宣传普及活动和必要的应急演练；新闻媒体应当无偿开展突发事件预防与应急、自救与互救知识的公益宣传；各级各类学校应当把应急知识教育纳入教学内容。

四是国务院和县级以上地方各级人民政府应当采取财政支持措施，保障突发事件应对工作所需经费；国家建立健全应急物资储备保障制度，完善重要应急物资的监管、生产、储备、调拨和紧急配送体系；建立健全应急通信保障体系；国家鼓励公民、法人和其他组织为人民政府应对突发事件工作提供物资、资金、技术支持和捐赠；国家发展保险事业，建立财政支持的巨灾风险保险体系，并鼓励单位和公民参加保险；国家鼓励、扶持具备相应条件的教学科研机构培养应急管理人才，研究开发突发事件预防、监测、预警、应急处置和救援的新技术、新设备和新工具。

4. 对突发事件的监测和预警规定了哪些制度？

突发事件的早发现、早报告、早预警，是及时做好应急准备、有效处置突发事件、减少人员伤亡和财产损失的前提。对此，《突发事件应对法》规定：国务院建立全国统一的突发事件信息系统，县级以上地方人民政府应当建立或者确定本地区统一的突发事件信息系统，并与上下级人民政府及其有关部门、专业机构和监测网点的突发事件信息系统实现互联互通；县级以上人民政府及其有关部门、专业机构应当通过多种途径收集突发事件信息；县级人民政府应当在居民委员会、村民委员会和有关单位建立专职或者兼职信息报告员制度；获悉突发事件信息的公民、法人或者其他组织应当立即向所在地政府、有关主管部门或者指定的专业机构报告；国家建立健全突发事件监测制度，县级以上人民政府及其有关部门应当建立健全基础信息数据库，完善监测网络，划分监测区域，确定监测点，明确监测项目，提供必要的设备设施，配备专职或者兼职人员。

预警机制不够健全，是导致突发事件发生后处置不及时、人员财产损失比较严重的一个重要原因。为了从制度上解决这个问题，《突发事件应对法》规定：国家建立健全突发事件预警制度；县级以上地方政府应当及时发布相应级别的警报，决定并宣布有关地区进入预警期，并及时上报；发布三级、四级警报，宣布进入预警期后，县级以上地方各级人民政府应当采取措施，启动应急预案，加强监测、预报和预警工作，加强对突发事件信息的分析评估，定时向社会发布与公众有关的突发事件预测信息和分析评估结果，并对相关信息的报道工作进行管理，及时向社会发布警告，宣传避免、减轻危害的常识，公布咨询电话；发布一级、二级警报，宣布进入预警期后，县级以上地方各级人民政府还应当责令应急救援队伍和有关人员进入待命状态，调集应急救援所需物资、设备、工具，准备应急设施和避难场所，加强对重点单位、重要部位和重要基础设施的安全保卫，及时向社会发布有关避免或者减轻损害的建议、劝告，转移、疏散或者撤离易受危害的人员并予以妥善安置，转移重要财产，关闭或者限制使用易受危害的场所，控制或者限制容易导致危害扩大的公共场所的活动；发布警报的人民政府应当根据事态发展，适时调整预警级别并重新发布，有事实证明不可能发生突发事件或者危险已经解除的，应当立即宣布解除警报、终止预警期并解除已采取的有关措施。

5. 对突发事件的应急处置与救援有哪些规定?

突发事件发生后，政府必须在第一时间组织各方面力量，依法及时采取有力措施控制事态发展，开展应急救援工作，避免其发展成为特别严重的事件，努力减轻和消除其对人民生命财产造成的损害。对此，《突发事件应对法》与现行有关突发事件应急的法律、行政法规作了衔接，同时根据应急处置工作的实际需要并参考借鉴国外一些应急法律的规定，规定了一些必要措施：

一是突发事件发生后，有关人民政府应当针对其性质、特点和危害程度，依照本法的规定和有关法律、法规、规章的规定采取应急处置措施。

二是自然灾害、事故灾难或者公共卫生事件发生后，有关人民政府可以有针对性地采取人员救助、事态控制、公共设施和公众基本生活保障等方面的措施。

三是社会安全事件发生后，有关人民政府应当立即组织有关部门，依法采取强制隔离当事人、封锁有关场所和道路、控制有关区域和设施、加强对核心机关和单位的警卫等措施；发生严重危害社会治安秩序的事件时，公安机关还可以根据现场情况依法采取相应的强制性措施。

四是发生严重影响国民经济正常运行的突发事件后，国务院或者国务院授权的有关主管部门可以采取保障、控制等必要的应急措施。

6. 对事后恢复与重建有哪些规定?

突发事件的威胁和危害基本得到控制或者消除后，应当及时组织开展事后恢复与重建工作，减轻突发事件造成的损失和影响，尽快恢复生产、生活、工作和社会秩序，妥善解决处置突发事件过程中引发的矛盾和纠纷。对此，《突发事件应对法》规定：履行统一领导职责或者组织处置突发事件的人民政府应当及时停止执行依照本法规定采取的应急处置措施，同时采取或者继续实施必要措施，防止发生次生、衍生事件或者重新引发社会安全事件；立即对突发事件造成的损失进行评估，组织受影响的地区尽快恢复生产、生活、工作和社会秩序，制定恢复重建计划，修复被损坏的公共设施；上级人民政府应当根据受影响地区遭受的损失和实际情况，提供资金、物资支持和技术指导，组织其他地区提供资金、物资和人力支援；国务院制定扶持受突发事件影响地区有关行业发展的优惠政策；受影响地区的人民政府应当制订并实施善后工作计划；及时总结应急处置工作的经验教训，制定改进措施，并向上一级人民政府提出报告。

三、《国务院关于全面加强应急管理工作的意见》相关要点

2006年6月15日，国务院印发《国务院关于全面加强应急管理工作的意见》（以下简称《意见》）（国发［2006］24号），《意见》指出：加强应急管理，是关系国家经济社会发展全局和人民群众生命财产安全的大事，是全面落实科学发展观、构建社会主义和谐社会的重要内容，是各级政府坚持以人为本、执政为民、全面履行政府职能的重要体现。当前，我国现代化建设进入新的阶段，改革和发展处于关键时期，影响公共安全的因素增多，各类突发公共事件时有发生。但是，我国应急管理工作基础仍然比较薄弱，体制、机制、法制尚不完善，预防和处置突发公共事件的能力有待提高。为深入贯彻实施《国家突发公共事件总体应急预案》（以下简称《国家总体应急预案》），全面加强应急管理工作，提出以下意见：

1. 明确指导思想和工作目标

（1）指导思想

以邓小平理论和“三个代表”重要思想为指导，全面落实科学发展观，坚持以人为本、预防为主，充分依靠法制、科技和人民群众，以保障公众生命财产安全为根本，以落实和完善应急预案为基础，以提高预防和处置突发公共事件能力为重点，全面加强应急管理工

作，最大程度地减少突发公共事件及其造成的人员伤亡和危害，维护国家安全和社会稳定，促进经济社会全面、协调、可持续发展。

（2）工作目标

在“十一五”期间，建成覆盖各地区、各行业、各单位的应急预案体系；健全分类管理、分级负责、条块结合、属地为主的应急管理体制，落实党委领导下的行政领导责任制，加强应急管理机构和应急救援队伍建设；构建统一指挥、反应灵敏、协调有序、运转高效的应急管理机制；完善应急管理法律法规，建设突发公共事件预警预报信息系统和专业化、社会化相结合的应急管理保障体系，形成政府主导、部门协调、军地结合、全社会共同参与的应急管理工作格局。

2. 加强应急管理规划和制度建设

（1）编制并实施突发公共事件应急体系建设规划

依据《国民经济和社会发展第十一个五年规划纲要》（以下简称“十一五”规划），编制并尽快组织实施《“十一五”期间国家突发公共事件应急体系建设规划》，优化、整合各类资源，统一规划突发公共事件预防预警、应急处置、恢复重建等方面的项目和基础设施，科学指导各项应急管理体系建设。各地区、各部门要在《“十一五”期间国家突发公共事件应急体系建设规划》指导下，编制本地区和本行业突发公共事件应急体系建设规划并纳入国民经济和社会发展规划。城乡建设等有关专项规划的编制要与应急体系建设规划相衔接，合理布局重点建设项目，统筹规划应对突发公共事件所必需的基础设施建设。

（2）健全应急管理法律法规

要加强应急管理的法制建设，逐步形成规范各类突发公共事件预防和处置工作的法律体系。抓紧做好突发事件应对法的立法准备工作和公布后的贯彻实施工作，研究制定配套法规和政策措施。国务院各有关部门要根据预防和处置自然灾害、事故灾难、公共卫生事件、社会安全事件等各类突发公共事件的需要，抓紧做好有关法律法规草案和修订草案的起草工作，以及有关规章、标准的修订工作。各地区要依据有关法律、行政法规，结合实际制定并完善应急管理的地方性法规和规章。

（3）加强应急预案体系建设和管理

各地区、各部门要根据《国家总体应急预案》，抓紧编制修订本地区、本行业和领域的各类预案，并加强对预案编制工作的领导和督促检查。各基层单位要根据实际情况制定和完善本单位预案，明确各类突发公共事件的防范措施和处置程序。尽快构建覆盖各地区、各行业、各单位的预案体系，并做好各级、各类相关预案的衔接工作。要加强对预案的动态管理，不断增强预案的针对性和实效性。狠抓预案落实工作，经常性地开展预案演练，特别是涉及多个地区和部门的预案，要通过开展联合演练等方式，促进各单位的协调配合和职责落实。

（4）加强应急管理体制和机制建设

国务院是全国应急管理工作的最高行政领导机关，国务院各有关部门依据有关法律、行政法规和各自职责，负责相关类别突发公共事件的应急管理工作。地方各级人民政府是本行政区域应急管理工作的行政领导机关，要根据《国家总体应急预案》的要求和应对各类突发公共事件的需要，结合实际明确应急管理的指挥机构、办事机构及其职责。各专项应急指挥机构要进一步强化职责，充分发挥在相关领域应对突发公共事件的作用。加强各地区、各部门以及各级各类应急管理机构的协调联动，积极推进资源整合和信息共享。加快突发公共事件预测预警、信息报告、应急响应、恢复重建及调查评估等机制建设。研究建立保险、社会捐赠等方面参与、支持应急管理工作的机制，充分发挥其在突发公共事件预防与处置等方面的作用。

3. 做好各类突发公共事件的防范工作

（1）开展对各类突发公共事件风险隐患的普查和监控

各地区、各有关部门要组织力量认真开展风险隐患普查工作，全面掌握本行政区域、本行业和领域各类风险隐患情况，建立分级、分类管理制度，落实综合防范和处置措施，实行动态管理和监控，加强地区、部门之间的协调配合。对可能引发突发公共事件的风险隐患，要组织力量限期治理，特别是对位于城市和人口密集地区的高危企业，不符合安全布局要求、达不到安全防护距离的，要依法采取停产、停业、搬迁等措施，尽快消除隐患。要加强对影响社会稳定因素的排查调处，认真做好预警报告和快速处置工作。社区、乡村、企业、学校等基层单位要经常开展风险隐患的排查，及时解决存在的问题。

（2）促进各行业和领域安全防范措施的落实

地方各级人民政府及有关部门要进一步加强对本行政区域各单位、各重点部位安全管理的监督检查，严密防范各类安全事故；要加强监管监察队伍建设，充实必要的人员，完善监管手段。各有关部门要按照有关法律法规和职责分工，加强对本系统、本行业和领域的安全监管监察，严格执行安全许可制度，经常性开展监督检查，依法加大处罚力度；要提高监管效率，对事故多发的行业和领域进一步明确监管职责，实施联合执法。上级主管部门和有关监察机构要把督促风险隐患整改情况作为衡量监管机构履行职责是否到位的重要内容，加大监督检查和考核力度。各企业、事业单位要切实落实安全管理的主体责任，建立健全安全管理的规章制度，加大安全投入，全面落实安全防范措施。

（3）加强突发公共事件的信息报告和预警工作

特别重大、重大突发公共事件发生后，事发地省级人民政府、国务院有关部门要按规定及时、准确地向国务院报告，并向有关地方、部门和应急管理机构通报。要进一步建立健全信息报告工作制度，明确信息报告的责任主体，对迟报、漏报甚至瞒报、谎报行为要依法追究责任。在加强地方各级人民政府和有关部门信息报告工作的同时，通过建立社会公众报告、举报奖励制度，设立基层信息员等多种方式，不断拓宽信息报告渠道。建设各级人民政府组织协调、有关部门分工负责的各类突发公共事件预警系统，建立预警信息通报与发布制度，充分利用广播、电视、互联网、手机、电话、宣传车等各种媒体和手段，及时发布预警信息。

（4）积极开展应急管理培训

各地区、各有关部门要制定应急管理的培训规划和培训大纲，明确培训内容、标准和方式，充分运用多种方法和手段，做好应急管理培训工作，并加强培训资质管理。积极开展对地方和部门各级领导干部应急指挥和处置能力的培训，并纳入各级党校和行政学院培训内容。加强各单位从业人员安全知识和操作规程培训，负有安全监管职责的部门要强化培训考核，对未按要求开展安全培训的单位要责令其限期整改，达不到考核要求的管理人员和职工一律不准上岗。各级应急管理机构要加强对应急管理培训工作的组织和指导。

4. 加强应对突发公共事件的能力建设

（1）推进国家应急平台体系建设

要统筹规划建设具备监测监控、预测预警、信息报告、辅助决策、调度指挥和总结评估等功能的国家应急平台。加快国务院应急平台建设，完善有关专业应急平台功能，推进地方人民政府综合应急平台建设，形成连接各地区和各专业应急指挥机构、统一高效的应急平台体系。应急平台建设要结合实际，依托政府系统办公业务资源网络，规范技术标准，充分整合利用现有专业系统资源，实现互联互通和信息共享，避免重复建设。积极推进紧急信息接报平台整合，建立统一接报、分类分级处置的工作机制。

（2）提高基层应急管理能力

要以社区、乡村、学校、企业等基层单位为重点，全面加强应急管理工作。充分发挥基层组织在应急管理中的作用，进一步明确行政负责人、法定代表人、社区或村级组织负责人在应急管理中的职责，确定专（兼）职的工作人员或机构，加强基层应急投入，结合实际制定各类应急预案，增强第一时间预防和处置各类突发公共事件的能力。社区要针对群众生活中可能遇到的突发公共事件，制定操作性强的应急预案，经常性地开展应急知识宣传，做到家喻户晓；乡村要结合社会主义新农村建设，因地制宜加强应急基础设施建设，努力提高群众自救、互救能力，并充分发挥城镇应急救援力量的辐射作用；学校要在加强校园安全工作的同时，积极开展公共安全知识和应急防护知识的教育和普及，增强师生公共安全意识；企业特别是高危行业企业要切实落实法定代表人负责制和安全生产主体责任，做到有预案、有救援队伍、有联动机制、有善后措施。地方各级人民政府和有关部门要加强对基层应急管理工作的指导和检查，及时协调解决人力、物力、财力等方面的问题，促进基层应急管理能力的全面提高。

（3）加强应急救援队伍建设

落实“十一五”规划有关安全生产应急救援、国家灾害应急救援体系建设的重点工程。建立充分发挥公安消防、特警以及武警、解放军、预备役民兵的骨干作用，各专业应急救援队伍各负其责、互为补充，企业专兼职救援队伍和社会志愿者共同参与的应急救援体系。加强各类应急抢险救援队伍建设，改善技术装备，强化培训演练，提高应急救援能力。建立应急救援专家队伍，充分发挥专家学者的专业特长和技术优势。逐步建立社会化的应急救援机制，大、中型企业，特别是高危行业企业要建立专职或者兼职应急救援队伍，并积极参与社会应急救援；研究制定动员和鼓励志愿者参与应急救援工作的办法，加强对志愿者队伍的招募、组织和培训。

（4）加强各类应急资源的管理

建立国家、地方和基层单位应急资源储备制度，在对现有各类应急资源普查和有效整合的基础上，统筹规划应急处置所需物料、装备、通信器材、生活用品等物资和紧急避难场所，以及运输能力、通信能力、生产能力和有关技术、信息的储备。加强对储备物资的动态管理，保证及时补充和更新。要建立国家和地方重要物资监测网络及应急物资生产、储备、调拨和紧急配送体系，保障应急处置和恢复重建工作的需要。合理规划建设国家重要应急物资储备库，按照分级负责的原则，加强地方应急物资储备库建设。充分发挥社会各方面在应急物资的生产和储备方面的作用，实现社会储备与专业储备的有机结合。加强应急管理基础数据库建设和对有关技术资料、历史资料等的收集管理，实现资源共享，为妥善应对各类突发公共事件提供可靠的基础数据。

（5）全力做好应急处置和善后工作

突发公共事件发生后，事发单位及直接受其影响的单位要根据预案立即采取有效措施，迅速开展先期处置工作，并按规定及时报告。地方各级人民政府和国务院有关部门要依照预案规定及时采取相关应急响应措施。按照属地管理为主的原则，事发地人民政府负有统一组织领导应急处置工作的职责，要积极调动有关救援队伍和力量开展救援工作，采取必要措施，防止发生次生、衍生灾害事件，并做好受影响群众的基本生活保障和事故现场环境评估工作。应急处置结束后，要及时组织受影响地区恢复正常的生产、生活和社会秩序。灾后恢复重建要与防灾减灾相结合，坚持统一领导、科学规划、加快实施。健全社会捐助和对口支援等社会动员机制，动员社会力量参与重大灾害应急救助和灾后恢复重建。各级人民政府及有关部门要依照有关法律法规及时开展事故调查处理工作，查明原因，依法依纪处理责任人员，总结事故教训，制定整改措施并督促落实。

（6）加强评估和统计分析工作

建立健全突发公共事件的评估制度，研究制定客观、科学的评估方法。各级人民政府及有关部门在对各类突发公共事件调查处理的同时，要对事件的处置及相关防范工作作出评估，并对年度应急管理工作情况进行全面评估。各地区、各有关部门要加强应急管理统计分析工作，完善分类分级标准，明确责任部门和人员，及时、全面、准确地统计各类突发公共事件发生起数、伤亡人数、造成的经济损失等相关情况，并纳入经济和社会发展统计指标体系。突发公共事件的统计信息实行月度、季度和年度报告制度。要研究建立突发公共事件发生后统计系统快速应急机制，及时调查掌握突发公共事件对国民经济发展和城乡居民生活的影响并预测发展趋势。

5. 制定和完善全面加强应急管理的政策措施

（1）加大对应急管理的资金投入力度

根据《国家总体应急预案》的规定，各级财政部门要按照现行事权、财权划分原则，分级负担公共安全工作以及预防与处置突发公共事件中需由政府负担的经费，并纳入本级财政年度预算，健全应急资金拨付制度。对规划布局内的重大建设项目给予重点支持。支持地方应急管理工作，建立完善财政专项转移支付制度。建立健全国家、地方、企业、社会相结合的应急保障资金投入机制，适应应急队伍、装备、交通、通信、物资储备等方面建设与更新维护资金的要求。建立企业安全生产的长效投入机制，增强高危行业企业安全保障和应急救援能力。研究建立应对突发公共事件社会资源依法征用与补偿办法。

（2）大力发展公共安全技术和产品

在推进产业结构调整中，要将具有较高技术含量的公共安全工艺、技术和产品列入《国家产业结构调整指导目录》的鼓励类发展项目，在政策上积极予以支持。对公共安全、应急处置重大项目和技术开发、产业化示范项目，政府给予直接投资或资金补助、贷款贴息等支持。采取政府采购等办法，推动国家公共安全应急成套设备及防护用品的研发和生产。加强对公共安全产品的质量监督管理，实行严格的市场准入制度，确保产品质量安全可靠。

（3）建立公共安全科技支撑体系

按照《国家中长期科学和技术发展规划纲要》的要求，高度重视利用科技手段提高应对突发公共事件的能力，通过国家科技计划和科学基金等，对突发公共事件应急管理的基础理论、应用和关键技术研究给予支持，并在大专院校、科研院所加强公共安全与应急管理学科、专业建设，大力培养公共安全科技人才。坚持自主创新和引进消化吸收相结合，形成公共安全科技创新机制和应急管理技术支撑体系。扶持一批在公共安全领域拥有自主知识产权和核心技术的重点企业，实现成套核心技术与重大装备的突破，增强安全技术保障能力。

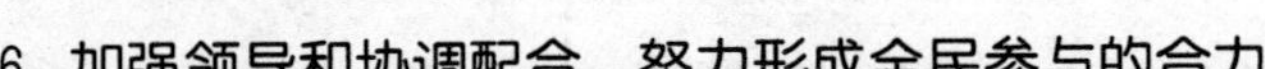

6. 加强领导和协调配合，努力形成全民参与的合力

（1）进一步加强对应急管理工作的领导

地方各级人民政府要在党委领导下，建立和完善突发公共事件应急处置工作责任制，并将落实情况纳入干部政绩考核的内容，特别要抓好市（地）、县（区）两级领导干部责任的落实。各地区、各部门要加强沟通协调，理顺关系，明确职责，搞好条块之间的衔接和配合。建立和完善应对突发公共事件部际联席会议制度，加强部门之间的协调配合，定期研究解决有关问题。各级领导干部要不断增强处置突发公共事件的能力，深入一线，加强组织指挥。要建立并落实责任追究制度，对有失职、渎职、玩忽职守等行为的，要依照法律法规追究责任。

（2）构建全社会共同参与的应急管理工作格局

全面加强应急管理工作，需要紧紧依靠群众，军地结合，动员社会各方面力量积极参与。要切实发挥工会、共青团、妇联等人民团体在动员群众、宣传教育、社会监督等方面的作用，重视培育和发展社会应急管理中介组织。鼓励公民、法人和其他社会组织为应对突发公共事件提供资金、物资捐赠和技术支持。积极开展基层公共安全创建活动，树立一批应急管理工作先进典型，表彰奖励取得显著成绩的单位和个人，形成全社会共同参与、齐心协力做好应急管理工作的局面。

（3）大力宣传普及公共安全和应急防护知识

加强应急管理科普宣教工作，提高社会公众维护公共安全意识和应对突发公共事件能力。深入宣传各类应急预案，全面普及预防、避险、自救、互救、减灾等知识和技能，逐步推广应急识别系统。尽快把公共安全和应急防护知识纳入学校教学内容，编制中小学公共安全教育指导纲要和适应全日制各级各类教育需要的公共安全教育读本，安排相应的课程或课时。要在各种招考和资格认证考试中逐步增加公共安全内容。充分运用各种现代传播手段，扩大应急管理科普宣教工作覆盖面。新闻媒体应无偿开展突发公共事件预防与处置、自救与互救知识的公益宣传，并支持社会各界发挥应急管理科普宣传作用。

（4）做好信息发布和舆论引导工作

要高度重视突发公共事件的信息发布、舆论引导和舆情分析工作，加强对相关信息的核实、审查和管理，为积极稳妥地处置突发公共事件营造良好的舆论环境。坚持及时准确、主动引导的原则和正面宣传为主的方针，完善政府信息发布制度和新闻发言人制度，建立健全重大突发公共事件新闻报道快速反应机制、舆情收集和分析机制，把握正确的舆论导向。加强对信息发布、新闻报道工作的组织协调和归口管理，周密安排、精心组织信息发布工作，充分发挥中央和省级主要新闻媒体的舆论引导作用。新闻单位要严格遵守国家有关法律法规和新闻宣传纪律，不断提高新闻报道水平，自觉维护改革发展稳定的大局。

(5) 开展国际交流与合作

加强与有关国家、地区及国际组织在应急管理领域的沟通与合作，参与有关国际组织并积极发挥作用，共同应对各类跨国或世界性突发公共事件。大力宣传我国在应对突发公共事件、加强应急管理方面的政策措施和成功做法，积极参与国际应急救援活动，向国际社会展示我国的良好形象。密切跟踪研究国际应急管理发展的动态和趋势，参与公共安全领域重大国际项目研究与合作，学习、借鉴有关国家在灾害预防、紧急处置和应急体系建设等方面的有益经验，促进我国应急管理工作水平的提高。

四、国务院《关于进一步加强企业安全生产工作的通知》相关要点

2010 年 7 月 19 日，国务院印发《关于进一步加强企业安全生产工作的通知》（以下简称《通知》）（国发〔2010〕23 号）。《通知》的制定出台，是党和国家在全国深入贯彻落实科学发展观，转变经济发展方式，调整产业结构，推进经济平稳、较快发展和建设和谐社会的重要时期，对安全生产工作作出的重大决策和部署，充分体现了党中央、国务院对安全生产工作的高度重视，对人民群众的深切关怀。在《通知》的第五部分，专门对建设更加高效的应急救援体系提出要求，其相关内容如下：

1. 总体要求

(1) 工作要求

深入贯彻落实科学发展观，坚持以人为本，牢固树立安全发展的理念，切实转变经济发展方式，调整产业结构，提高经济发展的质量和效益，把经济发展建立在安全生产有可靠保障的基础上；坚持“安全第一、预防为主、综合治理”的方针，全面加强企业安全管理，健全规章制度，完善安全标准，提高企业技术水平，夯实安全生产基础；坚持依法依规生产经营，切实加强安全监管，强化企业安全生产主体责任落实和责任追究，促进我国安全生产形势实现根本好转。

(2) 主要任务

以煤矿、非煤矿山、交通运输、建筑施工、危险化学品、烟花爆竹、民用爆炸物品、冶金等行业（领域）为重点，全面加强企业安全生产工作。要通过更加严格的目标考核和责任追究，采取更加有效的管理手段和政策措施，集中整治非法违法生产行为，坚决遏制重特大事故发生；要尽快建成完善的国家安全生产应急救援体系，在高危行业强制推行一批安全适用的技术装备和防护设施，最大程度减少事故造成的损失；要建立更加完善的技术标准体系，促进企业安全生产技术装备全面达到国家和行业标准，实现我国安全生产技术水平的提高；要进一步调整产业结构，积极推进重点行业的企业重组和矿产资源开发整

合，彻底淘汰安全性能低下、危及安全生产的落后产能；以更加有力的政策引导，形成安全生产长效机制。

2. 严格企业安全管理

（1）进一步规范企业生产经营行为

企业要健全完善严格的安全生产规章制度，坚持不安全不生产。加强对生产现场监督检查，严格查处违章指挥、违规作业、违反劳动纪律的“三违”行为。凡超能力、超强度、超定员组织生产的，要责令停产停工整顿，并对企业和企业主要负责人依法给予规定上限的经济处罚。对以整合、技改名义违规组织生产，以及规定期限内未实施改造或故意拖延工期的矿井，由地方政府依法予以关闭。要加强对境外中资企业安全生产工作的指导和管理，严格落实境内投资主体和派出企业的安全生产监督责任。

（2）及时排查治理安全隐患

企业要经常性开展安全隐患排查，并切实做到整改措施、责任、资金、时限和预案“五到位”。建立以安全生产专业人员为主导的隐患整改效果评价制度，确保整改到位。对隐患整改不力造成事故的，要依法追究企业和企业相关负责人的责任。对停产整改逾期未完成的不得复产。

（3）强化生产过程管理的领导责任

企业主要负责人和领导班子成员要轮流现场带班。煤矿、非煤矿山要有矿领导带班并与工人同时下井、同时升井，对无企业负责人带班下井或该带班而未带班的，对有关责任人按擅离职守处理，同时给予规定上限的经济处罚。发生事故而没有领导现场带班的，对企业给予规定上限的经济处罚，并依法从重追究企业主要负责人的责任。

（4）强化职工安全培训

企业主要负责人和安全生产管理人员、特殊工种人员一律严格考核，按国家有关规定持职业资格证书上岗；职工必须全部经过培训合格后上岗。企业用工要严格依照劳动合同法与职工签订劳动合同。凡存在不经培训上岗、无证上岗的企业，依法停产整顿。没有对井下作业人员进行安全培训教育，或存在特种作业人员无证上岗的企业，情节严重的要依法予以关闭。

（5）全面开展安全达标

深入开展以岗位达标、专业达标和企业达标为内容的安全生产标准化建设，凡在规定时间内未实现达标的企业要依法暂扣其生产许可证、安全生产许可证，责令停产整顿；对整改逾期未达标的，地方政府要依法予以关闭。

3. 建设更加高效的应急救援体系

（1）加快国家安全生产应急救援基地建设

按行业类型和区域分布，依托大型企业，在中央预算内基建投资支持下，先期抓紧建设7个国家矿山应急救援队，配备性能可靠、机动性强的装备和设备，保障必要的运行维护费用。推进公路交通、铁路运输、水上搜救、船舶溢油、油气田、危险化学品等行业（领域）国家救援基地和队伍建设。鼓励和支持各地区、各部门、各行业依托大型企业和专业救援力量，加强服务周边的区域性应急救援能力建设。

（2）建立完善企业安全生产预警机制

企业要建立完善安全生产动态监控及预警预报体系，每月进行一次安全生产风险分析。发现事故征兆要立即发布预警信息，落实防范和应急处置措施。对重大危险源和重大隐患要报当地安全生产监管监察部门、负有安全生产监管职责的有关部门和行业管理部门备案。涉及国家秘密的，按有关规定执行。

（3）完善企业应急预案

企业应急预案要与当地政府应急预案保持衔接，并定期进行演练。赋予企业生产现场带班人员、班组长和调度人员在遇到险情时，第一时间下达停产撤人命令的直接决策权和指挥权。因撤离不及时导致人身伤亡事故的，要从重追究相关人员的法律责任。

五、国务院《关于坚持科学发展安全发展促进安全生产形势持续稳定好转的意见》相关要点

2011年11月26日，国务院印发《关于坚持科学发展安全发展促进安全生产形势持续稳定好转的意见》（以下简称《意见》）（国发〔2011〕40号）。《意见》指出：安全生产事关人民群众生命财产安全，事关改革开放、经济发展和社会稳定大局，事关党和政府的形象和声誉。为深入贯彻落实科学发展观，实现安全发展，促进全国安全生产形势持续稳定好转，提出指导性意见。其中，对建设更加高效的应急救援体系，专门提出要求。其相关内容主要有：

1. 充分认识坚持科学发展安全发展的重大意义

（1）坚持科学发展安全发展是对安全生产实践经验的科学总结

多年来，各地区、各部门、各单位深入贯彻落实科学发展观，按照党中央、国务院的决策部署，大力推进安全发展，全国安全生产工作取得了积极进展和明显成效。“十一五”期间，事故总量和重大、特大事故大幅度下降，全国各类事故死亡人数年均减少约1万人，反映安全生产状况的各项指标得到显著改善，安全生产形势持续稳定好转。实践表明，坚持科学发展安全发展，是对新时期安全生产客观规律的科学认识和准确把握，是保障人民群众生命财产安全的必然选择。

（2）坚持科学发展安全发展是解决安全生产问题的根本途径

我国正处于工业化、城镇化快速发展进程中，处于生产安全事故易发多发的高峰期，安全基础仍然比较薄弱，重大、特大事故尚未得到有效遏制，非法违法生产经营建设行为屡禁不止，安全责任不落实、防范和监督管理不到位等问题在一些地方和企业还比较突出。安全生产工作既要解决长期积累的深层次、结构性和区域性问题，又要应对不断出现的新情况、新问题，根本出路在于坚持科学发展安全发展。要把这一重要思想和理念落实到生产经营建设的每一个环节，使之成为衡量各行业领域、各生产经营单位安全生产工作的基本标准，自觉做到不安全不生产，实现安全与发展的有机统一。

（3）坚持科学发展安全发展是经济发展社会进步的必然要求

随着经济发展和社会进步，全社会对安全生产的期待不断提高，广大从业人员“体面劳动”意识不断增强，对加强安全监管监察、改善作业环境、保障职业安全健康权益等方面的要求越来越高。这就要求各地区、各部门、各单位必须始终把安全生产摆在经济社会发展重中之重的位置，自觉坚持科学发展安全发展，把安全真正作为发展的前提和基础，使经济社会发展切实建立在安全保障能力不断增强、劳动者生命安全和身体健康得到切实保障的基础之上，确保人民群众平安幸福地享有经济发展和社会进步的成果。

2. 指导思想和基本原则

（1）指导思想

坚持以邓小平理论和“三个代表”重要思想为指导，深入贯彻落实科学发展观，牢固树立以人为本、安全发展的理念，始终把保障人民群众生命财产安全放在首位，大力实施安全发展战略，紧紧围绕科学发展主题和加快转变经济发展方式主线，自觉坚持“安全第一、预防为主、综合治理”方针，坚持速度、质量、效益与安全的有机统一，以强化和落实企业主体责任为重点，以事故预防为主攻方向，以规范生产为保障，以科技进步为支撑，认真落实安全生产各项措施，标本兼治、综合治理，有效防范和坚决遏制重大、特大事故，促进安全生产与经济社会同步协调发展。

（2）基本原则

◆统筹兼顾，协调发展。正确处理安全生产与经济社会发展、与速度质量效益的关系，坚持把安全生产放在首要位置，促进区域、行业领域的科学、安全、可持续发展。

◆依法治安，综合治理。健全完善安全生产法律法规、制度标准体系，严格安全生产执法，严厉打击非法违法行为，综合运用法律、行政、经济等手段，推动安全生产工作规范、有序、高效开展。

◆突出预防，落实责任。加大安全投入，严格安全准入，深化隐患排查治理，筑牢安全生产基础，全面落实企业安全生产主体责任、政府及部门监管责任和属地管理责任。

◆依靠科技，创新管理。加快安全科技研发应用，加强专业技术人才队伍和高素质的职工队伍培养，创新安全管理体制机制和方式方法，不断提升安全保障能力和安全管理水平。

3. 建设更加高效的应急救援体系

（1）加强应急救援队伍和基地建设

抓紧7个国家级、14个区域性矿山应急救援基地建设，加快推进重点行业领域的专业应急救援队伍建设。县级以上地方人民政府要结合实际，整合应急资源，依托大型企业、公安消防等救援力量，加强本地区应急救援队伍建设。建立紧急医学救援体系，提升事故医疗救治能力。建立救援队伍社会化服务补偿机制，鼓励和引导社会力量参与应急救援。

（2）完善应急救援机制和基础条件

健全省、市、县及中央企业安全生产应急管理体系，加快建设应急平台，完善应急救援协调联动机制。建立健全自然灾害预报预警联合处置机制，加强安监、气象、地震、海洋等部门的协调配合，严防自然灾害引发事故灾难。建立完善企业安全生产动态监控及预警预报体系。加强应急救援装备建设，强化应急物资和紧急运输能力储备，提高应急处置效率。

（3）加强预案管理和应急演练

建立健全安全生产应急预案体系，加强动态修订完善。落实省、市、县三级安全生产预案报备制度，加强企业预案与政府相关应急预案的衔接。定期开展应急预案演练，切实提高事故救援实战能力。企业生产现场带班人员、班组长和调度人员在遇到险情时，要按照预案规定，立即组织停产撤人。

六、《安全生产应急管理“十二五”规划》相关要点

为加强安全生产应急管理工作，促进全国安全生产形势持续稳定好转，依据《中华人民共和国国民经济和社会发展第十二个五年规划纲要》《安全生产应急管理“十二五”规划》、国务院《关于进一步加强企业安全生产工作的通知》（国发［2010］23号）精神，制定本规划。

1. 现状与形势

（1）“十一五”期间安全生产应急管理工作取得的成效

“十一五”期间，在党中央、国务院的高度重视和坚强正确领导下，各地区、各有关部门和单位牢固确立安全发展的理念，始终坚持“安全第一、预防为主、综合治理”的方针，安全生产应急管理工作取得了长足进步。一是应急管理体系初步建立。全国31个省（区、市）、新疆生产建设兵团和215个市（地）、部分县（市、区），以及安全生产任务较重的54

家中央企业建立了安全生产应急管理机构。建立了国家和区域安全生产应急救援协调机制。二是应急管理规章标准建设稳步推进。制定颁布了《矿山救护规程》（AQ1008—2007）、《生产经营单位安全生产事故应急预案编制导则》（AQ/T9002—2006）、《生产安全事故应急预案管理办法》（国家安全监管总局令第 17 号）和《生产安全事故应急演练指南》（AQ/T9007—2011），以及应急救援队伍建设、应急平台体系建设、宣传教育培训等一系列规章、标准和指导性文件，为加强安全生产应急管理提供了依据。各省（区、市）制定的部分地方性法规和规章也对安全生产应急管理工作进行了规范。三是应急救援队伍体系建设成效明显。各地区、有关高危行业企业加强了应急救援队伍建设，救援人员增加了 40%，初步形成了国家（区域）、骨干、基层救援队伍相结合的应急救援队伍体系。通过开展培训演练和技能比武等工作，应急救援队伍素质不断提高，救援能力明显加强，在 3.68 万余起矿山和危险化学品事故灾难的应急救援，以及汶川、玉树地震等重大自然灾害救援中发挥了重要作用。四是应急救援装备水平不断提高。国家级矿山和危险化学品救援队伍增配各类救援车辆 700 余辆，配备个体防护、救援、侦检、通信等装备 8 000 余台（套）。骨干队伍和基层队伍所在地方政府和依托单位加大了救援装备投入力度，部分省（区、市）建立了安全生产应急物资装备储备库。五是应急预案和演练工作进一步加强。在国家层面，制定颁布了事故灾难应急预案 42 部。地方各级政府、中央企业以及煤矿、非煤矿山、危险化学品、烟花爆竹等高危行业（领域）企业实现了应急预案全覆盖。各级地方政府和高危行业企业经常举行应急预案培训和演练。六是应急平台建设全面启动。制定了国家安全生产应急平台体系建设指导意见。国家安全生产应急平台已经开始建设，部分省（区、市）、市（地）和中央企业安全生产应急平台基本建成并投入运行。七是应急管理培训和宣教工作深入开展。修订完善了安全生产应急管理培训和宣教工作制度，制定了应急管理和指挥人员培训大纲，全国每年培训 30 多万人次。宣教工作内容日益丰富，宣教形式不断创新，应急知识普及面不断扩大。八是应急科技支撑不断增强。各地区均成立了安全生产应急救援专家组。安全生产应急救援科研项目投入明显加大，科技部下达的 19 个应急救援重点项目研究已经完成，在煤矿瓦斯、危险化学品等事故灾难的应急救援和预测预警方面形成了一批新技术、新装备。九是国际交流合作不断深入。通过组织救援指战员及应急管理人员赴发达国家学习交流、参加国际矿山救援技术竞赛以及举办国际性安全生产应急管理论坛和展会等方式，加强了安全生产应急管理领域国际交流与合作。

（2）“十二五”期间安全生产应急管理工作面临的形势

“十二五”时期，是全面建设小康社会的重要战略机遇期，工业化、信息化、城镇化、市场化、国际化深入发展，经济发展方式加快转变，产业结构不断优化，科技自主创新能力进一步增强，安全生产应急管理工作面临难得的发展机遇。同时，“十二五”期间随着工业化、城镇化进程的加快，国内经济形势进一步回升，能源原材料市场需求旺盛，煤矿不断向深部延伸，危险化学品领域进一步扩大产能，交通运输量增大，人流、物流和车流还将持续增长，发生重大、特大事故的可能性仍然存在，这些都给安全生产应急管理工作提出了更新的、更高的要求。

目前，由于安全生产应急救援体系初步建立，基础相对薄弱，还存在一些制约安全生产应急管理工作进一步发展的因素。主要是：《安全生产应急管理条例》尚未出台；许多市（地）和大部分重点县没有建立安全生产应急管理机构，已经建立的应急管理机构人员、经费等没有落实到位；救援队伍布局已经不能满足经济社会发展的需要，缺乏处置重大、特大和复杂事故灾难的救援装备；应急预案的针对性和可操作性不强；应急救援经费保障困难，救援人员待遇、奖励、抚恤等政策措施缺失；重大危险源普查工作尚未全面展开，监控、预警体系建设相对滞后；缺乏高效的科技支撑，应急救援技术装备研发、应用和推广的产业链尚未形成，装备的机动性、成套性、可靠性还亟待提高；应急培训演练与实际需求还有较大差距。总体来说，应对重大、复杂事故的能力不足，与党中央、国务院的要求以及人民群众的期盼还有很大差距。安全生产应急管理工作长期性、艰巨性、复杂性和紧迫性的特点十分明显。必须采取切实有效的措施，全面提升应急能力，为实现安全生产形势根本好转的目标提供有力保障。

2. 指导思想、基本原则和规划目标

（1）指导思想

以邓小平理论和“三个代表”重要思想为指导，深入贯彻落实科学发展观，牢固树立以人为本、安全发展的理念，坚持“安全第一、预防为主、综合治理”的方针，以建设更加高效的风险管理和应急救援体系为主线，以国家（区域）安全生产应急救援队伍建设为主要任务，加强体系建设、健全“一案三制”、强化科技支撑、完善保障措施、落实主体责任、夯实工作基础，不断推动安全生产应急管理事业的发展。

（2）基本原则

◆统筹规划、突出重点。统筹规划各区域、各行业（领域）应急体系建设，兼顾近期需求与长远目标，突出矿山、危险化学品等高危行业，突出安全生产应急管理工作的薄弱环节。

◆政府主导、落实责任。充分发挥政策导向作用和重点项目的示范带动作用，调动各方面加强安全生产应急管理工作的积极性，落实企业主体责任，提高社会化程度。

◆分级负责、分步实施。按照事权合理划分各级政府及相关部门的工作任务，各司其职、各负其责。充分考虑现实需要和实际能力，科学确定建设项目，分级分步组织实施。

◆依靠科技，提升能力。充分发挥科技支撑和引领作用，加强应急救援技术装备研发与应用，提高应急管理和应急救援工作效率，推动应急能力发展。

（3）规划目标。到2015年，基本建成符合我国国情的安全生产应急管理体系，完善分类管理、分级负责、条块结合、属地为主的应急管理体制和统一指挥、反应灵敏、协调有序、运转高效的应急管理机制，应急能力全面加强，适应有效应对各类生产安全事故灾难的需要，并为其他灾害的应急救援提供有力支持。一是在法制建设方面，颁布实施《安全生产应急管理条例》及与之配套的规章、标准和政策措施，形成基本完善的安全生产应急管理法规体系。二是在机构、机制建设方面，建立完善国家、省、市、重点县以及高危行业（领域）大中型企业应急管理机构，形成完善的应急管理机制。三是在应急救援队伍建设方面，按照“国内领先、国际一流”的标准完成国家级应急救援队伍建设任务，骨干应急救援队伍救援能力大幅提升，基层队伍专业水平显著提高，形成完善的国家（区域）、骨干和基层三级安全生产应急救援队伍体系。四是在应急预案与演练方面，高危行业（领域）中央企业应急预案覆盖率、备案率、培训演练率达到100%，其他达到80%以上。五是在应急管理培训方面，各级安全生产应急管理人员、应急救援指战员培训率达到100%，高危行业企业从业人员应急知识培训全覆盖，应急知识普及进社区、进学校。六是在应急平台体系建设方面，国家、省、市、高危行业（领域）中央企业应急平台建设率达100%，重点县（市、区）、高危行业地方大中型企业应急平台建设率达80%以上，基本实现互联互通和信息共享。

3. 主要任务

（1）完善安全生产应急管理法规、政策、标准体系

推动《安全生产应急管理条例》颁布实施，制定修订与其配套的安全生产应急预案管理、资源管理、信息管理、科技管理、队伍建设与管理以及培训教育、运行保障等规章和标准。建设安全生产应急管理统计指标体系。完善应急救援队伍经费保障、装备器材征用补偿、装备购置税费减免以及表彰奖励等政策措施。形成国家、地方、企业及社会多元化的应急体系建设保障制度。研究探索社会捐助、保险等支持安全生产应急救援的途径。

（2）建立健全安全生产应急管理机构

建立完善省、市和重点县三级安全生产应急管理机构，加强人员、装备配置，强化技术培训，落实运行经费，制定工作制度和协调指挥程序，提高应急管理能力和救援决策水平。加强高危行业企业应急管理机构建设，落实应急管理与救援责任。

（3）理顺和完善应急管理与指挥协调机制

完善国家、省级相关部门安全生产应急救援联动机制和联络员制度，健全各级应急管理机构之间、应急管理机构与救援队伍之间的工作机制和应急值守、信息报告制度，建立健全区域间协同应对重特大生产安全事故的应急联动机制，建立完善事故现场救援队伍协调指挥制度。

（4）加强应急救援队伍体系建设

建设国家（区域）矿山、国家（区域）危险化学品应急救援队伍和部分中央企业应急救援队伍，以及矿山、危险化学品骨干应急救援队伍，建立健全高危行业企业应急救援队伍，完善队伍体系，形成区域救援能力。注重培养“一专多能”的各级救援队伍，实施社会化服务，发挥救援队伍在预防性检查、预案演练、应急培训等方面的作用。鼓励和引导各类社会力量参与应急救援。将应急救援队伍建设纳入各级经济和社会发展规划，加大资金、政策扶持力度。将矿山医疗救护体系纳入各地区医疗卫生应急救援体系和安全生产应急救援体系，同步规划、同步建设。开展化工园区、矿山企业聚集区应急救援队伍一体化示范建设。加强安全生产应急救援队伍资质管理，促进队伍素质提高。积极配合有关部门推进公路交通、铁路交通、水上搜救、船舶溢油、建筑施工、电力、旅游等行业国家级救援基地和队伍建设，配合各地公安消防部队加强综合应急救援队伍建设。

（5）完善应急预案体系

建立完善政府部门、重点行业企业应急预案体系，实现政府部门与企业应急预案有效衔接。规范预案编制内容，提高预案编制质量，加强预案审查，建立健全预案数据库。编制应急演练评估标准，完善应急预案演练制度，规范应急预案演练，提高演练效果。

（6）加快安全生产应急管理宣教和培训体系建设

将安全生产应急管理培训纳入安全生产教育培训总体规划，统一部署，充分利用各级政府和有关部门、大型企业现有的应急培训资源，完善培训设施，加强师资队伍建设，健全安全生产应急培训体系。制定培训规划和考核标准。加强各级安全生产应急管理人员和救援队伍指战员培训。充分利用各种新闻媒体和网络等，面向从业人员和社会公众开展安全生产应急管理宣传教育，普及防灾避险、自救互救知识，增强全民应对事故灾难的意识和能力。

（7）推动应急救援科技进步

坚持以应急救援需求为导向，自主创新和引进消化吸收相结合，形成安全生产应急救援科技原始研发、创造创新、成果转化的能力和机制。鼓励应急装备和物资生产企业、教学科研机构搞好产学研结合，加强应急救援新技术、新装备的研发。扶持和培育应急救援技术装备研发机构和制造产业。积极推广应用先进适用的应急救援技术和装备，以煤矿、金属非金属矿山、危险化学品、烟花爆竹等高危行业（领域）为重点，优先推广应用紧急避险、应急救援、逃生、报警等先进适用技术和装备。强制淘汰不适应救援需要、不符合相关标准、性能不高的救援技术装备。

（8）加强应急救援支撑保障能力建设

在矿山、危险化学品等重点行业（领域）选择优势科研机构，重点建设一批安全生产应急救援技术支持保障机构，加强应急救援技术装备科技研发、检测检验等能力建设。加快国家（区域）应急救援队伍大型救援装备储备，依托有关企业、单位储备必要的物资装备和生产能力，建立安全生产应急物资储备制度和调运机制，形成布局合理、多层次、多形式的应急救援物资储备体系。支持有关大专院校加强安全生产应急管理学科建设，培养专业人才。建立和完善各类应急专家库，为应急管理和应急救援工作提供智力支持。

(9) 深化应急平台体系建设和应用

加快省、市和重点县以及高危行业（领域）大中型企业应急平台建设，完善安全生产应急平台体系，强化各级平台间的互联互通，加强互联网等新技术的应用。深化应急平台在救援指挥、资源管理、重大危险源监管监控等方面的应用，注重通过应急平台体系，动态掌握各类应急资源的分布情况。

(10) 加快建立重大危险源监管体系

落实企业主体责任，明确监控重点目标，建立健全企业重大危险源安全监控系统，提升重大危险源监控能力。开展重大危险源普查登记、分级分类、检测检验和安全评估。建立国家、省、市、县四级重大危险源动态数据库和分级监管系统，构建重大危险源监测预警机制。

4. 重点工程

(1) 国家（区域）矿山应急救援队伍建设工程

依托开滦集团、大同煤矿、龙煤集团、淮南矿业、中平能化、川煤集团、靖远煤业等企业建设国家矿山应急救援开滦、大同、鹤岗、淮南、平顶山、芙蓉、靖远队，建设14个区域矿山应急救援队伍，承担服务区域内重大、特大、复杂矿山事故灾难应急救援及实训演练任务。在配备运输吊装、侦测搜寻、灭火与有害气体排放、排水、钻掘与支护、仿真模拟演练、通信指挥等大型、特殊救援装备的同时，进一步充实救援力量、完善指挥系统、加强装备建设、配套基础设施、健全规章制度、优化应急预案、强化培训演练、培养过硬作风、抓好综合保障，使其成为力量雄厚、装备精良、技术精湛、训练有素、能打硬仗，关键时刻拉得动、动得快、打得赢的矿山应急救援队伍。

(2) 高危行业中央企业重点救援队伍建设工程

依托高危行业中央企业重点建设60支矿山、危险化学品、油气田开采、水上搜救、隧道坍塌、旅游等应急救援队伍，配置大型、特殊专业救援装备器材，补助装备运行维护费用及演练经费，加强应急救援培训与实训能力建设，与国家安全生产应急救援队共同形成应急救援的中坚力量，提高整体应对重大、特大事故的能力。其中，依托中国石油、中国石化等中央企业，建设国家危险化学品应急救援北京队、吉林队、南京队、广州队、重庆队、兰州队。同时建立14个区域危险化学品应急救援队和1个危险化学品应急救援技术指导中心。重点加强大型、特殊装备建设及机动能力建设，主要包括工程抢险装备、化学火灾扑救装备、有毒有害物质处置装备、危险化学品侦检装备、通信指挥装备、培训演练装备等。

(3) 矿山医疗救护队伍建设工程

依托大型矿区医院或地方卫生医疗机构，分别在国家（区域）矿山救援队服务区建立21支矿山医疗救护队，并建立矿山医疗救护队与国家（区域）矿山应急救援队联动机制，配置符合矿山事故院前急救需要的先进医疗救护设备，加强培训演练，提高矿山应急医疗救援人员能力素质，建设一批适应矿山医疗急救特点的专业医疗救护队伍。

(4) 矿山与危险化学品应急救援骨干队伍建设工程

地方各级政府和依托单位根据本地区经济社会发展实际，进一步整合资源、加大投入，加强矿山、危险化学品应急救援骨干队伍建设，配备必要的装备器材，强化基础设施建设，开展队伍培训演练，全面提升骨干队伍应急救援能力。

(5) 重大应急救援技术与装备研发工程

依托高等院校、科研院所和大型高危行业企业，结合应急救援工作实际，开展井下灾区侦测装备、井下救援机器人、矿井智能化快速救援钻机成套装备、有毒气体泄漏事故现场监测技术装备等重大应急救援技术装备研发，提升事故灾难应对能力，提高应急救援工作的科学性和主动性。

(6) 安全生产应急平台体系建设工程

建设国家、省、市三级安全生产应急平台，完善网络系统、应用系统、应急指挥大厅和模拟推演室等相关系统及配套标准规范和安全体系，实现安全生产应急管理和协调指挥的信息化、科学化和智能化，并与有关部门、高危行业中央企业、国家级安全生产应急救援队伍应急平台相连接。依托国家安全生产应急平台体系，建立各类应急资源数据库，实现动态管理，建设重点企业终端，建立完善重大危险源数据采集处理、信息传输、风险评估、预测预警、模拟仿真、统计分析系统，实现对重大危险源的分级管理。

(7) 应急救援装备产业示范园区建设工程

选择在地理位置、基础设施、人力资源、资金和政策保障条件等方面具有一定优势的地区，开展应急救援装备产业示范园区建设工程，形成以应急救援高新技术研发为引导、研发与生产相结合的应急救援装备研发、制造多行业企业集成群体。

5. 规划实施与评估

(1) 加强组织领导

加强对安全生产应急管理工作领导，理顺管理体制，落实相关责任，完善工作机制。结合各地区、各企业应急管理工作特点和实际需求，制定应急管理规划和实施方案，将主要任务和建设项目纳入本地区国民经济与社会发展规划以及安全生产专项规划和本单位发

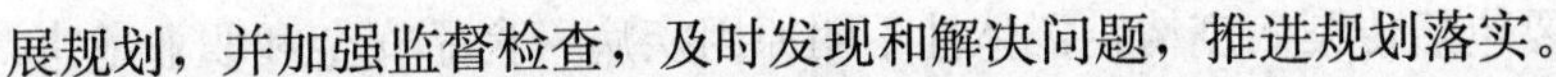

展规划，并加强监督检查，及时发现和解决问题，推进规划落实。

（2）加强安全生产应急管理的国际交流与合作

加强与各国政府、国际组织和国外民间团体在安全生产应急救援领域的交流与合作，跟踪国际应急管理与应急救援科技发展前沿动向，开展技术交流与合作，学习借鉴国外先进经验，提高我国应急管理水平。

（3）加强规划实施评估

加强对规划实施情况的动态监测和监督检查，在规划实施中期阶段开展考核评估，经中期评估需要对规划进行调整时，由规划编制部门提出调整方案，报规划发布部门批准。规划编制部门要对规划最终实施总体情况进行评估，以适当形式向社会发布。

七、《国家突发公共事件总体应急预案》相关要点

2005 年 1 月 26 日，国务院第 79 次常务会议通过了《国家突发公共事件总体应急预案》，于 2006 年 1 月 8 日发布并实施。《国家突发公共事件总体应急预案》是全国应急预案体系的总纲，明确了各类突发公共事件分级分类和预案框架体系，规定了国务院应对特别重大突发公共事件的组织体系、工作机制等内容，是指导预防和处置各类突发公共事件的规范性文件。

1. 总则

（1）编制目的

提高政府保障公共安全和处置突发公共事件的能力，最大程度地预防和减少突发公共事件及其造成的损害，保障公众的生命财产安全，维护国家安全和社会稳定，促进经济社会全面、协调、可持续发展。

（2）编制依据

依据宪法及有关法律、行政法规，制定本预案。

（3）分类分级

本预案所称突发公共事件是指突然发生，造成或者可能造成重大人员伤亡、财产损失、生态环境破坏和严重社会危害，危及公共安全的紧急事件。

根据突发公共事件的发生过程、性质和机理，突发公共事件主要分为以下四类：

◆自然灾害。主要包括水旱灾害、气象灾害、地震灾害、地质灾害、海洋灾害、生物灾害和森林草原火灾等。

◆事故灾难。主要包括工矿商贸等企业的各类安全事故、交通运输事故、公共设施和设备事故、环境污染和生态破坏事件等。

◆公共卫生事件。主要包括传染病疫情，群体性不明原因疾病，食品安全和职业危害，动物疫情，以及其他严重影响公众健康和生命安全的事件。

◆社会安全事件。主要包括恐怖袭击事件、经济安全事件和涉外突发事件等。

各类突发公共事件按照其性质、严重程度、可控性和影响范围等因素，一般分为四级：Ⅰ级（特别重大）、Ⅱ级（重大）、Ⅲ级（较大）和Ⅳ级（一般）。

（4）适用范围

本预案适用于涉及跨省级行政区划的，或超出事发地省级人民政府处置能力的特别重大突发公共事件应对工作。

本预案指导全国的突发公共事件应对工作。

（5）工作原则

◆以人为本，减少危害。切实履行政府的社会管理和公共服务职能，把保障公众健康和生命财产安全作为首要任务，最大程度地减少突发公共事件及其造成的人员伤亡和危害。

◆居安思危，预防为主。高度重视公共安全工作，常抓不懈，防患于未然。增强忧患意识，坚持预防与应急相结合，常态与非常态相结合，做好应对突发公共事件的各项准备工作。

◆统一领导，分级负责。在党中央、国务院的统一领导下，建立健全分类管理、分级负责，条块结合、属地管理为主的应急管理体制，在各级党委领导下，实行行政领导责任制，充分发挥专业应急指挥机构的作用。

◆依法规范，加强管理。依据有关法律和行政法规，加强应急管理，维护公众的合法权益，使应对突发公共事件的工作规范化、制度化、法制化。

◆快速反应，协同应对。加强以属地管理为主的应急处置队伍建设，建立联动协调制度，充分动员和发挥乡镇、社区、企事业单位、社会团体和志愿者队伍的作用，依靠公众力量，形成统一指挥、反应灵敏、功能齐全、协调有序、运转高效的应急管理机制。

◆依靠科技，提高素质。加强公共安全科学研究和技术开发，采用先进的监测、预测、预警、预防和应急处置技术及设施，充分发挥专家队伍和专业人员的作用，提高应对突发公共事件的科技水平和指挥能力，避免发生次生、衍生事件；加强宣传和培训教育工作，提高公众自救、互救和应对各类突发公共事件的综合素质。

（6）应急预案体系

全国突发公共事件应急预案体系包括：

◆突发公共事件总体应急预案。总体应急预案是全国应急预案体系的总纲，是国务院应对特别重大突发公共事件的规范性文件。

◆突发公共事件专项应急预案。专项应急预案主要是国务院及其有关部门为应对某一种类型或某几种类型突发公共事件而制定的应急预案。

◆突发公共事件部门应急预案。部门应急预案是国务院有关部门根据总体应急预案、专项应急预案和部门职责为应对突发公共事件制定的预案。

◆突发公共事件地方应急预案。具体包括：省级人民政府的突发公共事件总体应急预案、专项应急预案和部门应急预案；各市（地）、县（市）人民政府及其基层政权组织的突发公共事件应急预案。上述预案在省级人民政府的领导下，按照分类管理、分级负责的原则，由地方人民政府及其有关部门分别制定。

◆企事业单位根据有关法律法规制定的应急预案。

◆举办大型会展和文化体育等重大活动，主办单位应当制定应急预案。

各类预案将根据实际情况变化不断补充、完善。

2. 组织体系

（1）领导机构

国务院是突发公共事件应急管理工作的最高行政领导机构。在国务院总理领导下，由国务院常务会议和国家相关突发公共事件应急指挥机构（以下简称相关应急指挥机构）负责突发公共事件的应急管理工作；必要时，派出国务院工作组指导有关工作。

（2）办事机构

国务院办公厅设国务院应急管理办公室，履行值守应急、信息汇总和综合协调职责，发挥运转枢纽作用。

（3）工作机构

国务院有关部门依据有关法律、行政法规和各自的职责，负责相关类别突发公共事件的应急管理工作。具体负责相关类别的突发公共事件专项和部门应急预案的起草与实施，贯彻落实国务院有关决定事项。

（4）地方机构

地方各级人民政府是本行政区域突发公共事件应急管理工作的行政领导机构，负责本行政区域各类突发公共事件的应对工作。

（5）专家组

国务院和各应急管理机构建立各类专业人才库，可以根据实际需要聘请有关专家组成专家组，为应急管理提供决策建议，必要时参加突发公共事件的应急处置工作。

3. 运行机制

（1）预测与预警

各地区、各部门要针对各种可能发生的突发公共事件，完善预测预警机制，建立预测预警系统，开展风险分析，做到早发现、早报告、早处置。

根据预测分析结果，对可能发生和可以预警的突发公共事件进行预警。预警级别依据突发公共事件可能造成的危害程度、紧急程度和发展势态，一般划分为四级：Ⅰ级（特别严重）、Ⅱ级（严重）、Ⅲ级（较重）和Ⅳ级（一般），依次用红色、橙色、黄色和蓝色表示。

预警信息包括突发公共事件的类别、预警级别、起始时间、可能影响范围、警示事项、应采取的措施和发布机关等。

预警信息的发布、调整和解除可通过广播、电视、报刊、通信、信息网络、警报器、宣传车或组织人员逐户通知等方式进行，对老、幼、病、残、孕等特殊人群以及学校等特殊场所和警报盲区应当采取有针对性的公告方式。

（2）应急处置

◆信息报告。特别重大或者重大突发公共事件发生后，各地区、各部门要立即报告，最迟不得超过4小时，同时通报有关地区和部门。应急处置过程中，要及时续报有关情况。

◆先期处置。突发公共事件发生后，事发地的省级人民政府或者国务院有关部门在报告特别重大、重大突发公共事件信息的同时，要根据职责和规定的权限启动相关应急预案，及时、有效地进行处置，控制事态。

在境外发生涉及中国公民和机构的突发事件，我驻外使领馆、国务院有关部门和有关地方人民政府要采取措施控制事态发展，组织开展应急救援工作。

◆应急响应。对于先期处置未能有效控制事态的特别重大突发公共事件，要及时启动相关预案，由国务院相关应急指挥机构或国务院工作组统一指挥或指导有关地区、部门开展处置工作。

现场应急指挥机构负责现场的应急处置工作。

需要多个国务院相关部门共同参与处置的突发公共事件，由该类突发公共事件的业务主管部门牵头，其他部门予以协助。

◆应急结束。特别重大突发公共事件应急处置工作结束，或者相关危险因素消除后，现场应急指挥机构予以撤销。

（3）恢复与重建

◆善后处置。要积极稳妥、深入细致地做好善后处置工作。对突发公共事件中的伤亡人员、应急处置工作人员，以及紧急调集、征用有关单位及个人的物资，要按照规定给予抚恤、补助或补偿，并提供心理及司法援助。有关部门要做好疫病防治和环境污染消除工作。保险监管机构督促有关保险机构及时做好有关单位和个人损失的理赔工作。

◆调查与评估。要对特别重大突发公共事件的起因、性质、影响、责任、经验教训和恢复重建等问题进行调查评估。

◆恢复重建。根据受灾地区恢复重建计划组织实施恢复重建工作。

（4）信息发布

突发公共事件的信息发布应当及时、准确、客观、全面。事件发生后的第一时间要向社会发布简要信息，随后发布初步核实情况、政府应对措施和公众防范措施等，并根据事件处置情况做好后续发布工作。

信息发布形式主要包括授权发布、散发新闻稿、组织报道、接受记者采访、举行新闻发布会等。

4. 应急保障

各有关部门要按照职责分工和相关预案做好突发公共事件的应对工作，同时根据总体预案切实做好应对突发公共事件的人力、物力、财力、交通运输、医疗卫生及通信保障等工作，保证应急救援工作的需要和灾区群众的基本生活，以及恢复重建工作的顺利进行。

（1）人力资源

公安（消防）、医疗卫生、地震救援、海上搜救、矿山救护、森林消防、防洪抢险、核与辐射、环境监控、危险化学品事故救援、铁路事故、民航事故、基础信息网络和重要信息系统事故处置，以及水、电、油、气等工程抢险救援队伍是应急救援的专业队伍和骨干力量。地方各级人民政府和有关部门、单位要加强应急救援队伍的业务培训和应急演练，建立联动协调机制，提高装备水平；动员社会团体、企事业单位以及志愿者等各种社会力量参与应急救援工作；增进国际间的交流与合作。要加强以乡镇和社区为单位的公众应急能力建设，发挥其在应对突发公共事件中的重要作用。

中国人民解放军和中国人民武装警察部队是处置突发公共事件的骨干和突击力量，按照有关规定参加应急处置工作。

（2）财力保障

要保证所需突发公共事件应急准备和救援工作资金。对受突发公共事件影响较大的行业、企事业单位和个人要及时研究提出相应的补偿或救助政策。要对突发公共事件财政应急保障资金的使用和效果进行监管和评估。

鼓励自然人、法人或者其他组织（包括国际组织）按照《中华人民共和国公益事业捐赠法》等有关法律、法规的规定进行捐赠和援助。

（3）物资保障

要建立健全应急物资监测网络、预警体系和应急物资生产、储备、调拨及紧急配送体系，完善应急工作程序，确保应急所需物资和生活用品的及时供应，并加强对物资储备的监督管理，及时予以补充和更新。

地方各级人民政府应根据有关法律、法规和应急预案的规定，做好物资储备工作。

（4）基本生活保障

要做好受灾群众的基本生活保障工作，确保灾区群众有饭吃、有水喝、有衣穿、有住处、有病能得到及时医治。

（5）医疗卫生保障

卫生部门负责组建医疗卫生应急专业技术队伍，根据需要及时赴现场开展医疗救治、疾病预防控制等卫生应急工作。及时为受灾地区提供药品、器械等卫生和医疗设备。必要时，组织动员红十字会等社会卫生力量参与医疗卫生救助工作。

（6）交通运输保障

要保证紧急情况下应急交通工具的优先安排、优先调度、优先放行，确保运输安全畅通；要依法建立紧急情况社会交通运输工具的征用程序，确保抢险救灾物资和人员能够被及时、安全送达。

根据应急处置需要，对现场及相关通道实行交通管制，开设应急救援“绿色通道”，保证应急救援工作的顺利开展。

（7）治安维护

要加强对重点地区、重点场所、重点人群、重要物资和设备的安全保护，依法严厉打击违法犯罪活动。必要时，依法采取有效管制措施，控制事态，维护社会秩序。

（8）人员防护

要指定或建立与人口密度、城市规模相适应的应急避险场所，完善紧急疏散管理办法和程序，明确各级责任人，确保在紧急情况下公众安全、有序的转移或疏散。

采取必要的防护措施，严格按照程序开展应急救援工作，确保人员安全。

（9）通信保障

建立健全应急通信、应急广播电视保障工作体系，完善公用通信网，建立有线和无线相结合、基础电信网络与机动通信系统相配套的应急通信系统，确保通信畅通。

（10）公共设施

有关部门要按照职责分工，分别负责煤、电、油、气、水的供给，以及废水、废气、固体废弃物等有害物质的监测和处理。

（11）科技支撑

要积极开展公共安全领域的科学研究；加大公共安全监测、预测、预警、预防和应急处置技术研发的投入，不断改进技术装备，建立健全公共安全应急技术平台，提高我国公共安全科技水平；注意发挥企业在公共安全领域的研发作用。

5. 监督管理

（1）预案演练

各地区、各部门要结合实际，有计划、有重点地组织有关部门对相关预案进行演练。

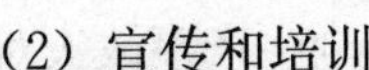

（2）宣传和培训

宣传、教育、文化、广电、新闻出版等有关部门要通过图书、报刊、音像制品和电子出版物、广播、电视、网络等，广泛宣传应急法律法规和预防、避险、自救、互救、减灾等常识，增强公众的忧患意识、社会责任意识和自救、互救能力。各有关方面要有计划地对应急救援和管理人员进行培训，提高其专业技能。

（3）责任与奖惩

突发公共事件应急处置工作实行责任追究制。

对突发公共事件应急管理工作中做出突出贡献的先进集体和个人要给予表彰和奖励。

对迟报、谎报、瞒报和漏报突发公共事件重要情况或者应急管理工作中有其他失职、渎职行为的，依法对有关责任人给予行政处分；构成犯罪的，依法追究刑事责任。

6. 附则

根据实际情况的变化，及时修订本预案。

本预案自发布之日起实施。

八、《国家安全生产事故灾难应急预案》相关要点

2006 年 1 月 22 日，国务院颁布和实施《国家安全生产事故灾难应急预案》。

1. 总则

（1）编制目的

规范安全生产事故灾难的应急管理和应急响应程序，及时有效地实施应急救援工作，最大程度地减少人员伤亡、财产损失，维护人民群众的生命安全和社会稳定。

（2）编制依据

依据《中华人民共和国安全生产法》《国家突发公共事件总体应急预案》和国务院《关于进一步加强安全生产工作的决定》等法律法规及有关规定，制定本预案。

（3）适用范围

本预案适用于下列安全生产事故灾难的应对工作：

◆造成 30 人以上死亡（含失踪），或危及 30 人以上生命安全，或者 100 人以上中毒（重伤），或者需要紧急转移安置 10 万人以上，或者直接经济损失 1 亿元以上的特别重大安全生产事故灾难。

◆超出省（区、市）人民政府应急处置能力，或者跨省级行政区、跨多个领域（行业和部门）的安全生产事故灾难。

◆需要国务院安全生产委员会（以下简称国务院安委会）处置的安全生产事故灾难。

（4）工作原则

◆以人为本，安全第一。把保障人民群众的生命安全和身体健康、最大程度地预防和减少安全生产事故灾难造成的人员伤亡作为首要任务。切实加强应急救援人员的安全防护。充分发挥人的主观能动性，充分发挥专业救援力量的骨干作用和人民群众的基础作用。

◆统一领导，分级负责。在国务院统一领导和国务院安委会组织协调下，各省（区、市）人民政府和国务院有关部门按照各自职责和权限，负责有关安全生产事故灾难的应急管理和应急处置工作。企业要认真履行安全生产责任主体的职责，建立安全生产应急预案和应急机制。

◆条块结合，属地为主。安全生产事故灾难现场应急处置的领导和指挥以地方人民政府为主，实行地方各级人民政府行政首长负责制。有关部门应当与地方人民政府密切配合，充分发挥指导和协调作用。

◆依靠科学，依法规范。采用先进技术，充分发挥专家作用，实行科学民主决策。采用先进的救援装备和技术，增强应急救援能力。依法规范应急救援工作，确保应急预案的科学性、权威性和可操作性。

◆预防为主，平战结合。贯彻落实“安全第一，预防为主”的方针，坚持事故灾难应急与预防工作相结合。做好预防、预测、预警和预报工作，做好常态下的风险评估、物资储备、队伍建设、完善装备、预案演练等工作。

2. 组织体系、现场应急救援指挥部及职责

（1）组织体系

全国安全生产事故灾难应急救援组织体系由国务院安委会、国务院有关部门、地方各级人民政府安全生产事故灾难应急领导机构、综合协调指挥机构、专业协调指挥机构、应急支持保障部门、应急救援队伍和生产经营单位组成。

国家安全生产事故灾难应急领导机构为国务院安委会，综合协调指挥机构为国务院安委会办公室，国家安全生产应急救援指挥中心具体承担安全生产事故灾难应急管理工作，专业协调指挥机构为国务院有关部门管理的专业领域应急救援指挥机构。

地方各级人民政府的安全生产事故灾难应急机构由地方政府确定。

应急救援队伍主要包括消防部队、专业应急救援队伍、生产经营单位的应急救援队伍、社会力量、志愿者队伍及有关国际救援力量等。

国务院安委会各成员单位按照职责履行本部门的安全生产事故灾难应急救援和保障方面的职责，负责制定、管理并实施有关应急预案。

（2）现场应急救援指挥部及职责

现场应急救援指挥以属地为主，事发地省（区、市）人民政府成立现场应急救援指挥部。现场应急救援指挥部负责指挥所有参与应急救援的队伍和人员，及时向国务院报告事故灾难事态发展及救援情况，同时抄送国务院安委会办公室。

涉及多个领域、跨省级行政区或影响特别重大的事故灾难，根据需要由国务院安委会或者国务院有关部门组织成立现场应急救援指挥部，负责应急救援协调指挥工作。

3. 预警预防机制

（1）事故灾难监控与信息报告

国务院有关部门和省（区、市）人民政府应当加强对重大危险源的监控，对可能引发特别重大事故的险情，或者其他灾害、灾难可能引发安全生产事故灾难的重要信息应及时上报。

特别重大安全生产事故灾难发生后，事故现场有关人员应当立即报告单位负责人，单位负责人接到报告后，应当立即报告当地人民政府和上级主管部门。中央企业在上报当地政府的同时应当上报企业总部。当地人民政府接到报告后应当立即报告上级政府，国务院有关部门、单位、中央企业和事故灾难发生地的省（区、市）人民政府应当在接到报告后2小时内，向国务院报告，同时抄送国务院安委会办公室。

自然灾害、公共卫生和社会安全方面的突发事件可能引发安全生产事故灾难的信息，有关各级、各类应急指挥机构均应及时通报同级安全生产事故灾难应急救援指挥机构，安全生产事故灾难应急救援指挥机构应当及时分析处理，并按照分级管理的程序逐级上报，紧急情况下，可越级上报。

发生安全生产事故灾难的有关部门、单位要及时、主动向国务院安委会办公室、国务院有关部门提供与事故应急救援有关的资料。事故灾难发生地安全监管部门提供事故前监督检查的有关资料，为国务院安委会办公室、国务院有关部门研究制定救援方案提供参考。

（2）预警行动

各级、各部门安全生产事故灾难应急机构接到可能导致安全生产事故灾难的信息后，按照应急预案及时研究确定应对方案，并通知有关部门、单位采取相应行动，预防事故发生。

4. 应急响应

（1）分级响应

Ⅰ级应急响应行动（具体标准见1.3）由国务院安委会办公室或国务院有关部门组织实施。当国务院安委会办公室或国务院有关部门进行Ⅰ级应急响应行动时，事发地各级人民政府应当按照相应的预案全力以赴组织救援，并及时向国务院及国务院安委会办公室、国务院有关部门报告救援工作进展情况。

Ⅱ级及以下应急响应行动的组织实施由省级人民政府决定。地方各级人民政府根据事故灾难或险情的严重程度启动相应的应急预案，超出其应急救援处置能力的，及时报请上一级应急救援指挥机构，启动上一级应急预案实施救援。

◆国务院有关部门的响应。Ⅰ级响应时，国务院有关部门启动并实施本部门相关的应急预案，组织应急救援，并及时向国务院及国务院安委会办公室报告救援工作进展情况。需要其他部门应急力量支援时，及时提出请求。根据发生的安全生产事故灾难的类别，国务院有关部门按照其职责和预案进行响应。

◆国务院安委会办公室的响应

1）及时向国务院报告安全生产事故灾难基本情况、事态发展和救援进展情况。

2）开通与事故灾难发生地的省级应急救援指挥机构、现场应急救援指挥部、相关专业应急救援指挥机构的通信联系，随时掌握事态发展情况。

3）根据有关部门和专家的建议，通知相关应急救援指挥机构随时待命，为地方或专业应急救援指挥机构提供技术支持。

4）派出有关人员和专家赶赴现场参加、指导现场应急救援，必要时协调专业应急力量增援。

5）对可能或者已经引发自然灾害、公共卫生和社会安全突发事件的，国务院安委会办公室要及时上报国务院，同时负责通报相关领域的应急救援指挥机构。

6）组织协调特别重大安全生产事故灾难应急救援工作。

7）协调落实其他有关事项。

（2）指挥和协调

进入Ⅰ级响应后，国务院有关部门及其专业应急救援指挥机构立即按照预案组织相关应急救援力量，配合地方政府组织实施应急救援。

国务院安委会办公室根据事故灾难的情况开展应急救援协调工作。通知有关部门及其应急机构、救援队伍和事发地毗邻省（区、市）人民政府应急救援指挥机构，相关机构按照各自应急预案提供增援或保障。有关应急队伍在现场应急救援指挥部的统一指挥下，密切配合，共同实施抢险救援和紧急处置行动。

现场应急救援指挥部负责现场应急救援的指挥，现场应急救援指挥部成立前，事发单位和先期到达的应急救援队伍必须迅速、有效地实施先期处置，事故灾难发生地人民政府负责协调，全力控制事故灾难发展态势，防止次生、衍生和耦合事故（事件）发生，果断控制或切断事故灾害链。

中央企业发生事故灾难时，其总部应全力调动相关资源，有效开展应急救援工作。

（3）紧急处置

现场处置主要依靠本行政区域内的应急处置力量。事故灾难发生后，发生事故的单位和当地人民政府按照应急预案迅速采取措施。

根据事态发展变化情况，出现急剧恶化的特殊险情时，现场应急救援指挥部在充分考虑专家和有关方面意见的基础上，依法及时采取紧急处置措施。

(4) 医疗卫生救助

事发地卫生行政主管部门负责组织开展紧急医疗救护和现场卫生处置工作。

卫生部或国务院安委会办公室根据地方人民政府的请求，及时协调有关专业医疗救护机构和派出专科医院有关专家、提供特种药品和特种救治装备进行支援。

事故灾难发生地疾病控制中心根据事故类型，按照专业规程进行现场防疫工作。

(5) 应急救援人员的安全防护

现场应急救援人员应根据需要携带相应的专业防护装备，采取安全防护措施，严格执行应急救援人员进入和离开事故现场的相关规定。

现场应急救援指挥部根据需要具体协调、调集相应的安全防护装备。

(6) 群众的安全防护

现场应急救援指挥部负责组织群众的安全防护工作，主要工作内容如下：

◆企业应当与当地政府、社区建立应急互动机制，确定保护群众安全需要采取的防护措施。

◆决定应急状态下群众疏散、转移和安置的方式、范围、路线、程序。

◆指定有关部门负责实施疏散、转移。

◆启用应急避难场所。

◆开展医疗防疫和疾病控制工作。

◆负责治安管理。

(7) 社会力量的动员与参与

现场应急救援指挥部组织调动本行政区域社会力量参与应急救援工作。

超出事发地省级人民政府处置能力的，省级人民政府应向国务院申请本行政区域外的社会力量支援，国务院办公厅协调有关省级人民政府、国务院有关部门组织社会力量进行支援。

(8) 现场检测与评估

根据需要，现场应急救援指挥部成立事故现场检测、鉴定与评估小组，综合分析和评价检测数据，查找事故原因，评估事故发展趋势，预测事故后果，为制定现场抢救方案和事故调查提供参考。检测与评估报告要及时上报。

(9) 信息发布

国务院安委会办公室会同有关部门具体负责特别重大安全生产事故灾难信息的发布

工作。

（10）应急结束

当遇险人员全部得救，事故现场得以控制，环境符合有关标准，导致次生、衍生事故隐患消除后，经现场应急救援指挥部确认和批准，现场应急处置工作结束，应急救援队伍撤离现场。由事故发生地省级人民政府宣布应急结束。

5. 后期处置

（1）善后处置

省级人民政府会同相关部门（单位）负责组织特别重大安全生产事故灾难的善后处置工作，包括人员安置、补偿，征用物资补偿，灾后重建，污染物收集、清理与处理等事项。尽快消除事故影响，妥善安置和慰问受害及受影响人员，以保证社会稳定，并尽快恢复正常秩序。

（2）保险

安全生产事故灾难发生后，保险机构及时开展应急救援人员保险受理和受灾人员保险理赔工作。

（3）事故灾难调查报告、经验教训总结及改进建议

特别重大安全生产事故灾难由国务院安全生产监督管理部门负责组成调查组进行调查；必要时，国务院直接组成调查组或者授权有关部门组成调查组。

安全生产事故灾难善后处置工作结束后，现场应急救援指挥部分析总结应急救援经验教训，提出改进应急救援工作的建议，完成应急救援总结报告并及时上报。

6. 保障措施

（1）通信与信息保障

建立健全国家安全生产事故灾难应急救援综合信息网络系统和重大安全生产事故灾难信息报告系统；建立完善救援力量和资源信息数据库；规范信息获取、分析、发布、报送格式和程序，保证应急机构之间的信息资源共享，为应急决策提供相关信息支持。

有关部门应急救援指挥机构和省级应急救援指挥机构负责本部门、本地区相关信息的收集、分析和处理，定期向国务院安委会办公室报送有关信息，重要信息和变更信息要及时报送，国务院安委会办公室负责收集、分析和处理全国安全生产事故灾难应急救援有关信息。

（2）应急支援与保障

◆救援装备保障。各专业应急救援队伍和企业根据实际情况和需要配备必要的应急救援装备。专业应急救援指挥机构应当掌握本专业的特种救援装备情况，各专业队伍按规程

配备救援装备。

◆应急队伍保障。矿山、危险化学品、交通运输等行业或领域的企业应当依法组建和完善救援队伍。各级、各行业安全生产应急救援机构负责检查并掌握相关应急救援力量的建设和准备情况。

◆交通运输保障。发生特别重大安全生产事故灾难后，国务院安委会办公室或有关部门根据救援需要及时协调民航、交通和铁路等行政主管部门提供交通运输保障。地方人民政府有关部门对事故现场进行道路交通管制，根据需要开设应急救援特别通道，道路受损时应迅速组织抢修，确保救灾物资、器材和人员运送及时到位，满足应急处置工作需要。

◆医疗卫生保障。县级以上各级人民政府应当加强急救医疗服务网络的建设，配备相应的医疗救治药物、技术、设备和人员，提高医疗卫生机构应对安全生产事故灾难的救治能力。

◆物资保障。国务院有关部门和县级以上人民政府及其有关部门、企业，应当建立应急救援设施、设备、救治药品和医疗器械等储备制度，储备必要的应急物资和装备。各专业应急救援机构根据实际情况，负责监督应急物资的储备情况、掌握应急物资的生产加工能力储备情况。

◆资金保障。生产经营单位应当做好事故应急救援必要的资金准备。安全生产事故灾难应急救援资金首先由事故责任单位承担，事故责任单位暂时无力承担的，由当地政府协调解决。国家处置安全生产事故灾难所需工作经费按照《财政应急保障预案》的规定解决。

◆社会动员保障。地方各级人民政府根据需要动员和组织社会力量参与安全生产事故灾难的应急救援。国务院安委会办公室协调调用事发地以外的有关社会应急力量参与增援时，地方人民政府要为其提供各种必要保障。

◆应急避难场所保障。直辖市、省会城市和大城市人民政府负责提供特别重大事故灾难发生时人员避难所需的场所。

(3) 技术储备与保障

国务院安委会办公室成立安全生产事故灾难应急救援专家组，为应急救援提供技术支持和保障。要充分利用安全生产技术支撑体系的专家和机构，研究安全生产应急救援重大问题，开发应急技术和装备。

(4) 宣传、培训和演习

◆宣传。国务院安委会办公室和有关部门组织应急法律法规和事故预防、避险、避灾、自救、互救常识的宣传工作，各种媒体提供相关支持。地方各级人民政府结合本地实际，负责本地相关宣传、教育工作，提高全民的危机意识。企业与所在地政府、社区建立互动机制，向周边群众宣传相关应急知识。

◆培训。有关部门组织各级应急管理机构以及专业救援队伍的相关人员进行上岗前培训和业务培训。有关部门、单位可根据自身实际情况，做好兼职应急救援队伍的培训，积极组织社会志愿者的培训，提高公众自救、互救能力。地方各级人民政府将突发公共事件应急管理内容列入行政干部培训的课程。

◆演习。各专业应急机构每年至少组织一次安全生产事故灾难应急救援演习。国务院安委会办公室每两年至少组织一次联合演习。各企事业单位应当根据自身特点，定期组织本单位的应急救援演习。演习结束后应及时进行总结。

（5）监督检查

国务院安委会办公室对安全生产事故灾难应急预案实施的全过程进行监督检查。

7. 附则

（1）预案管理与更新

随着应急救援相关法律法规的制定、修改和完善，部门职责或应急资源发生变化，以及实施过程中发现存在问题或出现新的情况，应及时修订完善本预案。

本预案有关数量的表述中，“以上”含本数，“以下”不含本数。

（2）奖励与责任追究

◆奖励。在安全生产事故灾难应急救援工作中有下列表现之一的单位和个人，应依据有关规定给予奖励：

1）出色完成应急处置任务，成绩显著的。

2）防止或抢救事故灾难有功，使国家、集体和人民群众的财产免受损失或者减少损失的。

3）对应急救援工作提出重大建议，实施效果显著的。

4）有其他特殊贡献的。

◆责任追究。在安全生产事故灾难应急救援工作中有下列行为之一的，按照法律、法规及有关规定，对有关责任人员视情节和危害后果，由其所在单位或者上级机关给予行政处分；其中，对国家公务员和国家行政机关任命的其他人员，分别由任免机关或者监察机关给予行政处分；属于违反治安管理行为的，由公安机关依照有关法律法规的规定予以处罚；构成犯罪的，由司法机关依法追究刑事责任：

1）不按照规定制定事故应急预案，拒绝履行应急准备义务的。

2）不按照规定报告、通报事故灾难真实情况的。

3）拒不执行安全生产事故灾难应急预案，不服从命令和指挥，或者在应急响应时临阵脱逃的。

4）盗窃、挪用、贪污应急工作资金或者物资的。

5）阻碍应急工作人员依法执行任务或者进行破坏活动的。

6）散布谣言，扰乱社会秩序的。

7）有其他危害应急工作行为的。

(3) 国际沟通与协作

国务院安委会办公室和有关部门积极建立与国际应急机构的联系，组织参加国际救援活动，开展国际间的交流与合作。

(4) 预案实施时间

本预案自印发之日起施行。

九、《国家安全生产应急平台体系建设指导意见》相关要点

2006年10月4日，国家安全生产监督管理总局印发《国家安全生产应急平台体系建设指导意见》（以下简称《意见》）（安监总应急［2006］211号），《意见》指出：为推进全国安全生产应急体系建设，整合应急资源，加强应急预测预警、信息报送、辅助决策、调度指挥和总结评估等应急管理工作，实现信息共享，建立“统一指挥、功能齐全、反应灵敏、运转高效”的应急机制，依据《国民经济和社会发展第十一个五年规划纲要》《国务院关于实施国家突发公共事件总体应急预案的决定》（国发［2005］11号）、《国务院关于全面加强应急管理工作的意见》（国发［2006］24号）和《安全生产“十一五”规划》，就国家安全生产应急平台体系建设提出以下指导意见：

1. 指导思想和基本原则

(1) 指导思想

以邓小平理论和“三个代表”重要思想为指导，坚持“以人为本”，全面落实科学发展观，坚持“安全发展”的原则，贯彻“安全第一、预防为主、综合治理”的方针，充分利用现有资源，依靠信息技术和安全科技，建设国家安全生产应急平台体系，为有效预防和妥善处置安全生产事故提供先进的技术手段，为全面提高安全生产应急救援和应急管理能力，最大限度地减少人员伤亡和财产损失做出贡献。

(2) 基本原则

◆统筹规划，分级实施。安全生产应急平台体系建设涉及各级政府、各专业部门和各中央企业的安全生产应急管理和协调指挥机构，要按照条块结合、属地为主的原则进行统筹规划、总体设计、分步实施和分级管理，以大、中城市辐射带动周边地区。实现业务系统和技术支撑系统的有机结合。

◆因地制宜，整合资源。各地区、各有关部门的安全生产应急管理和协调指挥机构，要根据各地区的实际情况和部门职责，本着节约的原则，突出建设重点，注重高效实用，

防止重复建设。整合自身应急平台所需资源，以国家安全生产信息系统为主体进行建设，同时考虑政府电子政务系统和部门业务系统的利用，采用接口转换等技术手段，实现与国家安全生产应急救援指挥中心应急平台以及其他相关应急平台的互联互通，信息共享。

◆注重内容，讲求实效。既要重视应急平台硬件和软件建设，又要重视应用开发和信息源建设，保证应急平台的实用性；既要立足应急响应，又要满足平时应用，防止重建设、轻应用，重硬件、轻软件的倾向，充分发挥应急平台的作用。

◆技术先进，安全可靠。要依靠科技，注重系统设备的可靠性和先进性，采用符合当前发展趋势的先进技术，并充分考虑技术的成熟性。加强核心技术的自主研发和应用，建立安全防护和容灾备份机制，保障应急平台安全平稳运行。

◆立足当前，着眼长远。安全生产应急平台建设工作要以需求为导向，把当前和长远结合起来，既要满足当前安全生产应急管理工作需要，又要适应技术和应用的发展，不断提升安全生产应急平台技术应用水平。

2. 主要建设任务

(1) 总体建设要求

国家安全生产应急平台体系建设要在国家安全生产应急救援体系构架下，以国家安全生产信息系统为主体，同时考虑政府电子政务系统的利用，搭建以国家安全生产应急救援指挥中心应急平台为中心，以11个国家专业应急管理与协调指挥机构、中央企业安全生产应急管理与协调指挥机构、32个省级安全生产应急救援指挥中心、28个省级矿山救援指挥中心和333个市（地）级安全生产应急管理与协调指挥机构应急平台为支撑，以23个国家级矿山应急救援基地、20个国家级危险化学品应急救援基地、11个国家级矿山排水基地、1个国家级矿山医疗救护中心、18个国家级矿山医疗救护基地、16个国家级危险化学品医疗救护基地、各专业部门及中央企业下属的安全生产应急管理与协调指挥机构和救援队伍为终端节点，形成上下贯通、左右衔接、互联互通、信息共享、互有侧重、互为支撑的国家安全生产应急平台体系。

整合现有国家安全生产应急救援资源，依托国家安全生产现有通信资源及信息系统和国家公共通信资源，建设安全生产应急平台体系的基础支撑系统和综合应用系统，实现生产安全事故灾难的监测监控、预测预警、信息报告、综合研判、辅助决策和总结评估等主要功能，满足本地区、本部门、本单位以及国家安全生产应急救援指挥中心、国务院应急办对生产安全事故的应急救援协调指挥和应急管理的需要。

各省（区、市）、市（地）、各有关部门和中央企业的安全生产应急平台向下延伸的节点范围和数量，由各省（区、市）、市（地）、各有关部门和中央企业决定。

(2) 基础支撑系统

各省（区、市）、市（地）、各有关部门和中央企业安全生产应急管理与协调指挥机构应急平台的基础支撑系统建设主要包括以下内容：

◆完善应急指挥厅和值班室等应急指挥场所，建设（或完善）本地区、本部门、本单位的视频会议系统，并与国家安全生产监督管理总局视频会议系统、国家安全生产应急救援指挥中心应急平台连通，实现能够召开本地区、本部门、本单位的视频会议和接收全国安全生产视频会议信息；实现能够全天候、全方位接收和显示来自事故现场、救援队伍、社会公众各渠道的信息并对各种信息进行全面监控管理；实现能够对本地区、本部门、本单位应急救援资源协调和管理；实现能够值守应急，在发生生产安全事故时进行救援资源调度、异地会商和决策指挥等，切实满足安全生产应急管理工作的需要。

应急指挥厅和值班室要配备：DLP大屏幕拼接显示系统、辅助显示系统、专业摄像系统、多媒体录音录像设备、多媒体接口设备、智能中央控制系统、视频会议系统、有线和无线通信系统、手机屏蔽设备、终端显示管理软件、UPS电源保障系统、专业操控台及桌面显示系统、多通道广播扩声系统和电控玻璃幕墙及常用办公设备等。

国家安全生产应急救援指挥中心应急平台主机系统与即将建设的国家安全生产信息系统共用主机房、共用专网和外网网站信息发布系统、共用数据中心的软件测试平台和软件维护平台、共用安全系统。

各省（区、市）、各有关部门和各中央企业及各市（地）应急平台要配备局域网交换机、小型机服务器、视频会议终端、系统支撑平台软件、系统管理软件及其附属设备。关键设备要双机备份。各救援基地和救护中心节点平台应考虑连入应急平台系统所需配备的局域网交换机、路由器及其附属和维护更新本节点信息所需的设备。

◆国家电子政务统一网络平台已经建立，国务院办公厅与各省（区、市）、各部门的网络已经开通运行，各省级政府与市（地）、县的网络建设也在加快实施，国家安全生产信息系统的专网建设将覆盖各省级安全生产监管部门、煤矿安全监察部门，国家安全生产信息系统和应急救援指挥系统即将建设连接各级安全生产监管、监察机构的计算机专网系统，将全国各级安全生产应急救援指挥机构、救援基地连入专网，并建设能保障实时救灾指挥的电话通信、无线接入通信和应急指挥卫星通信的通信信息基础平台。各省（区、市）、市（地）、各有关部门和中央企业的安全生产应急管理与协调指挥机构要充分利用现有的网络基础和资源，配备专用的网络服务器、数据库服务器和应用服务器等必要设备，适当补充平台设备和租用线路，完善安全生产应急平台体系的通信网络环境，满足图像传输、视频会议和指挥调度等功能要求，通过数据交换平台，实现与国家安全生产应急救援指挥中心应急平台和其他相关应急平台、终端的互联互通和信息共享。按照国家保密的有关规定，采取加密等技术手段，确保信息的保密和安全，实现与政务外网上的应用系统整合。

◆以有线通信系统作为值守应急的基本通信手段，配备专用保密通信设备，以及电话调度、多路传真和数字录音等系统，确保国家安全生产应急救援指挥中心与各地区、各部门的安全生产应急管理与协调指挥机构之间联络畅通。利用卫星、蜂窝移动或集群等多种通信手段，实现事故现场与国家安全生产应急救援指挥中心、各省（区、市）、市（地）、各有关部门和中央企业应急平台间的视频、语音和数据等信息传输。

◆租用卫星信道，建立固定与移动相结合的卫星综合通信系统，卫星主站设在国家安全生产监督管理总局主机房，由国家安全生产监督管理总局承担对整个卫星通信系统的运行、管理、控制和维护。各省（区、市）、市（地）、各有关部门和中央企业的应急救援指挥机构要建立固定卫星站，配备车载式卫星小站的应急救援通信指挥车，便携式移动卫星小站以及相应的配套设备，建设移动应急平台，装备便携式信息采集和现场监测等设备，满足卫星通信、无线微波摄像、无线数据、IP 电话以及视频会议等功能要求，在实现现场各种通信系统之间互联互通的基础上，保证救援现场与异地应急平台间能够进行数据、语音（包括 IP 电话）和视频的实时、双向通信，除供现场应急指挥和处置决策时使用外，实现与国家安全生产应急救援指挥中心应急平台和其他相关应急平台的连接，实现并强化救援工作现场与应急平台的视频会商和协调指挥功能。

（3）综合应用系统

运用计算机技术、网络技术和通信技术、GIS、GPS 等高技术手段，对重大危险源进行监控，通过整合全国各级安全生产应急资源，构建一个各级安全生产应急救援指挥机构、应急救援基地和相关部门互联互通的通信信息基础平台，充分利用即将建设的国家安全生产信息系统的主要应用系统，通过开发形成满足安全生产应急救援协调指挥和应急管理需要的综合应用系统。

系统能够采集、分析和处理应急救援信息，为应急救援指挥机构协调指挥事故救援工作提供参考依据。系统能够满足全天候、快速反应安全生产事故信息处理和抢险救灾调度指挥的需要，使其具备事故快报功能，并以地理信息系统和视频会议系统为平台，以数据库为核心，快速进行事故受理，与救灾资源和社会救助联动，及时、有效地进行抢险救灾调度指挥。

省（区、市）、市（地）、有关部门和中央企业安全生产应急管理与协调指挥机构应急平台的综合应用系统应包括的子系统及其功能如下：

◆应急值守管理子系统：实现生产安全事故的信息接收、屏幕显示、跟踪反馈、专家视频会商、图像传输控制、电子地图 GIS 管理和情况综合等应急值守业务管理。利用本地区、本部门监测网络，掌握重大危险源空间分布和运行状况信息，进行动态监测，分析风险隐患，对可能发生的特别重大事故进行预测预警。

通过应急平台在事发 3 小时内向国家安全生产应急救援指挥中心报送特别重大、重大生产安全事故信息及事故现场音视频信息。市（地）级应急值守管理子系统要增加辅助接警功能，与当地公安、消防、交警、急救形成的统一接警平台相连接，处理生产安全事故应急救援接报信息。

◆应急救援决策支持子系统：生产安全事故发生后，通过汇总分析相关地区和部门的预测结果，结合事故进展情况，对事故影响范围、影响方式、持续时间和危害程度等进行综合研判。在应急救援决策和行动中，能够针对当前灾情，采集相应的资源数据、地理信息、历史处置方案，通过调用专家知识库，对信息综合集成、分析、处理、评估，研究制定相应技术方案和措施，对救援过程中遇到的技术难题提出解决方案，实现应急救援的科学性和准确性。

◆应急救援预案管理子系统：遵循分级管理、属地为主的原则。根据有关应急预案，利用生产安全事故的研判结果，通过应急平台对有关法律法规、政策、安全规程规范、救援技术要求以及处理类似事故的案例等进行智能检索和分析，并咨询专家意见，提供应对生产安全事故的措施和应急救援方案。根据应急救援过程不同阶段处置效果的反馈，在应急平台上实现对应急救援方案的动态调整和优化。

◆应急救援资源和调度子系统：在建立集通信、信息、指挥和调度于一体的应急资源和资产数据库的基础上，实施对专业队伍、救援专家、储备物资、救援装备、通信保障和医疗救护等应急资源的动态管理。在突发重大事件时，应急指挥人员通过应急平台，迅速调集救援资源进行有效的救援，为应急指挥调度提供保障。与此同时，自动记录事故的救援过程，根据有关评价指标，对救援过程和能力进行综合评估。

◆应急救援培训与演练子系统及其应具有的功能：事故模拟和应急预案模拟演练；合理组织应急资源的调派（包括人力和设备等）；协调各应急部门、机构、人员之间的关系；提高公众应急意识，增强公众应对突发重大事故救援的信心；提高救援人员的救援能力；明确救援人员各自的岗位和职责；提高各预案之间的协调性和整体应急反应能力。

◆应急救援统计与分析子系统：实现快速完成复杂的报表设计和报表格式的调整。对数据库中的数据可任意查询、统计分析，如叠加汇总、选择汇总、分类汇总、多维分析、多年（月）数据对比分析、统计图展示等，可以将各种分析结果打印输出，也可将分析结果发布到互联网上，为各级应急救援单位的管理者提供决策依据。

◆应急救援队伍资质评估子系统：准确判断本区域（或领域）内，某一救援队伍的应急救援能力，了解某一区域内某专业救援队伍的应急救援能力，为应急救援协调指挥、应急救援预案管理、应急救援培训演练以及应急救援资源调度提供准确、可靠依据。

◆基础数据库和专用数据库：要按照条块结合、属地为主的原则，充分利用国家安全生产信息系统即将建成的基础数据库，建设满足应急救援和管理要求的安全生产综合共用基础数据库和安全生产应急救援指挥应用系统的专用数据库，收集存储和管理管辖范围内与安全生产应急救援有关的信息和静态、动态数据，可供国家安全生产应急救援指挥中心应急平台和其他相关应急平台远程运用，数据库建设要遵循组织合理、结构清晰、冗余度低、便于操作、易于维护、安全可靠、扩充性好的原则，并建立数据库系统实时更新以及各地区和各有关部门安全生产应急管理与协调指挥机构应急平台间的数据共享机制。

数据库包括存储安全生产事故接报信息、预测预警信息、监测监控信息以及应急指挥过程信息等内容的应急信息数据库；存储各类应急救援预案的预案数据库；存储应急资源信息（包括指挥机构及救援队伍的人员、设施、装备、物资以及专家等）、危险源、人口、自然资源等内容的应急资源和资产数据库；存储数字地图、遥感影像、主要路网管网、避难场所分布图和救援资源分布图等内容的地理信息数据库；存储各类事故趋势预测与影响后果分析模型、衍生与次生灾害预警模型和人群疏散避难策略模型等内容的决策支持模型库；存储有关法律法规、应对各类安全生产事故的专业知识和技术规范、专家经验等内容的知识管理数据库；存储国内外特别是本地区或本行业有重大影响的、安全生产事故典型案例的事故救援案例数据库；存储应急救援人员或队伍评估情况的应急资质评估数据库；存储各类事故的应急救援演练情况和演练方案等信息的演练方案数据库；存储对各级各类应急救援数据统计分析信息的统计分析数据库。

为确保各级安全生产应急救援指挥机构、应急救援基地和相关部门应急平台的指标体系、数据结构、业务流程、系统平台等技术基础和功能协调一致、互联互通、信息共享，避免多单位同时重复开发应用系统，由国家安全生产应急救援指挥中心组织专门力量，利用现有资源，并与已有的安全生产信息系统的应用系统有机结合，对安全生产应急平台的综合应用系统进行统一规划、统一设计、分步实施。

（4）技术标准规范

国家安全生产应急平台体系建设是一项涉及面广的系统工程，规范和统一标准是实现信息资源共享的基本条件。要遵循通信、网络、数据交换等方面的相关国家标准或行业标准，规范网络互联、视频会议和图像接入等建设工作，采用国家有关部门发布的人口基础信息、社会经济信息、自然资源信息、基础空间地理信息等数据标准规范，按照电子政务建设和国家安全生产信息系统建设相关标准规范和地方兼容中央、下级兼容上级的模式，形成全国应急平台在功能规范、业务流程、数据定义与编码、数据交换上的统一标准化体系，保证国家安全生产应急平台体系技术标准一致。

（5）平台安全保障

严格遵守国家保密规定，利用国家安全生产信息系统和电子政务网络信息安全保障体系，采用专用加密设备等技术手段，严格用户权限控制，确保涉密信息传输、交换、存储和处理安全。加强应急平台的供配电、空调、防火、防灾等安全防护，对计算机操作系统、数据库、网络、机房等进行安全检测和关键系统及数据的容灾备份，逐步完善安全生产应急平台安全管理机制。

3. 建设与运行管理

（1）建设工作

各地区、各有关部门的安全生产应急管理与协调指挥机构要高度重视安全生产应急平台建设，规范、有序地开展工作，同时做好本地区、本部门应急平台向下延伸工作。

已建成或正在建设应急平台的省（区、市）、市（地）、有关部门和中央企业安全生产应急管理与协调指挥机构，要充分利用生产安全事故预防监测、预测预警和应急处置等方面的科技成果，不断完善应急平台各项功能。

（2）运行管理

为规范应急平台建设，做好衔接工作，各地区、各有关部门的安全生产应急管理与协调指挥机构，要将应急平台建设方案报送上级管理部门和国家安全生产应急救援指挥中心备案。

各级安全生产应急管理机构要承担并加强本单位应急平台日常管理工作，要做好应急平台的安全测评、系统验收和人员培训等工作，配备必要的技术管理人员，理顺工作流程，建立健全保密、运行维护等各项管理制度，加强通信平台、网络平台、计算机和服务器系统平台、应用平台、系统安全平台的日常运行维护，进行信息的及时更新，保障安全生产应急平台的高效安全运行。

十、《关于贯彻落实国务院〈通知〉精神　进一步加强安全生产应急救援体系建设的实施意见》相关要点

2010年11月9日，国务院安全生产委员会办公室下发《关于贯彻落实国务院〈通知〉精神　进一步加强安全生产应急救援体系建设的实施意见》（以下简称《意见》）（安委办［2010］25号）。《意见》指出：为深入贯彻落实《国务院关于进一步加强企业安全生产工作的通知》（国发［2010］23号，以下简称《国务院通知》）精神，切实落实企业安全生产主体责任，加快建设更加高效的安全生产应急救援体系，提出以下实施意见：

1. 总体要求和工作目标

认真贯彻落实党中央、国务院关于加强安全生产和应急管理工作的一系列重要决策、部署、指示和《国务院通知》精神，进一步强化责任落实、工作落实、政策落实，加大投入力度，加强安全生产应急救援体系建设，不断提高安全生产应急救援的装备水平、技术水平、管理水平。从现在起到“十二五”期末，国家（区域）矿山、危险化学品应急救援队伍全部建成，其他重点行业（领域）应急救援队伍建设进一步加强，形成更加完善的安

全生产应急救援体系；各省（区、市）、市（地、州）、重点县（市、区）安全生产应急管理（救援指挥）机构全部建立；国家、省、市三级安全生产应急平台体系建设完成，高危行业企业安全生产动态监控及预警预报预防体系普遍建立；应急救援协调联动机制更加完善；安全生产应急预案体系建立健全，质量明显提高。通过强化建设，安全生产应急管理水平和防范、应对事故灾难的能力得到明显提升。

2. 进一步加强安全生产应急救援队伍体系建设

（1）大力加强矿山应急救援队伍体系建设

◆加快国家矿山应急救援队伍建设步伐。依托黑龙江鹤岗、山西大同、河北开滦、安徽淮南、河南平顶山、四川芙蓉、甘肃靖远矿山救护队，抓紧建设7个国家矿山应急救援队伍，力争到2011年年底前全部建成。要充分利用企业现有资源和条件，按照总体规划的要求，突出特长和特色，重点投入，配备国际国内先进的，尤其是高精尖的应急救援装备，在搞好本企业、本地区事故救援的同时，满足跨地区、重大、特大且抢险救援复杂、难度大事故的快速高效救援工作的需要。与此同时，要全面加强基础设施建设，加强素质能力建设，加强体制机制和管理创新，真正建成世界一流的国家矿山应急救援队伍。

◆加强区域矿山应急救援队伍建设。在争取国家支持的同时，各依托企业要参照国家矿山应急救援队伍的建设原则、标准和要求，在现有的基础上，进一步加强建设。国家陆地搜寻与救护平顶山基地依托企业，要加快建设进度，重点提升矿山、建（构）筑物坍塌、隧道、地下空间、泥石流等灾害应急救援能力。

◆加强省级地方骨干矿山应急救援队伍建设。各省（区、市）要根据本地区矿山企业分布情况和经济社会发展的需要，统筹规划，由地方和企业共同出资，依托大中型企业建设骨干矿山应急救援队伍，并在大型特殊救援装备配备、救援队伍运行经费等方面给予支持。

◆加强其他地方和基层矿山应急救援队伍建设。矿山企业特别是煤矿较多的市（地、州）、县（区、市）、乡（镇）和其他中小矿山企业集中的地方要合理规划、整合资源、因地制宜，采取企业联合、政企联合或地方有关部门单独出资方式建设专业矿山应急救援队伍，或依托本行政区域综合应急救援队伍充实矿山应急救援技术装备和人员，以满足矿山事故应急救援工作的需要。

◆加强矿山企业应急救援队伍建设。所有大中型矿山企业特别是煤矿都要依法建立专业应急救援队伍，并按照有关救援队伍建设标准，不断提升建设水平，尤其是提升装备水平，进而提高应急救援能力；小型矿山企业要因企制宜建立专职或兼职救援队伍；没有建立专职应急救援队伍的矿山企业，必须与邻近的具备相应能力的专职应急救援队伍签订应急救援协议。

◆加强矿山医疗救护体系建设。在国家（区域）矿山应急救援队伍布点区域，建设装备精良、高水准的国家（区域）矿山医疗救护队伍。各地要搞好规划、加强协调，将矿山医疗救护体系建设纳入安全生产应急救援体系和医疗卫生应急体系，同步规划、同步实施、同步推进，依托当地优势医疗资源建立骨干矿山医疗救护队伍，提高医疗救护技术和装备水平。矿山企业要发挥矿区医疗机构的作用，将矿山医疗救护点延伸到井（坑）口，形成网络。

（2）大力加强危险化学品和油气田应急救援队伍体系建设

◆加快推进依托大型石化、石油企业建设国家（区域）危险化学品和油气田应急救援队伍的步伐。要在原来规划的基础上，争取国家支持，政企共同出资，依托现有中央石化、石油企业的应急救援队伍，建设6个国家危险化学品应急救援队伍、14个区域危险化学品应急救援队伍、7个区域油气田应急救援队伍和1个危险化学品应急救援技术咨询中心。要进一步加大投入，配备危险化学品和油气田方面相应特种专业救援装备，切实提高应急救援能力。

◆加强省级地方骨干危险化学品应急救援队伍建设。各省（区、市）要根据本地实际情况，依托有关石化企业的应急救援队伍，建设本地区危险化学品应急救援骨干队伍。要统筹规划，加大资金、政策支持力度，推进危险化学品地方骨干应急救援队伍建设。

◆加强其他地方和基层危险化学品应急救援队伍建设。危险化学品企业较多的市（地、州）、县（区、市）、乡（镇）和其他小型危险化学品企业集中的地区和化工园区，要因地制宜，在合理规划、节省资源的基础上，采取企业联合、政企联合或地方有关部门单独出资组建的方式，建立专业危险化学品应急救援队伍；或依托本行政区域综合应急救援队伍，充实危险化学品救援装备及人员，以满足危险化学品事故应急救援工作的需要。

◆加强企业危险化学品应急救援队伍建设。所有大中型危险化学品企业都要依法按照相关标准建立专业应急救援队伍；不具备建立专职救援队伍条件的其他危险化学品企业，必须建立兼职救援队伍；没有建立专职应急救援队伍的企业必须与邻近的具备相应能力的专业救援队伍签订应急救援协议。

（3）加强其他重点行业（领域）应急救援体系建设

各建筑（隧道）施工、军工、民用爆炸物品等重点行业（领域）企业要根据有关规定和要求，加强专兼职应急救援队伍的建设，提高应急救援能力。按规定不需建立或不具备建立专职应急救援队伍条件的企业，必须与当地具备相应能力的相关专职应急救援队伍签订应急救援协议。各级安全监管部门要加强综合协调，大力支持公安消防、公路交通、铁路运输、水上搜救、船舶溢油、民用航空、电力等行业（领域）专业应急救援体系建设，重点是搞好规划、合理布局、增加装备、健全队伍、提升素质，形成完善的专业应急救援体系。

（4）加快社会应急救援力量建设步伐

各地要高度重视社会安全生产或综合应急救援组织和志愿者组织建设工作，把具有相关专业知识、技能和装备的社会救援组织、志愿者组织纳入安全生产应急救援体系建设之中，加强引导、推动、扶持和管理，充分利用各种资源，调动各方面的积极性，组织和鼓励社会力量参与安全生产应急救援工作。

3. 进一步加强安全生产应急管理（救援指挥）体系建设

（1）加强企业安全生产应急管理（救援指挥）机构建设

大中型企业必须建立健全的安全生产应急管理（救援指挥）机构。高危行业企业要设置或指定安全生产应急工作办事机构，配备专职应急工作人员，具体负责本企业的安全生产应急工作。其他各类企业要确定机构或人员负责安全生产应急工作。

（2）加强省（区、市）、市（地、州）、重点县（市、区）安全生产应急管理（救援指挥）机构建设

◆各省（区、市）、市（地、州）都要按照有关规定和要求，建立健全安全生产应急管理（救援指挥）机构，发挥其综合监管和事故救援指挥、指导、协调作用。

◆有关省级煤矿安全监察机构要按照国家安全监管总局的要求，加快组建省级煤矿安全生产应急救援机构。要结合地方和单位实际制订计划，明确工作步骤和时限，采取切实可行的措施，保证“三定”规定尽快落实到位。

◆高危企业较集中的县（市、区）要设立或明确负责安全生产应急管理（救援指挥）机构，其他县（区、市）要落实专人负责安全生产应急工作，并逐步延伸到街道、乡镇等基层政府和组织。

此外，其他各级负有安全监管职责的有关行业主管部门也要建立专门的安全生产应急管理（救援指挥）机构，或明确相关部门、设立专人专门负责此项工作。

（3）进一步完善安全生产应急救援工作机制

◆企业要全面建立健全安全生产动态监控及预报预警机制，做好安全生产事故防范和预报预警工作，做到早防御、早响应、早处置。同时，要建立重大危险源管理制度，明确操作规程和应急处置措施，实施不间断监控。要按照国家有关规定实行重大危险源和重大隐患及有关应急措施备案制度，每月至少要进行一次全面的安全生产风险分析，加强重点岗位和重点部位监控，发现事故征兆要立即发布预警信息，采取有效防范和处置措施，防止事故发生和事故损失扩大。要积极探索与当地政府相关部门和周边企业建立应急联动机制，切实提高协同应对事故灾难的能力。

◆各级安全监管部门要在同级政府安全生产委员会框架内建立安全生产应急救援联络员会议制度，明确各成员单位安全生产应急救援工作职责分工，完善生产安全事故信息沟

通机制和应急救援快速协调机制。要建立和完善区域间协同应对重大、特大生产安全事故的应急联动机制、安全生产应急工作机构与有关应急救援队伍之间的工作机制，并严格执行安全生产应急值守和信息报告制度，充分发挥应急平台的作用，提高应急工作效率。

◆各级安全监管部门和有关企业要与地震、气象、海洋、国土资源等部门密切配合，建立并完善预报、预警、预防机制，加强协作，有效防范和有力应对自然灾害引发的事故灾难。

4. 进一步加强安全生产应急预案体系建设

（1）要切实做到安全生产应急预案全覆盖

企业都要有应急预案，并做到所有重大危险源和重点工作岗位都有专项应急预案或现场处置方案。应急处置程序和现场处置方案要实行牌板化管理。预案中要明确规定在遇到险情时，企业生产现场带班人员、班组长和调度人员具有第一时间下达停产撤人命令的直接决策权和指挥权。

各地要根据本地区实际情况，制定生产安全事故应急预案。各级安全监管部门和其他负有安全监管职责的有关部门要制定部门应急预案。安全生产应急工作机构要全面掌握各类应急预案、队伍和资源情况，通过应急预案审查和备案，促进相关应急预案间的衔接。

（2）切实提高安全生产应急预案质量

企业应急预案的编制要做到全员参与，使预案的制定过程成为隐患排查治理的过程和全员应急知识培训教育的过程。与此同时，要加强应急预案管理，适时修订并完善应急预案，组织专家进行评审或论证，按照有关规定将应急预案报当地政府和有关部门备案，并与当地政府和有关部门应急预案相互衔接。

各级安全监管部门和有关部门要加强对应急预案工作的监督管理，依法将应急预案作为行业准入的必要条件。矿山企业、建筑施工企业和危险化学品、烟花爆竹、民用爆炸物品生产企业没有生产安全事故应急预案或预案未通过专家评审的，或重大危险源没有检测、评估、监控措施及应急预案的，不得颁发安全生产许可证。

（3）切实开展好安全生产应急演练和培训工作

◆企业要建立应急演练制度，每年都要结合本企业特点至少组织一次综合应急演练或专项应急演练；高危行业企业每半年至少组织一次综合或专项应急演练；车间（工段）、班组的应急演练要经常化。演练结束后要及时总结评估，针对发现的问题及时修订预案，完善应急措施。

◆其他各级负有安全监管职责的有关部门每年要至少组织一次针对本行业（领域）的主要特点和易发生事故环节的专业应急演练或综合性演练。

◆各级安全监管部门要结合本地区工作实际，会同有关部门，每年至少组织一次安全生产应急演练。

◆在搞好预案演练的同时，加强应急培训，提高企业各级管理人员和全体员工的应急意识和应急处置、避险、逃灾、自救、互救能力。

5. 进一步加强安全生产应急救援装备和保障能力建设

（1）大力加强安全生产应急平台体系建设

◆企业要充分利用和整合调度指挥、监测监控、办公自动化系统等现有信息系统建立应急平台。要建立健全应急预案、重大危险源和各类应急资源的数据库，实现快速预警研判、科学决策指挥，并与地方政府和有关部门应急平台互联互通。

◆各省（区、市）、市（地、州）和重点县（市、区）要在“十二五”前期完成安全生产应急平台建设。要结合自身实际，充分利用现有资源，开发和完善应急保障、模拟推演、监测预警、辅助决策、指挥调度等应用系统；要建立健全应急预案、重大危险源和应急资源数据库，要建立健全工作流程、操作程序、联动机制，加强人员培训。通过努力，提高应急平台应用和管理水平。

◆尚未建设安全生产应急平台的地区、部门和单位要进一步完善规划和设计，加强与相关部门的协调配合，加大投入，加快建设步伐，并尽快向下延伸。经过努力，力争到“十二五”期末，形成国家、省（区、市）、市（地、州）、重点县（市、区）和重点企业相互连通的应急平台体系。

（2）大力加强安全生产应急救援装备和物资储备体系建设

◆企业要针对本企业事故特点加大应急救援装备及物资储备力度，尤其是重点工艺流程中应急物料、应急器材、应急装备和物资的准备。

◆各地区、各有关部门要切实加强安全生产应急物资储备工作，坚持实物储备与生产能力储备相结合，社会化储备与专业化储备相结合，针对易发事故的特点，在指定有关单位储备必要的应急装备物资和指定相关应急装备、物资生产企业储备一定的生产能力的基础上，建立专门的应急装备物资储备网点。在国家（区域）应急救援队储备一定的大型特种救援装备和相关物资。要努力形成多层次的应急救援装备和物资储备体系，确保应对各种事故，尤其是重大、特大且救援复杂、难度大的生产安全事故应急救援的装备和物资需要。

◆各地区、各有关部门和单位要建立健全安全生产应急装备和物资储备与调运机制，确保储备到位、调运顺畅、及时有效、发挥作用。

（3）大力推进安全生产应急救援技术进步

◆有关应急装备和物资生产企业、科研机构要搞好产学研结合，加强应急救援新技术、新材料、新装备的研发，坚持以应急救援需求为导向，自主创新和引进消化吸收相结合，形成强有力的安全生产应急救援科技原始研发、创造创新、成果转化能力和机制。

◆各地区、各有关部门要大力支持和培育安全生产应急救援专用设备科研设计单位和制造产业，扶持在应急救援领域拥有自主知识产权和核心技术的重点单位，充分发挥其作用。要下大力气强制淘汰落后的应急救援技术和装备，积极推广应用先进适用的应急救援技术和装备。

◆各地区、各有关部门和单位要根据需要，积极引进、采用先进适用的应急救援技术和装备，尤其是国家（区域）矿山、危险化学品应急救援队伍所在单位要加大投入，引进采用高效快速救援钻机、大型排水设备、大型清障支护设备、快速灭火、堵漏、洗消设备以及人员避险、搜寻、定位等装备，提高安全保障和应急救援能力。

6. 建立并落实进一步加强安全生产应急救援体系建设的保障措施

（1）进一步加强安全生产应急工作法制建设

◆要在贯彻落实好《安全生产法》《突发事件应对法》等法律、法规的同时，积极配合有关部门，推动《安全生产应急管理条例》的出台，并结合应急工作实际情况，研究制定相关规章和配套措施，进一步强化安全生产应急工作的法制保障。

◆企业要将安全生产应急工作规章制度建设作为企业安全生产管理的重要组成部分，制定完善事故预防、预测、预警和应急值守、信息报告、现场处置、应急投入、物资保障等规章制度。

◆地方各级安全监管部门要积极协调，促进建立健全地方性安全生产应急管理法规规章。要加强与公安、交通运输、民政等部门的配合，充分利用现有法规规定，协商解决安全生产救援车辆快速通行、事故救援中救援人员牺牲后荣誉待遇等问题。

◆各级安全监管部门和其他负有安全监管职责的有关部门要进一步加强安全生产行政执法，将有关安全生产应急工作的内容纳入安全生产行政执法内容之中。对没有依法开展安全生产应急管理工作的，要严厉处罚，并严把市场准入和行政许可关。通过严格执法，推进安全生产应急工作的更好开展。

（2）加强安全生产应急救援体系建设规划工作

◆企业要把安全生产应急救援队伍建设纳入企业发展战略、发展规划和总体工作部署中，与企业建设、生产、经营、改革和发展统一规划、统一部署、统一实施。

◆各级安全监管部门要将安全生产应急救援体系建设内容纳入安全生产“十二五”规划、纳入本地区经济社会发展“十二五”规划。要采取有效措施，督促和推动企业将安全生产应急救援队伍建设纳入企业年度和中长期发展规划中。

◆其他各级负有安全监管职责的有关部门也要按照有关要求，编制好“十二五”期间安全生产应急救援体系建设规划和实施工作方案。

(3) 研究制定并落实安全生产应急工作政策措施

◆企业要充分利用国家对安全生产专用设备所得税优惠、安全生产费用税前扣除等财税支持政策。在年度预算中必须保证应急救援装备、设施和演练、宣传、培训、教育等的投入，提高救护队员的工资福利及其他相关待遇。

◆要充分利用好国家在安全生产和应急救援两方面的投入政策，管好用好资金，坚持建设与节约并重原则，充分发挥投资效益。

◆各级安全监管部门要协调有关部门抓紧研究制定安全生产应急救援体系建设的财政扶持政策，将安全生产应急救援经费纳入本级财政预算，建立应急救援专项资金。要会同物价部门研究制定有偿实施应急救援服务和应急征用补偿政策，监督高危行业企业每年向签约救护队伍缴纳技术服务和应急救援服务费，协调事故发生地有关部门督促事故企业向救护队伍支付事故救援费用，企业无力承担救援费用的，由地方有关部门予以补偿；要建立并落实安全生产费用提取、安全生产全员风险抵押、安全生产责任保险等政策。要加强对企业安全生产应急投入的监督检查。

(4) 切实加强国际交流与合作

各级安全监管部门和其他各级负有安全监管职责的有关部门及各级各类安全生产应急救援队伍要不断加强国际交流与合作，积极参加各类国际救援技术竞赛和相关活动，有计划地组织到有关国家（地区）考察与培训，学习借鉴国际上特别是先进国家的应急理念、经验和技术，不断改进创新我国的安全生产应急工作。

(5) 进一步加强领导、落实责任、强力推进

各地区、各有关部门和单位要高度重视安全生产应急救援体系建设，加强领导，落实责任，结合实际认真制定本地区、本部门、本单位贯彻落实《国务院通知》精神和本实施意见的具体措施，并强力加以推进，保障各项任务、要求落实到位，推动安全生产应急救援体系建设工作不断加强，事故应急救援能力不断提高，为全国安全生产形势持续稳定好转做出贡献。同时，要不断推动各级各类安全生产应急救援队伍切实加强思想政治建设、技术业务建设和作风建设，不断提高战斗力，做到关键时候拉得出、冲得上、打得赢。

第三章　安全生产应急救援管理知识

企业应急管理与应急救援，属于安全生产管理的一个部分。对于应急管理与应急救援，企业一是需要确立未雨绸缪、防患于未然的安全意识，按照法律法规、部门规章以及规范标准的要求，制定应急救援预案，并经常进行演练；二是需要与安全生产管理相结合，把日常的安全管理、安全教育、人员的安全培训与应急救援结合起来，从技术技能上、救援意识上、人员的个性心理特征上，进行相应的训练，从而为突发事故的应急处置打下基础。

第一节　应急救援管理知识

重大事故的发生，通常具有发生突然、扩散迅速、危害范围广的特点，这些特点也决定了救援行动必须迅速、准确和有效，因此，必须坚持“安全第一，预防为主”的方针，树立居安思危、有备无患的思想，做好人员的应急救援教育培训，建立完善的应急预案体系和操作体系，覆盖企业所辖区域的各个危险源，覆盖所有生产经营环节、所有岗位和人员。当事故突然发生时，能够从容应对，降低事故造成的损失。

一、建立健全应急机制的重要性与必要性

1. 搞好应急管理工作的必要性，做到居安思危

近几年，一系列突发事件和事故灾难，给了人们一个深刻的启示：就是一定要在全社会建立应急机制，从而提高政府和企业应对突发事件和风险的能力。

由于我国处在并将长期处在社会主义的初级阶段，公共安全基础工作薄弱，特别是正值经济转轨、社会转型、快速发展和矛盾凸显的历史时期，公共安全形势严峻。据有关统计，近年来平均每年因自然灾害、事故灾难、公共卫生和社会安全事件造成的非正常死亡人数超过 20 万人，非正常死亡率约为 26‰（非正常死亡人数/死亡总人数×1 000‰），伤残超过 200 万人，经济损失超过 4 500 亿元人民币。

我国特有的地质构造条件和自然地理环境，又是遭受自然灾害最严重的国家之一。20 世纪发生的破坏性地震，我国占全球的 1/3，死亡人数占全球的 1/2。仅 1976 年的唐山大地震，造成 24.2 万人死亡，16 万人重伤，经济损失达上百亿元。我国有 22 个省会城市和 2/3 的百万以上人口的大城市位于地震高烈度区；另外，我国又是受热带气旋影响最大的国

家之一，平均每年有 10 次台风和热带风暴在我国登陆；全国有 2/3 的国土面积不同程度地受到洪水威胁，特别是长江、黄河等七大江河中下游地区，许多地面都处在洪水水位以下，洪涝灾害威胁严重；崩塌—滑坡—泥石流等地质灾害平均每年造成千人死亡；森林、草原火灾年年发生，经济损失数十亿元，甚至上百亿元。总之，自然灾害频度高、分布广、损失大。

近年来，全国安全生产工作，坚持以防止和减少事故为目标，以服务经济建设为中心，以改革创新为动力，以队伍建设为保证，从完善法制建设、创新体制机制、强化监督管理、加大投入和宣传教育等关键环节着手，肩负重任，不辱使命。我国安全状况总体平稳，事故率持续下降，重大、特大事故明显减少。但是，同整个公共安全形势一样，必须“居安思危”。

大量事实证明，世界上任何一个国家的政府，能不能有效地管理和处置危机，能不能维护正常的社会秩序，能不能保障人民群众的生命财产安全，已经成为检验这个政府能否取信于民的重要标志，成为检验这个政府是否对人民群众负责的试金石。所以，制定、修订突发公共事件应急预案和建立健全应急体制、机制、法制（简称“一案三制”），成为维护国家安全，构建社会主义和谐社会的重要手段；成为全面履行政府职能，提高执政能力的迫切需要。我们一定要居安思危，有备无患，进一步增强紧迫感、责任感和使命感，务必把“一案三制”工作摆上各级政府和全社会工作的重要议事日程。

2. 加强应急体制、机制和法制建设，做到有备无患

2004 年以来，根据党中央、国务院的统一部署，各地各部门在认真总结历史经验的基础上，吸收和借鉴国外经验，坚持科学民主决策，依法制定和修订了一批应急预案。启动应急预案已成为各级领导和企事业单位的自觉行动。

（1）认真坚持六条应急管理原则

总结多年来应对突发事件和风险的经验教训，我们必须坚持：以人为本，减少危害；居安思危，预防为主；统一领导，分级负责；依法规范，加强管理；快速反应，协同应对；依靠科技，提高素质。

（2）对突发公共事件实施分类管理、分级负责

突发公共事件是指突然发生，造成或者可能造成重大人员伤亡、财产损失、生态环境破坏和严重社会危害，危及公共安全的紧急事件。根据突发公共事件的性质、演变过程和发生机理，突发公共事件主要分为自然灾害、事故灾难、公共卫生事件和社会安全事件四类。但是，要特别注意各类突发公共事件的相互联系、相互影响和相互渗透，往往发生次生、衍生事件，或几个突发事件同时发生。比如，2005 年 11 月 13 日吉林石化公司双苯厂发生的爆炸事故，引发重大水环境污染事件，进而演变成跨省、跨国的社会安全事件。

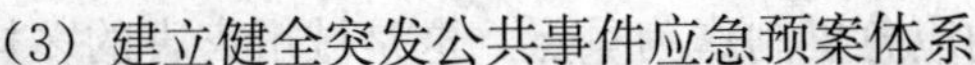

(3) 建立健全突发公共事件应急预案体系

大量事实证明，当特别重大突发公共事件发生时，如果各级按照应急预案自动启动的效率，比下一级等上一级下达指示再行动要高 300 多倍。当灾害迫在眉睫或正在发生时，第一时间处置的好坏往往决定了伤亡损失的大小和处置成本的高低，第一时间现场指挥人员和遇险人员的行动是否正确合理，往往决定了他们在灾难中能否生存。应急预案不是万能的，但是没有应急预案是万万不能的。

(4) 建立健全应急工作体制、机制和法制

应急管理体制方面：主要是在党中央、国务院的统一领导下，坚持分级管理、分级响应、条块结合、属地管理为主的原则，建立健全集中统一、坚强有力的指挥机构；发挥我们的政治优势和组织优势，形成强大的社会动员体系；建立健全以事发地党委和政府为主，有关部门和相关地区协调配合的领导责任制；建立健全应急处置的专业救援队伍、专家咨询队伍，充分发挥人民解放军、武警和预备役民兵的重要作用。

运行机制方面：主要是建立健全社会预警体系，形成统一指挥、功能齐全、反应灵敏、运转高效的应急机制。包括建立健全监测预警机制、应急信息报告机制、应急决策和协调机制、分级负责与响应机制、公众沟通与动员机制、应急资源配置与征用机制、奖惩机制和社会治安综合治理、城乡社会管理机制等。

法制建设方面：主要是依法行政，努力使突发公共事件的应急处置逐步走向规范化、制度化、法制化轨道，并注意通过对实践的总结，促进法律、法规和规章的不断完善。

3. 建立科学的应急体系，全面落实科学发展观

建立科学的应急体系，全面落实科学发展观，需要做好以下工作：

(1) 进一步加强领导，提高各级领导处置突发公共事件的能力和水平，强化全民的忧患意识和社会责任意识，普及灾害中的自救和互救常识。只有各级领导和广大群众既有了忧患意识，又有了自救、互救及应急知识，并通过培训和演练具有了技能，才能说我们中华民族的综合素质真正提高了。

(2) 按照条块结合、资源整合和降低行政成本的要求，充分利用现有资源，避免重复建设。要按照《中共中央关于制定国民经济和社会发展第十一个五年规划的建议》“建立健全社会预警体系和应急救援、社会动员机制，提高处置突发性事件能力”。

(3) 借鉴国内外经验，立足中国国情，符合本地实际。要充分发挥社会主义中国的政治优势、组织优势；要在实践中检验和不断完善应急预案。当前特别要抓好基层，包括社区、农村和重点企事业单位应急预案的编制工作，做到“纵向到底，横向到边”。要组织培训和应急演练，提高指挥员、救援人员和职工群众的应急管理水平、专业技能和自救、互救能力。

（4）要把建立健全大城市突发公共事件的应急机制作为重点。这是城市灾害的多样性、复杂性、连锁性（次生、衍生和耦合），受灾对象的集中性、灾害的严重性和放大性所决定的。同时必须认识到，高风险的城市和低设防的农村，就是我国的国情。要充分发挥大中城市在应急救援工作中的骨干和辐射作用，加强农村应急救援工作。

（5）要按照及时主动、准确把握、客观全面、正确引导、讲究方式、注意效果、遵守纪律、严格把关的原则，做好突发公共事件的信息发布工作。

（6）依靠科技，提高素质和装备。要高度重视运用科技提高应对突发公共事件的能力，加强应急管理科学研究，提高应急装备和技术水平，加快应急管理信息平台建设，采用先进的监测、预测、预警、预防和应急处置技术及设备，充分发挥专家作用，形成国家公共安全和应急管理的科技支撑体系。

（7）切实抓好预防工作。认真贯彻和落实科学发展观，坚持统筹兼顾、协调发展，把安全工作纳入各地、各部门和企事业单位发展的总体布局，做到同步规划、同步实施、同步发展，加强重大危险源的普查监控和重大隐患的整改，加强应急能力的科学评估，切实实施公共安全保障工程，最大限度地减少突发公共事件的发生和造成的损失，保障人民生命财产的安全。

二、做好应急管理的各项工作

1. 应急管理的六个阶段

应急管理是从应急准备、应急响应到应急恢复，对各类潜在险情、事故、事件应急救援所进行的全过程管理。也就是从事前、事中、事后分别对各类潜在险情、事故、事件应急救援所进行的全过程管理。

应急管理的内容包括六个有序发展、往复循环的阶段，即预防、准备、响应、结束、恢复、响应程序关闭，这六个阶段的内涵与循环特性，决定了应急管理是一个动态发展、闭环管理、不断改进提升的过程。

应急管理的六个阶段，体现了“预为上，救为下”的应急工作思想；应急准备是为具体的应急救援行动做准备，打基础；应急响应、应急结束、应急恢复、响应程序关闭，这是一个完整的应急救援实战过程，成功的应急救援，是应急管理的重要内容，也是应急管理的重要目标。

2. 应急管理的四个环节

突发事件的应对是个动态的发展过程，一般包括预防与应急准备、监测与预警、应急处置与救援、事后恢复与重建等环节。

(1) 预防与应急准备

预防与应急准备是防患于未然的阶段，也是应对突发事件最重要的阶段。做如此判断的理论依据是“安而不忘危，治而不忘乱，存而不忘亡”的治国理念。从本法的规定看，预防与应急准备主要包括：建立突发事件应急预案体系，建立政府与社会合作互助、权界清晰、责任明确的突发事件预防机制，对危险源、危险区域进行调查、登记、风险评估并定期进行检查、监控，加强有关突发事件应对常识的全民教育，建立量少而精干、训练有素的应急救援队伍，确立突发事件应对保障制度包括应急经费的保障，物资和生活必需品的储备等。

(2) 监测与预警

监测与预警是预防与应急准备的逻辑延伸。突发事件的早发现、早报告、早预警，是及时做好应急准备、有效处置突发事件、减少人员伤亡和财产损失的前提。

根据《突发事件应对法》的规定，监测制度、机制主要包括：国务院建立全国统一的突发事件信息系统，县级以上地方人民政府应当建立或者确定本地区统一的突发事件信息系统，各级人民政府及其有关部门的信息系统应当事先互联互通；县级以上人民政府及其有关部门应当建立健全突发事件的监测制度和监测网络，对可能发生的突发事件进行监测；采取多种方式收集、及时分析处理并报告有关信息；获悉突发事件信息的公民和单位有义务向政府及其有关部门或者指定的专业机构报告。

(3) 应急处置与救援

应急处置与救援是应对突发事件最关键的阶段。突发事件发生后，政府以及企业必须在第一时间组织各方面力量，依法及时采取有力措施控制事态发展，开展应急救援工作，避免其发展为特别严重的事件，努力减轻和消除其对人民生命财产安全造成的损害。根据本法的规定，应急处置与救援，主要赋予政府针对突发事件性质、特点和危害程度的一系列应急处置和救援措施。

(4) 事后恢复与重建

事后恢复与重建是应对突发事件过程中的最后环节。应急处置阶段的工作结束后，并不意味着突发事件应对过程的结束，而是进入一个新的阶段，即突发事件应对中的后处理阶段。在这个阶段，可以为人们提供一个至少能弥补部分损失和纠正混乱的机会。因此，突发事件产生的威胁和危害在基本得到控制或者消除后，应当及时消除造成的损失和影响，尽快恢复生产、生活、工作和社会秩序，妥善解决处置突发事件过程中引发的矛盾和纠纷。同时，要总结经验教训，提出改进的措施。

3. 应急管理的预防预控措施

在应急管理工作中，采取预防预控措施，在事故发生的情况下，预防性措施全面到位，将事故迅速控制，避免了事故的恶化或扩大，最大程度地减少事故造成的人员伤亡、财产损失和社会影响，是应急管理的目标。

预防预控措施方法主要有：

(1) 危险辨识

危险辨识是应急管理的第一步，即首先要把本单位、本辖区所存的危险源进行全面认真的普查。

(2) 风险评价

在危险源普查完成之后，就要理论结合实际，对所有危险源进行风险评价，从中确定可能造成不可接受风险的危险源，也即确定应急控制对象。

(3) 预测预警

根据危险源的危险特性，对应急控制对象可能发生的事故进行预测，对出现的事故征兆及时发布相关信息进行预警，并采取相应措施，将事故消灭在萌芽状态。

(4) 预警预控

假定事故必然发生，并将可能出现的情形事先告知相关人员进行预警。同时，将预防措施及相应处置程序（即应急预案的相应处置程序）告知相关人员，以便在事故发生之时，能有备而战，以预防事故的恶化或扩大。

第二节　安全生产应急管理相关规定

在国家安全生产监督管理总局印发的《关于加强安全生产应急管理工作的意见》中，明确指出：目前我国正处在工业化加速发展阶段，社会生产活动和经济规模的迅速扩大与安全生产基础薄弱的矛盾突出，处于安全生产事故的“易发期”，因此，加强安全生产应急管理工作显得尤为重要和迫切。各级安全监管部门及各类生产经营单位，要切实统一思想，提高认识，加大力度，把安全生产应急管理工作抓紧、抓细、抓实、抓好。

一、《关于加强安全生产应急管理工作的意见》相关要点

2006 年 9 月 19 日，国家安全生产监督管理总局印发《关于加强安全生产应急管理工作的意见》（以下简称《意见》）（安监总应急［2006］196 号），《意见》指出：为贯彻落实《国务院关于全面加强应急管理工作的意见》（国发［2006］24 号）和《国家突发公共事件总体应急预案》，做好安全生产应急管理工作，切实防范、有效应对重特大事故，控制和减

少事故灾难造成的损失，促进全国安全生产状况的进一步好转。现就加强安全生产应急管理工作提出以下意见：

1. 充分认识安全生产应急管理工作的重要性

事故灾难是突发公共事件的重要方面，安全生产应急管理是安全生产工作的重要组成部分。全面做好安全生产应急管理工作，提高事故防范和应急处置能力，尽可能避免和减少事故造成的伤亡和损失，是坚持“以人为本”、贯彻落实科学发展观的必然要求，也是维护广大人民群众的根本利益、构建社会主义和谐社会的具体体现。

在党中央、国务院的高度重视和正确领导下，在各地区、各部门、各单位和社会各界的共同努力下，全国安全生产形势呈现出总体稳定、趋于好转的态势，但是事故伤亡总量大、重大、特大事故频发、职业危害严重，安全生产形势依然严峻。目前，我国正处在工业化加速发展阶段，社会生产活动和经济规模的迅速扩大与安全生产基础薄弱的矛盾突出，处于安全生产事故的“易发期”，加强安全生产应急管理工作显得尤为重要和迫切。我国安全生产应急管理工作尽管取得了一定成绩，但在体制、机制、法制和应急救援队伍及应急能力建设等方面，还存在许多不适应的问题，必须引起高度重视，采取切实措施，认真加以解决。各级安全监管部门、煤矿安全监察机构和其他有安全监管职责的部门及各类生产经营单位，要切实统一思想，提高认识，加大力度，把安全生产应急管理工作抓紧、抓细、抓实、抓好。

2. 指导思想和工作目标

指导思想：以邓小平理论和“三个代表”重要思想为指导，坚持“以人为本”，全面落实科学发展观和构建社会主义和谐社会的战略思想，坚持“安全发展”的指导原则和“安全第一、预防为主、综合治理”的方针，全面落实《国民经济和社会发展第十一个五年规划纲要》《国家突发公共事件总体应急预案》《安全生产“十一五”规划》和国家安全生产事故灾难有关应急预案，推动“一案三制”（预案、体制、机制和法制）及应急管理体系、队伍、装备建设，切实提高预防和处置安全生产事故灾难的能力，最大限度地减少人员伤亡和财产损失，促进全国安全生产形势进一步好转。

工作目标：在“十一五”期间，落实和完善安全生产应急预案，到2007年年底形成覆盖各地区、各部门、各生产经营单位“横向到边、纵向到底”的预案体系；建立健全统一管理、分级负责、条块结合、属地为主的安全生产应急管理体制和国家、省（区、市）、市（地）三级安全生产应急救援指挥机构及区域、骨干、专业应急救援队伍体系；建立健全安全生产应急管理的法律法规和标准体系；依靠科技进步，建设安全生产应急信息系统和应急救援支撑保障体系；形成统一指挥、反应灵敏、协调有序、运转高效的安全生产应急管理机制和政府统一领导，部门协调配合，企业自主到位，社会共同参与的安全生产应急管理工作格局。

3. 完善安全生产应急预案体系

各级安全监管部门及其他有安全监管职责的部门要在政府的统一领导下，根据国家安全生产事故有关应急预案，分门别类地制定、修订本地区、本部门、本行业和领域的各类安全生产应急预案。各生产经营单位要按照《生产经营单位安全生产事故应急预案编制导则》，制定应急预案，建立健全包括集团公司（总公司）、子公司或分公司、基层单位以及关键工作岗位在内的应急预案体系，并与政府及有关部门的应急预案相互衔接。

加强安全生产事故应急预案管理。地方政府有关部门制定的有关安全生产事故应急预案要报上一级人民政府有关部门和安全监管部门备案。生产经营单位的安全生产事故应急预案，要报所在地县级以上人民政府安全生产监督管理部门和有关主管部门备案，并告知相关单位。中央管理企业的安全生产事故应急预案，应按属地管理的原则，报所在地的省（区、市）和市（地）人民政府安全生产监督管理部门和有关主管部门备案；中央管理企业总部的安全生产事故应急预案报国家安全监管总局和有关主管部门备案。各级安全监管部门要把安全生产事故应急预案的编制、备案、审查、演练等作为安全生产监督、监察工作的重要内容，通过应急预案的备案、审查和演练，提高应急预案的质量，做到相关预案相互衔接，增强应急预案的科学性、针对性、实效性和可操作性。依据有关法律、法规和国家标准、行业标准的修改变动情况，以及生产经营单位生产条件的变化情况、预案演练过程中发现的问题和预案演练的总结等，及时对应急预案予以修订。

生产经营单位要积极组织应急预案的演练，高危企业每年至少要组织一次应急预案的演练。各级安全监管部门要协调有关部门，每年组织一次高危企业、部门、地方的联合演练。通过演练，检验预案、锻炼队伍、教育公众、提高能力，促进企业应急预案与政府、部门应急预案的衔接和对应急预案的不断完善。

4. 健全和完善安全生产应急管理体制和机制

落实《国民经济和社会发展第十一个五年规划纲要》确定的关于安全生产应急救援体系建设重点工程。各级安全监管部门都要明确应急管理机构，落实应急管理职责。到2008年，完成省、市两级安全生产应急救援指挥机构的建设；应急救援任务重、重大危险源较多的县也要根据需要建立安全生产应急救援指挥机构。做到安全生产应急管理指挥工作机构、职责、编制、人员、经费五落实。

理顺各级安全生产应急管理机构与安全生产应急救援指挥机构、安全生产应急救援指挥机构与各专业应急救援指挥机构的工作关系。对隶属于省级煤矿安全监察机构的矿山应急救援指挥机构，各省级安全监管部门要与省级煤矿安全监察机构共同协商，完善体制、建立机制、理顺关系，做好工作。

加强各地区、各有关部门安全生产应急管理机构间的协调联动，积极推进资源整合和信息共享，形成统一指挥、相互支持、密切配合、协同应对事故灾难的合力。要发挥各级政府安全生产委员会及其办公室在安全生产应急管理方面的协调作用，建立安全生产应急管理工作的协调机制。

5. 加强安全生产应急队伍和能力建设

依据全国安全生产应急救援体系总体规划，依托大中型企业和社会救援力量，优化、整合各类应急救援资源，建设国家、区域、骨干专业应急救援队伍。加强生产经营单位的应急能力建设。尽快形成以企业应急救援力量为基础，以国家级区域专业应急救援基地和地方骨干专业队伍为中坚力量，以应急救援志愿者等社会救援力量为补充的安全生产应急救援队伍体系。各地区、各部门要编制本地区、本行业安全生产应急救援体系建设规划，并纳入本地区、本部门经济和社会发展“十一五”规划之中，确保顺利实施。

各类生产经营单位要按照安全生产法律法规的要求，建立安全生产应急救援组织。大中型矿山、建筑施工单位和危险物品的生产、经营、储存单位，以及具有重大危险源的生产经营单位应当建立专职安全生产应急救援队伍。其他小型高危险生产经营单位没有建立专职安全生产应急救援队伍的，要指定兼职应急救援人员，并与专业安全生产事故应急救援队伍签订应急救援协议。其他生产经营单位应根据预案实施的需要，建立必要的应急救援指挥机构和专兼职的应急救援队伍。

统筹规划，建设具备风险分析、监测监控、预测预警、信息报告、数据查询、辅助决策、应急指挥和总结评估等功能的国家、省（区、市）、市（地）安全生产应急信息系统，实现各级安全生产应急指挥机构与相关专业应急指挥机构、国家级区域应急救援（医疗救护）基地以及骨干应急救援（医疗救护）机构间的信息共享。应急信息系统建设要结合实际，依托和利用安全生产通信信息系统和有关办公信息系统资源，规范技术标准，实现互联互通和信息共享，避免重复建设。

高度重视应急管理和应急救援队伍的自身建设，建设一支政治坚定、作风过硬、业务精通、装备精良、纪律严明的安全生产应急管理和应急救援队伍。加强思想作风建设，强化忧患意识、执行意识、服务意识、奉献意识，养成勤勉敬业、雷厉风行、尊重科学、敢打硬仗的作风。加强业务建设，强化教育、培训与训练，提高管理水平和实战能力。建立激励和约束机制，对在安全生产事故应急救援工作中做出突出贡献的单位和个人，要给予表彰和奖励。

6. 建立健全安全生产应急管理法律法规及标准体系

加强安全生产应急管理的法制建设，逐步形成规范的安全生产事故灾难预防和应急处置工作的法律法规和标准体系。认真贯彻《安全生产法》和《突发公共事件应对法》，认真执行国务院《关于全面加强应急管理工作的意见》和《国家突发公共事件总体应急预案》，抓紧做好《安全生产应急管理条例》的立法准备工作和公布后的具体实施工作。要抓紧研究制定安全生产应急预案管理、救援资源管理、信息管理、队伍建设、培训教育等配套规章规程和标准，尽快形成安全生产应急管理的法规标准体系。

各地区、各有关部门要依据有关法律、法规和标准，结合实际制定并完善安全生产应急管理的地方和部门法规规章及标准。生产经营单位要建立和完善内部应急管理的规章制度。

7. 坚持预防为主、防救结合，做好事故防范工作

切实加强风险管理、重大危险源管理与监控，做好事故隐患的排查整改工作。建立预警制度，加强事故灾难预测预警工作，要定期对重大危险源和重点部位进行分析和评估，对可能导致安全生产事故的信息要及时进行预警。

充分发挥安全生产应急救援队伍的作用，坚持“险时搞救援，平时搞防范”的原则，建立应急救援队伍参与事故预防和隐患排查整改的工作机制。组织矿山、危险化学品及其他相关救援队伍参与企业的安全检查、隐患排查、事故调查、危险源监控以及应急知识培训等工作。国家级区域救援基地和骨干救援队伍要发挥辐射带动作用，根据自身特点和优势，广泛开展技术业务咨询和服务，帮助企业特别是中小企业做好相关工作。

以生产经营单位、社区和乡镇为重点加强基层和现场的应急管理工作。从建立健全应急预案、建立救援队伍、加大应急投入、完善救援保障、普及应急知识等方面入手，将各项工作落实到各环节、各岗位，全面加强基层安全生产应急管理工作，提高第一时间的应急处置水平和能力。

8. 做好安全生产事故救援工作

按照国务院办公厅加强和改进突发公共事件信息报告工作的要求，做好信息报告等工作。对重大、特大事故灾难信息、可能导致重大、特大事故的险情，或者其他灾害和灾难可能导致重大、特大安全生产事故灾难的重要信息，各级安全监管部门、其他有关部门和各生产经营单位要及时上报并密切关注事态发展，做好应急准备和处置工作。

发生事故的单位要立即启动应急预案，组织现场抢救，控制险情，减少损失。要在各级政府的统一领导下，依靠科技手段，加强事故发展趋势预测工作，发挥专家的作用，科

学制定事故现场救援方案。同时，建立事故应急救援的现场组织工作机制，加强协调配合，有效组织各类应急救援队伍和救援力量，调集救援物资与装备，开展应急救援工作。各级安全监管部门及其应急指挥机构要会同有关部门加强对事故现场救援的具体组织、指导、协调工作。

高度重视安全生产事故灾难的信息发布、舆论引导工作，为处置事故灾难营造良好的舆论环境。坚持正面宣传，及时、准确发布信息，正确引导舆论。充分发挥中央和地方主流新闻媒体的舆论引导作用，安全监管系统及各行业内各类媒体要积极发挥作用。

安全生产事故灾难善后处置工作结束后，现场应急救援指挥部要分析总结应急救援经验教训，提出改进建议。各级安全监管部门和其他有安全监管职责的部门要对所辖区域内安全生产事故灾难的处置、相关防范工作和应急管理工作进行评估，及时改进工作，提高应急管理工作水平。

9. 加强安全生产应急管理培训和宣传教育工作

将安全生产应急管理和应急救援培训纳入安全生产教育培训体系。在有关注册安全工程师、安全评价师等安全生产类资格培训，以及特种作业培训、企业主要负责人培训、安全生产管理人员培训和市、县长等培训中增加安全生产应急管理的内容。分类组织开发应急管理和应急救援培训适用教材，加强培训管理，提高培训质量。生产经营单位要加强对从业人员的应急管理知识和应急救援内容的培训，特别是要加强重点岗位人员的应急知识培训，提高现场应急处置能力。

充分发挥出版、广播、电视、报纸、网络等文化宣传力量的作用，通过各种有效方式，加大宣传力度。要使安全生产应急管理的法律法规、应急预案、救援知识进企业、进机关、进学校、进社区，普及安全生产事故预防、避险、自救、互救和应急处置知识，提高生产经营单位从业人员救援技能，增强社会公众的安全意识和应对事故灾难的能力。

10. 加强安全生产应急管理支撑保障体系建设

依靠科技进步，提高安全生产应急管理和应急救援水平。成立国家、专业、地方安全生产应急管理专家组，对应急管理、事故救援提供技术支持；依托大型企业、院校、科研院所，建立安全生产应急管理研究和工程中心，开展突发性事故灾难预防、处置的研究攻关；鼓励、支持救援技术装备的自主创新，引进、消化吸收先进救援技术和装备，提高应急救援装备的科技含量。

建立政府、企业、社会相结合的多方共同支持的安全生产应急保障投入机制。各级安全监管部门和其他有安全监管职责的部门要根据国家有关规定，积极争取将安全生产应急管理和应急救援需要政府负担的经费，纳入本级财政年度预算。制定安全生产应急救援队伍有偿服务的指导意见和管理办法，建立安全生产应急救援队伍正常的经费渠道。企业要建立安全生产应急管理的投入保障机制。

加强与有关国家、地区及国际组织在安全生产应急管理和应急救援领域的交流与合作。积极参与国际矿山救援技术竞赛以及国际安全生产应急救援活动。密切跟踪研究国际安全生产应急管理发展的动态和趋势，开展重大项目的研究与合作。继续组织国际交流和学习培训，学习、借鉴国外事故灾难预防、处置和应急体系建设等方面的有益经验。

二、《关于加强基层安全生产应急队伍建设的意见》相关要点

2010年1月22日，国家安全生产监督管理总局印发《关于加强基层安全生产应急队伍建设的意见》(以下简称《意见》)(安监总应急［2010］13号)。《意见》指出：基层安全生产应急队伍是安全生产应急管理和生产安全事故应急救援的基础力量，是安全生产应急体系的重要组成部分，同时也是自然灾害等其他突发事件抢险救灾的重要力量。为深入贯彻落实《突发事件应对法》和《国务院办公厅关于加强基层应急队伍建设的意见》(国办发［2009］59号)，加强基层安全生产应急队伍建设，全面提高基层安全生产应急能力。现提出如下意见：

1. 基本原则和建设目标

(1) 基本原则

坚持以安全生产专业应急队伍为骨干、以兼职安全生产应急队伍、安全生产应急志愿者队伍等其他应急力量为补充，建设覆盖所有县（市、区）、街道、乡镇的基层安全生产应急队伍体系；坚持统筹规划，各负其责，充分整合利用现有资源，建设与本地、本企业安全生产需要相适应的基层安全生产应急队伍；坚持以矿山、危险化学品应急队伍建设为重点，以处置和预防生产安全事故为主业，努力拓展抢险救灾服务功能，建设“一专多能”的基层安全生产应急队伍；坚持依靠科技进步，依靠专业装备，依靠科学管理，内练素质、外树形象，不断提高基层安全生产应急队伍整体水平。

(2) 建设目标

通过三年的努力，重点县（市、区）和高危行业大中型企业全部建立安全生产应急管理和救援指挥机构，其他县（市、区）以及所有社区、街道、乡镇和小型企业都有专人负责安全生产应急管理工作；县（市、区）、社区、街道、乡镇根据实际需要建立或确定本地有关高危行业（领域）安全生产专业骨干应急队伍；矿山、危险化学品等高危行业大中型企业普遍建立专职安全生产应急队伍，其他生产经营单位建立兼职安全生产应急队伍并与邻近专业应急队伍签订救援协议；安全生产专业应急队伍与其他应急队伍之间的协调配合

机制进一步健全，社会安全生产应急志愿者队伍服务进一步规范，基本形成由专业队伍、辅助队伍、志愿者队伍构成的基层安全生产应急队伍体系和“统一指挥、反应灵敏、协调有序、运转高效”的基层安全生产应急工作机制，使预防和处置各类生产安全事故的能力明显提高。

2. 加强基层安全生产应急队伍体系建设

（1）加强安全生产专业应急队伍建设

按照建设目标要求，大中型矿山、危险化学品等高危行业企业应当依法建立专职安全生产应急队伍（其中矿山救护队必须按照相关建设标准取得相应的资质）。各地要根据本行政区域内矿山、危险化学品企业分布情况和企业专职应急队伍的建立情况，采取依托企业专职应急队伍或独立组建的方式，建立本行政区域安全生产骨干应急队伍，以满足本行政区域预防和处置生产安全事故的需要。地方要为骨干应急队伍配备先进适用装备，给予政策扶持，确保其健康持续发展。基层安全监管监察部门要积极配合和大力支持交通、铁路、质检、电力、建筑等部门建设基层专业应急队伍，建立和完善区域专业联防体系。各地要将矿山医疗救护体系建设纳入本地应急医疗卫生救援体系和安全生产应急救援体系之中，同步规划、同步建设。要依托本地大中型矿山企业医院建立矿山医疗救护骨干队伍，并督促指导矿山企业加强医疗救护队伍建设，将矿山医疗救护网络延伸到每一个矿山企业直至井（坑）口、车间，进一步完善三级矿山医疗救护网络。

（2）强化兼职安全生产应急队伍建设

未明确要求建立专职安全生产应急队伍的生产经营单位，要建立兼职应急队伍或明确专兼职应急救援人员，并与邻近专职安全生产应急队伍签订应急救援协议。本行政区域没有矿山、危险化学品等高危行业企业的地方，要加强其他专业安全生产兼职应急队伍建设，或整合本行政区域应急救援力量组建安全生产兼职应急队伍，或依托本行政区域综合应急队伍充实安全生产应急救援力量，以满足本地生产安全事故应急工作的需要。有危险时，兼职应急队伍应充分发挥就近和熟悉情况的优势，在相关应急指挥机构组织下开展先期处置，组织群众自救互救，参与抢险救灾、人员转移安置、维护社会秩序，为专业应急队伍提供现场信息，引导专业应急队伍开展救援工作，并配合专业应急队伍做好各项保障，协助有关方面做好善后处置、物资发放等工作。平时，兼职应急队伍应发挥信息员作用，发现事故隐患及时报告，协助做好预警信息传递、灾情收集上报和评估等工作，参与有关单位组织的隐患排查治理。

（3）加快安全生产应急志愿者队伍建设步伐

基层安全监管监察部门要充分发挥社会志愿者的作用，把具有相关专业知识和技能的志愿者纳入安全生产应急志愿者队伍。要组织对志愿者的安全生产应急知识培训和救援基本技能训练，建立规范的志愿者管理制度。要发挥志愿者的就近优势，遇险时立即集结到位，在相关应急指挥机构统一指挥下，组织群众疏散，协助维持现场秩序，开展家属安抚和遇险人员心理干预，收集和提供事故情况，配合开展相关辅助工作。

3. 提高基层安全生产应急队伍装备水平

（1）加强基层应急队伍装备建设

基层安全监管监察部门要对本区域应急救援技术装备配置进行统筹规划，协调和督促有关单位按照有关规程和标准规范为基层安全生产应急队伍配备充足的、先进适用的应急救援装备和器材。同时，要支持和督促本地安全生产专业骨干应急队伍配备比较先进的、必要的装备和器材，以适应本地生产安全事故救援工作的需要。

（2）大力推进应急装备的技术进步

要加强应急新技术、新装备的推广、应用，不断提高应急工作的科技水平，推动事故救援现场装备的信息化、安全化、高效化。有条件的地方，要积极引进、消化国外先进的救援技术、装备，不断提高应急处置能力。

（3）加强基层应急信息平台建设

基层安全监管监察部门和有关生产经营单位要加强信息化建设。要加强服务信息平台建设，利用现有的计算机终端与安全生产应急平台联网；地方要积极创造条件，针对危险源、重点部位布设电子监控设备，逐步实现对辖区内的安全生产状况的动态监控和信息、图像的快速采集、处理；生产经营单位应积极建立安全生产应急平台，重点实现监测监控、信息报告、综合研判、指挥调度等功能，实时为上级管理部门及服务区域安全生产应急基地提供相关数据、图像、语音和资料。基层安全生产应急工作机构要建立应急终端，并与基层政府和有关部门及有关生产经营单位的应急平台和系统联网，实现应急信息传递的高效和便捷，提高队伍的应急响应速度。

4. 加强基层安全生产应急基础工作

（1）加强基层应急队伍制度建设

建立健全应急值守、接警处置、预防性检查、培训考核、训练演练、装备器材维护与管理、技术资料管理、财务后勤管理等各项制度；建立各类工作记录和档案，如值班、会议、训练和演练、事故处理等记录以及装备管理、事故处理评估报告、隐患排查情况等档案资料；加强培训和训练工作，通过日常训练、培训、技术竞赛、经验交流、模拟实战演习等多种形式提高救援技能，提升实战能力。

（2）加强基层应急队伍的培训和训练

各级安全监管监察部门要把基层安全生产应急人员和志愿者的教育培训纳入安全生产

应急管理教育培训体系之中，分类组织对基层应急人员和志愿者进行专门培训，使基层各级各类安全生产应急人员和志愿者熟悉、掌握应急管理和救援专业知识技能，增强先期处置和配合协助专业应急队伍开展救援的能力。同时，要加强应急知识的宣传和普及，使基层应急人员和志愿者充分了解应急知识，提高组织指挥和预防事故及自救、互救能力。

（3）增强基层应急救援队伍的战斗力

各级安全监管监察部门要引导基层安全生产应急救援队伍采取有力措施，不断提高战斗力。要强化理论武装、强化政治工作、强化作风锤炼，搞好思想政治和作风建设，加强事故案例分析和救援经验总结评估工作，持之以恒地开展技战术研究，不断探索应急救援的规律和有效方法，不断提高救援的科学性、实效性；开展地震、泥石流、山体滑坡、洪灾、建（构）筑物坍塌、隧道冒顶等灾害事故的应急救援技能训练，扩充配备相应装备，努力拓展救援服务功能，实现一专多能；在基层安全生产应急救援队伍中大力开展“技术比武”和“创先争优”活动等。通过一系列措施，使基层安全生产应急救援队伍的战斗力不断得到提升。

（4）加强基层应急联动机制建设

基层安全监管监察部门要全面掌握本行政区域内的各类安全生产应急资源，推动建立本行政区域各类应急队伍之间、基层应急队伍与地区骨干应急队伍之间、基层应急队伍与国家级应急救援基地之间的应急联动机制。要明确安全生产应急工作各环节的主管部门、协作部门、参与单位及其职责，确立统一调度、快速运送、合理调配、密切协作的工作机制，实现应急联动。要结合实际，组织开展形式多样的、有针对性的应急演练，特别要组织开展多地区、多部门、多单位和多应急队伍参与的综合性应急演练，增强地方、部门、生产经营单位、其他社会组织及应急队伍的协同作战能力。

5. 健全完善基层安全生产应急体制和政策措施

（1）加强安全生产应急管理组织体系建设

各地要在推动市（地）、重点县（市、区）和高危行业大中型企业建立安全生产应急管理机构，并做到机构、编制、人员、经费、装备“五落实”的同时，引导促进社区、街道、乡镇按照属地管理原则，明确机构，明确人员，确保有人管、会管理、管得好。居委会、村委会等群众自治组织，要将安全生产应急管理作为自治管理的重要内容，明确落实安全生产应急管理工作责任人，做好群众的组织、动员工作。

（2）建立基层应急队伍的经费保障制度

基层安全监管监察部门要将加强基层安全生产应急队伍建设作为履行政府职能的一项重要任务，融入日常各项工作中。要制定完善基层安全生产应急队伍建设标准，搞好基层安全生产应急队伍建设示范工作。要不断总结典型经验，创新工作思路，积极探索有利于推动基层安全生产应急队伍建设的有效途径和方法。各地和生产经营单位要根据本行政区域、本单位安全生产工作的特点和需要，加强安全生产应急队伍建设，把安全生产应急队伍建设纳入本行政区域、本单位年度计划和“十二五”规划中，统一规划、统一部署、统一实施、统一推进。要加大基层安全生产应急队伍经费保障力度，建立正常的经费渠道和相关制度，努力争取将基层安全生产应急队伍建设的工作经费纳入同级财政预算。

（3）建立健全有利于基层应急队伍健康发展的政策措施

各省级安全监管监察部门要会同有关部门尽快完善基层安全生产应急队伍建设的财政扶持政策。要建立完善应急资源征用补偿制度、事故应急救援车辆执行应急救援任务免交过路过桥费用制度和基层应急救援有偿服务制度；要制定救援队员薪酬、津贴、着装、工伤保险、抚恤、退役或转岗安置等政策措施，解决基层安全生产应急队伍的实际困难和后顾之忧；要建立应急救援奖励制度：对在事故救援、事件处置工作中做出贡献的单位和个人要及时给予奖励和表彰，对做出突出贡献的单位和个人要联合人力资源、工会、共青团等部门和组织授予荣誉，提请政府给予表彰；要建立安全生产应急救援公益性基金，鼓励自然人、法人和其他组织开展捐赠，形成团结互助、和衷共济的好风尚。此外，要制定推进志愿者参与安全生产应急救援的指导意见，鼓励和规范社会各界从事安全生产应急志愿服务。

6. 加强领导，落实责任，全力推进基层安全生产应急队伍建设

各级安全监管监察部门在安全生产有关行政许可审查中，要依法加强对安全生产应急队伍建设条件的审查。要审查基层生产经营单位是否有符合要求的专兼职应急管理机构、人员和应急队伍，是否与有资质的应急队伍签订了协议。同时，要建立安全生产应急队伍报备制度，及时掌握基层应急队伍建立情况，加强对应急队伍建设的指导。省级安全监管监察部门要切实加强对基层安全生产应急队伍建设的领导，经常研究，抓住不放。尤其要抓好典型示范，督促和指导辖区内市（地）、重点县（市、区）建立健全安全生产应急管理和救援指挥机构，落实工作责任，以推动基层安全生产应急队伍建设工作的更好开展，促进基层安全生产应急队伍健康快速发展。

第三节　企业应急救援管理做法参考

事故的发生往往具有偶然性的特点，同时，事故还通常具有衍生性和传导性，如果事故发生的初期未能得到有效控制，极有可能引发多米诺骨牌效应，造成事故的传播和扩大。

因此，需要针对事故的发生，事先设想应对措施，规划应对的方法、步骤。此外，事故发生后，众多来自不同单位和人员参与处置活动时，在信息沟通、物资供应、人员行动、协调指挥等方面可能存在组织和管理的问题。因此，应急救援活动不仅需要企业内部之间的协调，还需要企业外部之间的协调，这就需要事先进行规划，制定好切合企业实际情况的应急预案，需要多设想问题，多进行演练，及时发现问题，不断改进和完善。

一、中国海洋石油公司采取“四位一体”应急管理模式的做法

中国海洋石油总公司（以下简称中国海油公司）成立于1982年，注册资本949亿元人民币，现有员工6.85万人，是中国最大的海上油气生产商。中国海油总公司自成立以来一直保持了良好的发展态势，目前已经发展成为主业突出、产业链完整的综合型企业集团，形成了油气勘探开发、专业技术服务、化工化肥炼化、天然气及发电、金融服务、综合服务与新能源六大良性互动的产业板块，公司的综合实力、核心竞争力、社会影响力稳步提升。

为了在面对突发事件时能够科学、快速、有效地处理，控制事态进一步发展，尽可能将损失降低到最小程度，中国海油公司确立“以人为本、安全第一”等应急管理原则，以危害辨识与风险评价为基础，以全面、系统抵御风险为核心，以“四位一体”的应急预案、应急指挥中心、应急管理信息系统、应急救援队伍为基本框架，以三级应急管理、三级应急响应、全员参与、全过程管理为特点的全面应急管理体系建设。

中国海油公司采取“四位一体”应急管理模式的做法主要是：

1. 确立全面应急管理体系建设指导思想和基本原则

为建设国际一流能源公司的战略目标和践行健康安全环保管理理念，依据危机事件从爆发到引起组织、社会、政府协同应对的发展规律，中国海油公司结合公司实际情况，确立了全面应急管理体系建设的指导思想和原则。

◆指导思想。以邓小平理论和“三个代表”重要思想为指导，全面落实科学发展观，以系统的风险分析为基础，坚持以人为本、预防为主，加强应急预案系统、应急指挥系统、应急信息系统和专业应急救援队伍的建设，通过培训和演练，全面提升中国海油公司系统抵御风险的能力，最大程度降低突发事件的影响，保持公司的可持续发展。

◆基本原则。一是以人为本，安全第一。保障公司员工和社会公众的生命是突发事件应急响应的根本出发点，重要性排序为人、环境、财产、工作进度。二是平战结合，有序运转。即平时和危机状态下各项工作要能有效转换，当应对突发事件时，仍能保持其他生产经营活动的正常运转。在平时注意预防工作，保持常态危机意识，常备不懈，面对突发

事件时，各级应急机构能科学、快速、简捷、有效地处理，采取一切必要的措施，控制事态的进一步发展，防止事件的进一步恶化，尽可能将损失降低到最小。三是分级响应，统一协调。分级响应是指作业单位、公司各所属单位及公司北京总部三级响应。各级指挥人员职责明确，强调第一反应及以现场应急、现场指挥为主，从初级响应到扩大应急的过程中实行分级响应，扩大应急级别的主要依据是突发事件的危害程度、影响范围和控制事态能力。统一协调是指对现场作业单位和其上级单位强调现场指挥、场内指挥；公司总部应急响应则以场外协调为主。一旦启动上一级的应急响应系统，则所有的应急活动必须在应急指挥系统的统一组织协调下行动，有令则行，有禁则止，统一号令，步调一致。四是信息及时，坦诚公众。及时坦诚地面向公众和媒体，在信息不完整的情况下，向各层次的利益相关方提供阶段性信息，主动联系政府，依靠社会，通过社会资源共同应对危机。

2. 构建“四位一体”全面应急管理体系

在“以人为本、系统抵御风险”理念的指导下，中国海油公司在应急系统建设时，综合考虑了国家、行业、企业对应急管理的需求，强调事前主动、系统地防灾应灾，不断加强能力建设，而不是单纯地被动应对，注重有分有合的应急体系构建，注重指导性的应急管理制度和指南的编撰，注重应急管理信息系统和应急能力体系建设，以形成独特的海洋石油应急管理体系。

中国海油应急管理体系包括应急预案系统、应急指挥系统、应急管理信息系统和应急救援队伍4个部分（见图3—1)。应急预案系统是中国海油公司应急管理的基础，总公司危机管理预案是中国海油公司应急管理的纲领性文件，系统化管理的所有内容都囊括其中，它主要包含两方面的内容：规范总公司危机管理程序；指导和规范各单位开展应急管理工作。应急指挥系统是中国海油公司实施三级应急管理的指挥平台网，同时保持和政府各级应急指挥机构的互联互通，是国家应急组织的有机组成部分。应急管理信息系统包括人员、装备、环境、生产数据等十多个动态和静态的信息子系统，为科学决策和高效处置提供了有力的辅助支持。应急救援队伍为应急方案的实施提供了强有力的保障。四者各自独立又相互支撑，既保证覆盖应急管理的所有要素，又体现中国海油公司企业管理的先进性，共同构成中国海油公司“四位一体”全面的应急管理体系。

中国海油公司应急管理体系化的含义包括三个方面。

◆有分有合的三级应急管理体系。在公司总部、分公司、作业现场职责划分上，首先强调分公司以作业现场为主，发挥地方的主导性作用；只有当分公司无力独自解决问题并寻求帮助时，公司总部才会提供相应的支持。不同层级有不同的决策权和决策重点，公司总部要考虑的是企业声誉的影响，作出合理的资源调配的安排；分公司则要把重心放在具体事件有效的应对上。

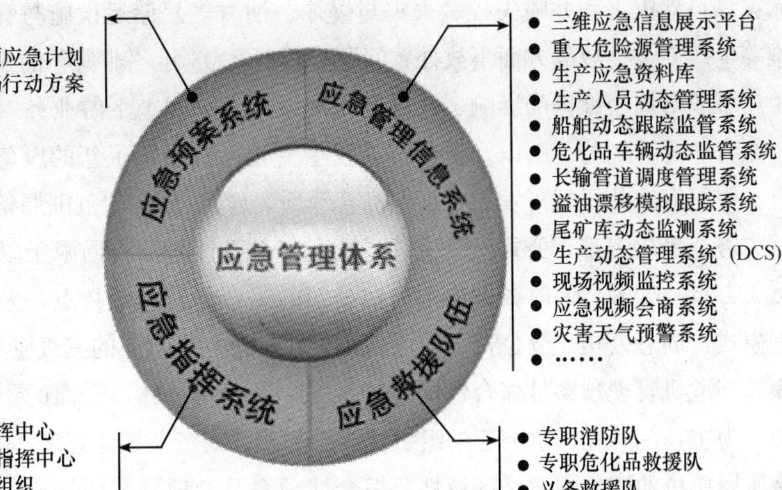

图 3—1 中国海油公司应急管理体系框架图

◆将应急管理所有相关信息和人员纳入关注范畴，形成一个有机运作的系统。首先是通过全面的危害辨识、脆弱性分析、风险分析和应急能力评估，把重大危险源、人员动态、设备设施动态、应急资源动态、灾害性天气等所有与应急相关的动态和静态信息，纳入应急管理范围。其次是强调所有相关人员共同工作、协调应对。要求各部门、上下各层级的工作程序具有一致性，信息共享并对等，在行为上注重合作与协调，并与生产经营实际紧密挂钩。同时，将应急管理范围从员工扩大到所有利益相关方，加强协同应急作战能力。

◆注重系统的持续改进。近年来陆续实施出海人员动态跟踪系统和船舶动态跟踪系统的推广应用，引入三维地理信息系统和虚拟显示技术等改进项目，并取得阶段性进展，使海油系统应对风险能力普遍提高。

3. 建立层次清晰、定位明确的三级应急预案系统

海洋石油勘探开发作业属于多工种的协调作战，面临自然环境恶劣、海上油气生产设施人员与设备高度集中、产品危险性高、科技含量高、地质条件复杂、不确定因素多、远离陆地救援困难等风险，要有效地应对这些风险必须有一套系统的管理方法，和其他管理体系的建立一样，中国海油公司应急预案系统也遵循了这样一个原则：首先进行安全评价，对危害进行辨识，确定风险程度，列出重大危害因素清单；其次制定目标；然后由目标和指标制定实施方案；最后按照计划、实施、检查纠正与管理评审模式建立管理体系、确定应急预案的对象、明确管辖范围，确定突发事件的类型，经评价、分析，最后确定应急预案的重点和对象。

2004 年以前，中国海油公司的应急计划、应急程序主要着重于解决地震、台风、风暴

潮、冰灾等自然灾害和井喷失控、火灾与爆炸、油（气）储运设施与管线泄漏、飞机、船舶遇难等生产安全事故等方面事故处置问题。随着2003年“非典”的发生、恐怖主义的活动、生产事故对周边社区的影响、社会的发展以及总公司上下游业务一体化发展等问题的出现，原有应急计划的范围以及层次都在发生变化，满足不了新的应急管理的需求。2004年7月，中国海油公司编写发布了《危机管理预案》，将预案的范围调整为与企业相关的重大自然灾害、事故灾难、公共卫生事件、社会安全事件，不再局限于以往的生产安全事故和自然灾害事故处理，同时根据中国海油公司的生产经营管理特点，采取了三级应急响应的管理模式，即总公司、分公司、作业现场，同时建立了响应的三级应急预案系统。

◆总部危机管理预案是综合性的场外预案，是公司总体、全面的预案，以场外指挥与集中协调为主，侧重在应急响应的组织协调，法律、商务及媒体管理。

◆所属单位的应急预案是区域性、综合性预案及专项预案的结合，针对某一特定区域或某一专业领域的突发事件，侧重组织对现场突发事件的减损、救助、抢险和灾后恢复。所属单位的应急预案由综合应急预案和专项应急预案构成。

◆作业现场的应急行动预案属场（厂）内应急预案，该预案以现场设施、活动或场所为具体目标，针对某一重大工业危险源、特大工程项目、施工现场或拟组织的一项大规模公众集聚活动，要求具体、细致、严密，强调具体的应急救援对象和应急活动的实践性。场（厂）内应急预案由综合应急预案和具体行动方案组成。

总部危机管理预案内容还跳出仅局限于事故处理程序的范畴，首次提出了媒体信息沟通管理程序，明确媒体沟通（媒体关系管理、新闻发布渠道、新闻材料准备、信息收集与跟踪等）以及信息发布的授权程序和审定发布规定。还包括与地方政府和国家相关部委的沟通程序、事故调查程序等子程序和对所属单位在应急管理方面的要求，构成一套完整的应急管理系统。

2008年，《中国海洋石油总公司危机管理预案（2008版）》对三级应急组织的职责、定位和响应模式进一步明确，使得与三级应急响应相对应的应急预案其职责和侧重点各不相同，但又保持有机的联系，构成中国海油层次清晰、定位明确的三级应急预案系统。

中国海油总部要求各单位根据公司实际情况和演习、实战中发现的问题，至少每两年修改1次应急预案，并对各所属单位的应急预案实行逐级报备和不定期审核制度，以进一步推动应急预案的持续改进。

4. 建立完善清晰的应急管理流程和高效的应急指挥系统

中国海油公司应急管理体系按照三个管理层级和四大应急系统的基本框架建设实施，应急准备、应急响应、应急指挥都在这个应急管理框架下进行。对紧急事故事件的处置强调“第一反应”，以现场应急和现场指挥为主；将公司级别的应急管理提升为危机管理，应急状态下以场外协调为主，不再针对具体事故事件的处理。

应对重大突发事件，做好应急管理的工作，一个必要的前提和基础就是建立完善的应急组织机构和清晰的应急管理流程。中国海油总部危机管理组织机构由应急委员会、应急办公室、总值班室、资源协调行动组、公共关系法律组、后勤支持保障组和资金保险组组成。中国海油公司北京总部的危机管理组织机构主要职责包括：重大事项决策；对应急事件提供支持、协调；向国家政府部门报告情况；组织向社会公众公布事件信息；公布、修订总公司危机管理预案；审核所属单位应急预案、计划、验收应急指挥中心等。中国海油公司应急组织机构如图 3—2 所示。

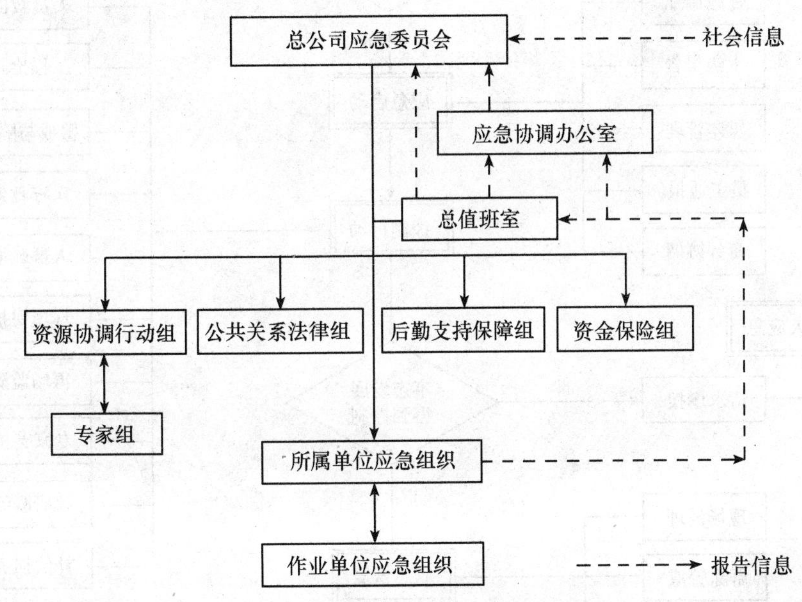

图 3—2 中国海油公司应急组织机构图

根据国家颁布的《突发事件应对法》《国家安全生产事故应急预案》等相关规定，中国海油在总公司《危机管理预案》中设定了 12 类需要启动总公司层级应急预案的条件。突发事件若具备其中任何一项条件时，就需要启动总部应急指预案，按照应急处置流程迅速开展总公司级别的应急响应工作。中国海油公司突发事件应急处置流程如图 3—3 所示。

应急指挥系统是应急管理的工作平台，主要功能是实现事故事件的预测预警、辅助决策、调度指挥和总结评估，建立应急信息的共享通道，为有效预防和妥善处置安全生产事故提供先进的技术手段，最大限度地减少人员伤亡和财产损失。

为了推进中国海油公司各所属单位应急指挥系统建设，实现公司总部与各所属单位应急指挥中心的快速有效对接，中国海油公司参照国家安全生产监督管理总局 2006 年 10 月发布的《国家安全生产应急平台体系建设指导意见》（安监总应急［2006］211 号）的要求，编制并发布了《中国海洋石油总公司应急指挥中心的建设指南（试行）》，以规范、统一各

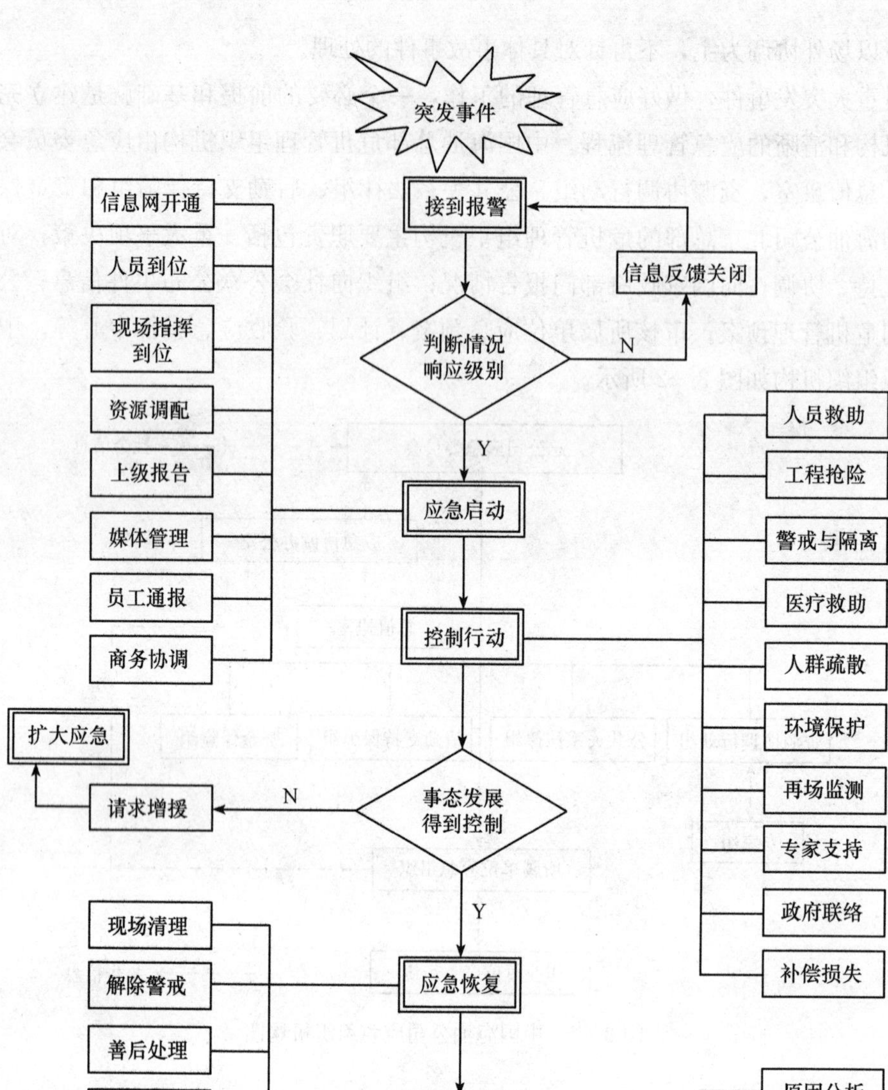

图 3—3　中国海油公司突发事件应急处置流程

所属单位应急指挥中心建设的标准，整合现有应急管理机构和信息等资源，统一应急信息快速交换的通道，建立应对突发事件防范、指挥、处置体制和响应机制的快速反应平台。中国海油公司对各所属单位应急指挥中心（或应急办公室）的建设要求是：各应急中心（应急办公室）应具有必要的硬件设施和软件投入，采用统一的规范和标准，并能与公司应急指挥中心保持常态的互联互通。应急中心应具有“值守应急、信息汇总、指挥协调、专家研判、视频会商”功能。

2006 年，中国海洋石油总公司应急指挥中心顺利建成并投入使用，另外投入运行的还有中国海油公司位于上海、深圳、湛江、天津的 4 个应急指挥中心和控股上市公司（海油工程、中海油服）应急指挥中心，均具备了应急响应时所必需的重要功能和要求，与公司总部实现良好的互联互通。其他部分中下游二级单位也已在规划或设计本单位应急指挥中心（或应急办公室）。

5. 建立技术先进、功能齐备的应急管理信息系统

应急管理信息系统是中国海油公司安全生产和应急管理工作的重要支持工具，也是信息化建设和“数字海油”愿景的重要组成部分。应急管理信息系统承担着在发生紧急事故事件时，为总部指挥决策快速准确地提供应急资料的作用，可以使现场人员能够集中精力进行应急处置，无须向上级单位报送各类资料而浪费更多时间，使应急响应更加高效。通过应急管理信息系统，公司可以实现三级应急响应和应急预案体系中的场外协调角色，做到远程指导和指挥，同时快速地调动各方面资源进行支援。

2008 年，公司发布《中国海油应急管理信息系统建设指南（试行）》，对不同类型单位应急管理信息系统建设提出具体要求，建设原则是统筹规划，分级实施；因地制宜，整合资源；注重实效，适用可靠。经过多年的探索和实践，在三级应急管理框架下，中国海油公司建立动静结合的应急管理信息系统，不仅按照国家要求建立起人员与设备设施等静态资料数据库，还将人员进出海上平台、设备设施使用和检维修情况、应急资源调配等动态信息都纳入系统涵盖范围，而且每个应急层级都可以共享和使用信息。

中国海油公司的应急管理信息系统包括生产人员、远程视频、设备应急资料、动态信息、气象、海况预报/监测 5 大类 11 个应急管理信息子系统（见图 3—4），其中包括出海人员动态管理系统、现场视频监控系统、三维应急信息展示平台、生产设施应急资料库、海

应急信息																		
人员	远程视频		设备应急资料				动态信息							气象、海况预报/监测				
生产人员动态管理系统	海油视频会议系统	现场工业电视远程监控	三维应急信息展示平台	应急资料电子数据库	长输管道应急电子资料	重大危险源监管系统	中下游企业的HES(DCS)远程可视	船舶动态监管系统	槽罐车全程监管系统	长输管道调度管理系统	大型装备作业动态	溢油漂移模拟跟踪系统	地下矿区和尾矿库动态监测	中央气象台专业服务网	国家海洋环境预报海油网	海油发展特力气象网	海上气象实时监测系统	海冰监测系统

图 3—4 中国海油应急管理信息系统构成

管地理信息系统、重大危险源管理系统、船舶动态跟踪管理系统、溢油漂移模拟跟踪系统、灾害天气预警系统、生产动态管理系统、危化品运输车辆监控系统等信息系统。

◆出海人员动态跟踪管理系统。“以人为本”是中国海油健康安全环保管理理念之一，也是中国海油应急工作的基本原则之一。为了掌握海上生产人员的实时信息，中国海油开发应用出海人员动态跟踪管理（MTS）系统。

该系统以出海人员管理为根本核心，以出海任务为线索，基于数据库和网络化设计，采取无线射频识别（RFID）技术，以集成持卡人的个人信息、健康信息和各种持证信息的无源 RFID 卡载体，通过卫星通信和互联网与陆地数据库同步，实现对出海人员管理的实时监控。包括出海证办证管理系统、出海调度管理系统、登船前检查系统、海上平台检查系统、出海人员信息管理系统、数据通信系统及后台管理系统七个部分。

通过 MTS 系统，可实时掌握海上作业人员的动态分布情况，了解每个平台设施上人员的姓名、单位、工种、登离平台时间、分配的救生艇号及详细的个人信息，包括家庭住址、健康状况、血型、培训持证情况等。这为应急状态下快速了解现场的人员状况，及时、有效地开展救援工作提供有力保障。

◆三维数字应急信息展示平台。通过一个专业引擎将虚拟现实技术、空间地理信息技术、模拟仿真技术与中国海油应急管理理念、思路和实际做法进行有机融合，既能够满足企业终端场景数字化与全息再现和全息查询、重大危险源管理、全息化应急预案管理、应急培训和演练等日常应急管理工作的要求，又能够为突发事故的全息化应急救援指挥、辅助决策、事故模拟推演分析、应急资源调配等提供全新的解决方案。

该系统的基本功能包括：直观展示生产作业现场，可全方位、多视角、立体化地观察厂区、设备、工艺流程、应急设施等三维场景信息；基础资料数据库，可实现如工艺流程信息、设备信息、介质信息、应急设施信息等交互式立体查询、定位查询；可实现应急预案的存储和直观展现；应急行动方案的规划、编制和完善；模拟演习、应急培训、灾情推演、提供应急状态下的辅助决策等；对生产单位周边环境的展示和应急资源的定位，对距离、面积、人口快速概算。该系统最大的特点在于它能够实现全息现实场景再现，以三维真实的场景关联相关信息，最大程度地做到人性化和可视化，使决策者和专家一目了然地掌控所需信息。

在应急状态下，通过该平台使各层级应急信息得以有效共享，并直观地展示设施和周边环境的情况，推演事故发展态势，模拟应急救援方案实施，为应急响应决策提供最直接快速的支持，能够有效地提高企业的应急管理水平和应对突发事故的能力。

三维应急信息展示平台作为中国海油应急管理的基础平台，因其直观性、多功能集成和操作便捷的特点，目前已在中国海油应急管理中得到充分应用，已完成总公司、有限公司 4 家分公司、锦州、绥中、渤西、龙口、春晓、珠海、南山、东方、涠洲 11 个陆岸终端、气电集团下属福建 LNG、广东 LNG 三维应急信息展示平台建设。

◆船舶动态跟踪管理系统。船舶动态跟踪管理系统建立在电子海图基础上，利用 AIS 基站获取船舶信息，实时地在电子海图上展示某一海域内所有运行船舶的动态信息。只要点击某条船，便可获取该条船舶的所有信息，包括地理信息、坐标信息、航向、航速以及船舶的吨位和载重量等基本信息。这套系统还可以提供海上平台的相关信息，包括平台所在的位置、油田群的分布、平台的构成和连接管线等。在应急救援时，可以帮助我们及时了解周边的可利用的应急资源和救援力量，迅速有效开展救援工作。

◆溢油漂移模拟跟踪系统。溢油漂移模拟跟踪系统是在电子海图的基础上建立一套综合风动力、水动力、海浪及溢油特性的模型，通过人机对话的方式输入数据，对溢油漂移路径进行模拟和回推的模拟系统。除一般电子海图系统所具有的海图数据及辅助数据外，还包含环境敏感区数据库和溢油应急反应模型库等系统界面，可实时地动画显示溢油漂移的情况，并显示溢油区中心位置、油膜面积、漂油残存量、溢油的抵岸地点、最终油量、影响岸线范围、扫海面积等信息。

该系统使模拟过程可视化、直观化。一旦发生溢油，只要把相关的参数输进去，就可以看到油的扩散范围，油随风向、流向的变动，以便提前预知油的走向，布设溢油回收设施，防止溢油污染事态扩大。

6. 组建各类专业应急救援队伍

中国海油公司应急救援队伍主要包括消防救援队伍、危化品救援队伍、长输管道应急救援中心、专业溢油应急响应队伍等。

◆消防救援队伍。在海上油气生产环节，由于远离陆地、环境特殊，获得外部的救援困难，只能立足于自我救援为主建设应急救援队伍。中国海油公司按照国际海上油田通行的做法，组建海上油田生产的义务消防队，并配备高效的消防设备和工具。目前，中国海油公司共有 10 支专业消防队伍、260 多名专职消防队员。这支消防队伍是保障中国海油企业安全生产的基本骨干力量，同时也纳入国家公安消防系统统一指挥管理。

◆危化品救援队伍。危化品救援队伍是中国海油公司向中下游发展，为开展紧急抢险救助而组建的专业救援队伍，目前主要由兼职义务救援人员组成。主要任务是抢险堵漏、消除危化品危害，在消防队的协助下进行危化品危害消除工作。现在中国海油公司的危化品生产和储运企业都成立危化品抢险救援队。

◆专业溢油应急响应队伍。中海石油环保服务有限公司是中国海油公司独具特色的专业应急响应队伍，是唯一由企业独自建立、根据国际标准和国际惯例、以企业化模式运作的专业溢油应急队伍。

中海石油环保服务有限公司已在沿海各地建立了绥中、塘沽、龙口、惠州、深圳、珠海、涠洲岛 7 个溢油应急响应基地，覆盖了中国海油公司作业的全部海域。环保公司拥有高素质的专职应急救援人员 100 多名，1/3 的溢油应急队员取得了国际 IMO OPRC2 级现场指挥官证书；配备有国际一流的溢油回收设备和专门溢油回收船舶；开发具有国际先进水平的溢油漂移轨迹预测软件；建立专业化的溢油应急响应程序，这是国内唯一一家能够提供国际二级溢油应急响应能力的专业队伍。

◆长输管道应急救援中心。长输管道经过的区域环境复杂多变，一旦发生事故将给当地社区和油气接受单位带来重大灾难和损失。为了应对长输管道的事故，中国海油公司的每个管道运营公司都组建了能够快速响应的管道抢险救援队伍。目前，中国海油公司已经建成 4 000 多千米的输油气管道，在沿岸的陆上地区已经完成了近 2 000 多千米的油气输送管道建设。管道抢险救援队伍配备了专用的汽车，购置了专用的管道事故处置设备。所有人员经过培训，掌握了应急抢险救援的技能，随时可以出动参与并指导管道的应急抢险救援行动。

企业在应急管理方面投入的财力和人力无法带来短期的财务收益，但是可以最大程度地降低事故对人员和企业造成的损害以及声誉影响，为企业带来更长期、更高成效的战略性管理收益。中国海油公司充分借鉴和吸收国际国内先进企业应急系统建设经验，结合自身风险特点，将应急管理实践与现代信息通信技术进行有机结合，构建了覆盖全面、上下联动、应对高效的应急管理系统，为保证企业健康、稳定、可持续发展发挥了作用。

中国海油公司应急系统建设已经取得了阶段性的成效，但仍然是一项需要长期坚持的系统工程，需要持续完善和改进，以不断适应公司发展的需求。

二、西南油气田公司编织井控责任网预防突发事故的做法

西南油气田分公司隶属于中国石油天然气股份有限公司，主要经营四川、西昌盆地的油气勘探开发、炼油化工、油气集输和销售业务，现辖重庆、蜀南、川中、川西北、川东北五大油气区，有员工 2.13 万人，所属二级单位 18 个，资产总值 172 亿元，是全国重点天然气基地。

近年来，西南油气田公司牢固树立安全第一、预防为主的理念，始终把井控工作作为安全管理的重中之重来抓，把井控安全管理贯彻落实到钻前施工、钻井、测井、录井、井下作业、油气试采和报废井弃置处理等各生产环节，把井控管理作为一项系统安全工程，设计、生产、技术、装备、安全等部门都分头把关，相互配合，同步进行，编织井控责任网预防突发事故，积极做好应急管理和应急救援工作，确保了井控安全工作平稳态势。

西南油气田公司编织井控责任网预防突发事故的做法主要是：

1. 抓机构建设，落实井控安全组织责任

西南油气田公司根据组织机构变动，及时调整完善井控领导小组，下设钻井完井井控管理办公室、试油（气）采输井控管理办公室以及井控监督办公室。根据作业队伍和采输场站多、分布广的特点，设立了3个井控工作小组，分别设在川东北前线工作部、新疆工区指挥部和临盘钻井公司，分别负责川东北工区、新疆工区和临盘工区的工程作业队伍的井控管理工作。机关井控业务管理部门，都指定了井控分管领导及专职井控管理人员，按照“谁主管、谁负责”原则制定相应井控职责，开展井控管理工作。各二级单位也明确了井控分管领导和专职管理人员，并按井控实施细则要求补充完善了相关制度。

2. 抓设计审查，落实井控安全源头责任

西南油气田公司所有钻井工程设计均有井控设计专篇，依据有关井控标准、规范及制度进行设计。“三高”气井、新区探井、特殊工艺井的井控设计，在设计中始终贯彻“安全第一，预防为主”的思想，坚持设计必须遵守“安全、环保”的原则，牢固树立以人为本的理念和井喷失控可防可控的理念，制定完善的井控措施，保证井控安全。钻井设计审批：一是设计院审批，在设计院内实行“三级”审核，即：设计室主任、设计所领导、院主管领导三级审核，层层把关；二是采（油）气厂审核，开发井设计经院主管领导审核后送采（油）气厂审批；三是勘探井设计审核，经院主管领导审核后送局、分公司审批；四是设计投资较高的开发井、勘探井以及一些重点井，经局、分公司审核后，报总部审批。

3. 抓设备管理，落实井控安全本质责任

西南油气田公司井控设备按照“集中管理、强制保养、专业维修”的原则，由装备管理处进行集中管理、合理配置、统一调配。针对川东北油气田“三高”特点，规定重点探井、含 H_2S 气井井口防喷器上井安装前必须在井控车间进行气密封检验，钻井（井下作业）监督检查相关报告；浅井、中深井每完一口井进行三月期保养，每完八口井进行一年期检测检修，每完二十口井进行三年期检修；4 500 m以上深井每完一口井进行一年期检测检修，每完三口井进行三年期检修；中深井、深井在钻井中每三个月进行三月期保养，并填写设备维修保养检修记录，档案与设备随行，具体由具有检测、检修资质的局井控中心来完成检测、检修工作。对所直接管理的井控设备实施定点、定期巡回检查，加强现场技术服务，及时处理井控设备故障。

4. 抓监督检查，落实井控安全监管责任

西南油气田公司坚持每半年组织一次井控专项检查，相关二级单位每季度组织一次，

基层队每周组织一次。成立主管领导担任组长的井控检查领导小组，成员由副总工程师、工程技术、开发、勘探、工程市场、装备管理、安全环保、生产运行、人力资源、采油（气）厂、工程监督中心、培训中心等相关单位专业技术人员组成，分钻井完井、试油（气）采输等检查小组，按照标准规范，对照检查表，分别开展检查，督促施工作业单位做到勤观察、细检查、严把关，防止井控事故的发生。重点井、勘探井由工程监督中心派驻井监督，对作业队伍资质、人员进行审查，督促作业单位进行开工技术交底、安全教育和各开次（揭开油气层）验收，监控关键环节、重点工艺作业过程。

5. 抓生产过程控制，落实井控安全直接作业责任

各钻（修）井队、试（油）气队严格按照设计配套井控装置，安装全套符合钻井设计要求压力级别井口装置，特别是川东北地区探井，重点开发井严格按设计或高于设计安装全套 105 MPa 级别的双节流、双压井管汇控制装置，并调试安装合格。配套安装的液气分离器、内放喷管线、点火管线、放喷管线等均试压合格，符合规范要求，满足井控操作。按设计要求对照规范认真落实井控装置的维护保养，并将井控装置运行及检查落实情况翔实记录，在当班值班干部的确认下执行交接班制度，建立健全井控装置日检、周检、月检档案资料，规范管理。使用钻具内防喷工具，储备井控装置闸阀、闸板总成、内放喷工具、适合井内钻具尺寸的防喷单根等并定期落实保养，建立储备清单和使用档案，实行挂牌标识管理。针对每一开施工，严格按照《重点工程关键作业环节管理办法》规定，认真编写作业计划，细化设计，拟定各项具体措施，编制工程和安全应急预案。严格执行“三岗联坐”，认真监测液面。由钻井、泥浆、录井三方人员联合坐岗，各单位明确了专职坐岗人员，交叉测量液面高度，其中钻井每 5 min 测量一次参与循环罐的液面高度，泥浆、录井每 10 min 测量一次，基本实现人工连续监测液面。一旦液面发生变化或出现溢流征兆，立即通过对讲机或快速到钻台向钻台操作人员汇报。起下钻认真坚持“1 柱一灌浆、3 柱一校验、5 柱一复核”制度，密切监控溢流情况。部分钻井队还配备了液面自动监测报警仪和自动灌浆装置，综合录井仪配置安装出口流量计、液面监测报警装置等监测装置。根据施工地区的不同，探井、开发井针对实际情况加强与兄弟单位的沟通协作配合工作，不断收集和整理临井实钻地质资料，自始至终坚持检测 dc 指数，做好地层压力预测和检测工作。对钻完井、井下作业、钻开油气层及含硫化氢施工的重点井、重点要害部位实行干部 24 h 带班（值）制度。

6. 抓井控应急体系建设，落实井控安全应急责任

油气田、二级单位、基层队（站）都制定了不同层级的井喷事故、硫化氢逸散事件、火灾爆炸等应急预案，现场钻井施工、单井应急预案已全部在当地政府部门进行了备案。

配备有效的点火装置（川东北保持在4种以上点火方式，其他工区保持3种以上点火方式），同时现场备有礼花弹、魔术弹以备应急点火之需；放喷口设有长明火，落实每日检查并试点火一次；安装专线供电，确保随时处于良好备用状态，确保一旦放喷能在第一时间（5 min内）点火成功。各施工单位均按要求配置消防气防设施，尤其是海相井施工基层队现场全部按15套空呼、5只备用气瓶、2套电子点火装置、1台大功率电动报警器配备，配置了8通道的固定式硫化氢检测仪，便携式硫化氢检测仪、二氧化硫检测仪也做到了现场作业人员人手一只。

此外，公司还加强不同层级预案培训演练，根据生产实际以及演练过程中存在的问题，不断进行修订、完善，使应急预案更具科学性、可操作性和有效性，提高了应急能力和水平。演练过程中加强与各相关协作方以及地方政府相关部门的联系和沟通，确保人员疏散、抢险救援、医疗救护等工作的顺利进行。元坝应急救援中心具备了综合信息搜集及处理、消防灭火、气防救援、医疗救护、应急物质储备、泥浆储备、安全防护用品检测、环境检测、自然灾害抢险等应急抢险功能，基本满足了通南巴、元坝工区内抢险救援的需要。

三、石家庄市电化厂结合企业特点做好安全预防工作的做法

石家庄市电化厂成立于1968年，主要生产烧碱、三氯化磷、盐酸等化工产品，目前已经发展成为一家较具实力的生产型企业。

石家庄市电化厂是以电解饱和食盐水生产烧碱、氢气、氯气及各种氯产品的氯碱化工企业，具有高温高压、易燃易爆易腐蚀易挥发等特点，所以做好防火、防爆、防烧伤烫伤、防雷电灾害、防污染及机械伤害，显得尤为重要。电化厂坚决落实“安全第一，预防为主”的生产方针，积极探讨事故发生规律，结合企业特点，做好预防工作，取得了很好的效果。

石家庄市电化厂结合企业特点做好安全预防工作的做法主要是：

1. 根据不同气象条件开展不同的预防活动

一年四季的天气气候各有特点，气候的变化对化工生产存在不同的影响，尤其对氯碱企业影响较大。为避免产生不良影响，根据这些气候的变化，电化厂重点开展不同的预防活动，以确保安全生产。

春天天气比较干燥，易发生火灾事故，氯碱企业由于有易燃易爆的危险化学品，如氢气、甲苯、黄磷等，这些产品在发生事故时，往往火灾、爆炸事故同时发生，所以春季适于有重点地开展火灾、爆炸事故预防活动。

氯碱企业发生过爆炸事故的岗位较多，从电解槽开始，氯气总管、氯氢处理、氯化氢合成炉、液氯充装等都发生过爆炸事故，究其原因大致分为3类：第一类是工艺指标控制

不合格或违反操作规程，如电解槽缺盐水、氯含氧过高、三氯化磷聚集等；第二类是压力容器或电气设备有缺陷；第三类是检修作业时没按要求动火。针对以上 3 类原因，应采取相应的安全措施，加强工艺管理，严格控制工艺指标，定期对容器等设备进行检修和检测，加强检修的安全管理等来预防事故的发生。

夏天气温较高、雷雨较多，气温高对冷却系统指标有较大的影响，除应做好防暑降温的工作外，雷电灾害的预防也很重要。由于氯碱行业属耗电大户，各种电气设备多，高低压并存，有大电流、裸铜排等。另外，外电网因雷电污闪等突然停电，轻则会造成全厂停车，重则造成大量氯气外溢而导致污染事故发生，所以夏天应重点开展雷电灾害事故预防活动。电化厂编写了突然停电紧急停车处理规程、人身触电事故处理原则。同时由于夏季天气炎热，职工劳保穿戴不规范，尤其光膀子、穿拖鞋现象尤为明显，加之氯碱行业的原材料产品有强酸（盐酸、硫酸）、强碱（氢氧化钠），易造成烧伤、烫伤，所以还开展了烧伤烫伤事故预防活动。为此电化厂制作了防护用品箱，箱内有解氯水，防烧伤、烫伤药品，防毒面具，呼吸器等应急物品，一旦发生事故，能及时有效地进行处理。

尽管秋天秋高气爽，但有时空气湿度较大，许多氯产品，如盐酸、三氯化磷等遇潮湿的空气易挥发或水解，产生有毒的氯化氢气体，此气体对人的呼吸道有刺激作用，故秋天应重点开展污染事故预防活动。

冬天，由于气温较低，风雪天多，路面较滑，职工劳保穿戴不规范，有人穿棉袄作业，易卷入设备，上下楼梯时路滑易摔伤，所以冬天应重点预防机械伤害事故。

以上各季节开展的预防活动，首先由各部门专兼职安全技术员完成部门的预案，做到“一岗一案”或“一岗多案”，将这些预案编写成册，然后组织职工学习并分别演习，使职工掌握预防措施。

2. 开展作业现场预知活动

氯碱行业历年伤亡事故统计显示，按工种分析，化工操作工造成的伤亡最多，因发生事故时操作工主要在现场一线，其次是检修人员，说明检修作业安全措施落实不够，所以在作业现场，必须开展危险预知训练活动。

电化厂开展的危险预知训练活动，主要是针对作业现场存在的危险因素，进行实地演习和训练，其目的是使作业人员了解现场危险情况，针对这些危险因素应采取的技术对策和注意事项，以便于防范，保证作业安全。例如对简单的房顶灯修理问题，首先分析其作业类型为电气高空检修作业，其次应考虑可能发生的事故，如触电伤害、人员摔伤、其他危害等，最后相应地要考虑三项或多项预防措施。造成电伤害可能的因素有电源合闸，摔伤的可能因素应考虑人是否能站稳，人员站立位置是否恰当，故此，再进一步可考虑将电源开关关掉等。

危险预知就如同下棋，越是多考虑几步，安全系数就越高。为此，电化厂推广应用了“作业现场安全预知操作票”，其具体要求如下：

◆部门负责人在作业前必须召集有关人员（如安全技术员、设备员、工艺技术员、监护或执行人员等）到作业现场进行认真分析，分析作业现场所有可能产生事故的危险因素，这些因素导致事故发生的条件，怎样预防，有哪些安全注意事项及相互联络方式，配合情况如何（尤其交叉作业）等，将分析情况认真记录在操作票上。

◆将所有危险因素排除的具体措施，考虑周全，认真填写在“操作票”上，并给作业人员配足防护器具及个人防护用品。

◆一旦发生事故，执行人员是否掌握应急处理措施，相应的器材等防护用品配备是否充分，都由负责人认真落实。

◆以上三项要逐一交代给作业执行人，执行人必须是在熟悉以上措施情况后，方可在操作票上签字，而后开始作业。

◆为有效落实操作票，应与责任制考核严格挂钩，各负责人认真填写，不得有漏项，不能代签，一式两份，部门一份备案，执行人一份，作为安全监督部门现场检查用。

通过作业现场预知活动的开展，作业安全合格率达100%，无一轻伤事故发生，从而有效地确保了作业现场的安全。

电化厂所开展针对性的预防活动，对全厂安全生产起到了积极的作用。如35 kV电路污闪，易造成供电系统电压大幅度降低，导致氢气泵、氯压泵、氟利昂压缩机等关键电气设备大面积掉闸，从而导致全厂系统停车或发生污染事故。自开展雷电灾害事故预防活动后，在安全预防措施上先后对6台氯压泵、4台氢气泵、4台氟利昂压缩机的控制回路安装了继电保护器，只要工作电压不低于额定电压的30%都能可靠运行。两年来，针对性的预防活动保证了全厂系统的正常运行，避免了系统停车及污染事故的发生，季节性变化对安全生产的影响也得到了有效预防，对全厂实现安全生产起到了有力的推动作用。

四、烟台万华聚氨酯公司探讨事故规律实施应急管理的做法

烟台万华聚氨酯股份有限公司成立于1998年12月，主要从事MDI为主的异氰酸酯系列产品、芳香多胺系列产品、热塑性聚氨酯弹性体系列产品的研究开发、生产和销售，是亚太地区最大的MDI制造企业。

烟台万华公司在生产过程中，涉及光气、甲醛、丙烯腈等多种有毒有害物料，技术难度大，工艺流程复杂，几乎涵盖了所有化工单元操作类型，特别是光气这种剧毒气体，控制不好很容易导致事故发生。为此，公司牢固树立“安全第一，预防为主”和“安全就是最大效益”的思想，时刻把安全生产作为重中之重，树立安全理念，倡导安全工作方式，

针对企业特点和实际情况，收集整理近年来我国光气及光气化产品生产企业发生的事故资料，分析光气事故发生规律，积极做好应急管理工作。

烟台万华聚氨酯公司探讨事故规律实施应急管理的做法主要是：

1. 收集整理光气事故资料，分析光气事故发生规律

烟台万华公司历来重视安全管理，从未发生过重大光气安全事故，但是为了预防事故的发生，公司收集整理了近年来我国光气及光气化产品生产企业发生的175起事故的详细资料，通过分析找出光气事故的发生规律，有的放矢地实施针对性措施。

在这175起事故中，发生频率最高的环节是光气化，占总数的50.3%；其次是光气合成，占24.6%；接下来依次尾气处理、光气储存、一氧化碳制备、液氯气化、光气输送、光气风机检修等也会发生事故。

在这175起事故中，管道、设备缺陷引发的事故占事故总数的38.0%，个人防护用品缺乏或缺陷占22.3%，操作不当占10.2%，违章操作占9.7%，设计缺陷、安全装置缺乏、管理不当、违章指挥等也会引发事故。

经过分析，烟台万华公司逐项对照《危险化学品从业单位安全标准化规范（试行）》，对原有的安全管理体系、安全管理制度进行查漏补缺，重点针对薄弱环节，在安全管理规章制度、宣传培训教育、危险源识别和风险控制、现场规范管理、承包商和供应商管理、事故与应急等方面结合企业实际，进行规范和完善。

2. 加强人员教育培训，加强危险源识别

近年来，烟台万华公司全面梳理原有的安全管理制度，修改、完善规章制度96个、各类台账11类，并严格对制度执行情况进行考核。目前公司的安全制度从责任制到操作手册，从内部员工管理规定到外来承包商、参观人员管理制度，覆盖全面，各项工作有制度可依，作业有程序可循。

◆加强人员教育培训。烟台万华公司还采取多种形式教育员工理解实施安全生产的意义、安全标准化规范的内容，增强参与意识和工作的自觉性，掌握本岗位作业操作技术，规范作业行为；同时根据所进行的安全标准化工作要求，对全体员工、公司负责人、安全生产管理人员、特种作业人员、承包商、外来参观人员进行相应的安全教育和培训，并建立了培训台账和记录。各级安全管理人员全部通过了烟台市安监局举办的安全管理资格培训，特种作业人员的持证上岗率，员工的安全教育培训率，承包商及外来参观人员接受安全教育的培训率均达到100%。

◆加强危险源识别。根据企业安全生产的要求，烟台万华公司修订、完善了危险源识别与评价方法，并对各车间、部门进行培训，对危险源进行重新识别、评价和确认，并反

馈到各岗位进行严密监控。按照《重大危险源辨识》（GB 18218—2000），公司共确定重大危险源5处，为每个重大危险源建立了详细档案和整套规章制度，按照重大危险源检查表的要求，每月进行一次全面检查，发现隐患立即整改。

◆规范现场安全管理。按照安全管理要求，烟台万华公司投入大量资金，补充、加挂了各类安全标识牌100多块、安全消防和应急告知牌及生产现场有毒有害岗位、有害因素检测公示牌30多块，为生产现场制作更换了急救器材柜，还在检修、维修、施工、吊装及外来施工单位的各个作业现场设置了区域警示标志。此外，公司还加强了对危险化学品装卸环节的管理，制定相应的管理制度和安全操作规程，严格资质查验和发货、系固情况的查验核准。

◆承包商和供应商管理。烟台万华公司对此制定了《承包商管理制度》和《供应商管理制度》，在与承包商和供应商签订合同前，对其安全管理情况、安全资质、劳动防护等方面进行审核，达不到要求的不与之签订施工、供货合同。在承包商进入公司施工前，按照公司规定由安全管理人员对其施工人员进行安全教育后才可进入施工现场，然后由属地主管对其进行现场安全教育，方可动工。

◆建立完备的应急救援体系。2005年，烟台万华公司与中国安全生产科学研究院合作，编制了《烟台万华重大事故应急救援预案》，完善监测和消防等应急装备，提高应急预警能力，对光气、氯气等危险化学品生产、使用企业发生的各种事故，进行事故模拟，针对不同阶段的应急救援情况制定标准操作程序，并在实际演练中不断完善。经过急救培训、灭火器培训、呼吸器培训、灭火演练、疏散演练、泄漏演练等专项培训和演练，使员工的各项应急能力得到提高，同时应急系统也得到不断修正。

3. 实现安全管理本质化，建立安全长效机制

安全管理是企业永恒的主题。烟台万华公司结合安全标准化规范的实施，借鉴杜邦安全管理体系，形成了自己的安全文化和安全理念，把安全标准化规范变成企业的工作准则和员工的行为标准。将安全标准化与日常工作很好地结合起来，做到安全管理本质化，形成安全管理的长效机制。

在光气生产过程中，烟台万华公司特别注重解决设备设施的不安全状态，先后投入各项安全费用5 000多万元，改善和增加光气生产、监控、减缓措施，确保生产装置的本质安全。这些措施包括：

◆对光气浓度高的设备进行局部封闭，浓度高的溶液管线加装套管，给套管内充氮气作保护，并有压力指示报警系统。

◆含有光气浓度较高溶液的输送泵都采用磁力泵，所有接触光气及光气溶液的设备均采用耐腐蚀性极强的材质。

◆光气化生产装置及液氯储槽的重点部位，安装了国外引进的先进光气、氯气探测报警设备。

◆优化工艺，废除液态光气储槽，安装紧急光气分解系统。

◆光气浓度较高的设备设置氨水喷淋装置，整套装置外围用蒸汽喷淋和循环水喷洒两种水帘封住。

◆装置内安装可燃气体浓度检测仪和火焰检测仪。

◆生产装置上设有电视监控系统，设置了25处危险监控点，随时监控现场生产情况。

◆主控室及其他控制室实行全密闭，内部保持微正压。

◆完善装置系统内部消防设施，及时处理装置上任何部位的生产安全事故。

◆与北京科研机构合作，成功研发光气扑消粉，用于分解外溢光气，并自主研发制造出光气扑消车，以跟踪扑消光气。

烟台万华公司还将杜邦安全管理体系、职业安全健康管理体系和安全标准化工作有机地结合起来。安全管理必须以人为本，加强员工参与，形成全员管安全的局面。

◆安全分享。企业一般用开会的形式协调布置工作，烟台万华公司也不例外，但烟台万华公司开会有一项永久议题，即分享安全经验。不管会议内容是什么，每次都要用5～10 min进行安全经验分享，把大家看到、听到的安全案例、生产事故、安全创意等与大家分享，形成一种良好的安全文化氛围。安全分享是员工参与安全管理的平台，也是很好的安全培训方式。

◆员工建制。烟台万华公司摒弃历来由领导或技术人员撰写规章制度的做法，把员工吸收进来，由员工讨论、分析安全风险、事故隐患和预防措施，最后形成安全制度。由于是员工亲自参与制定的制度，可操作性强，员工能够主动遵守自己制定的制度，并监督他人的违章行为，形成团队管理，这样，安全培训工作更加卓有成效。

◆求教式稽核。每个企业都有安全检查，习惯做法是领导发现员工处于不安全状态，当即进行批评整改，让员工感觉心情不畅，也不会在心里形成意识。烟台万华公司对原有的检查方式进行创新，实行求教式稽核。具体做法是：当观察发现员工作业方式不安全时，稽核人员先协助员工脱离不安全状态；之后，向员工求教式询问，讨论他的行为方式有何隐患、可能导致的后果，怎样做才是更安全的作业方式；最后，对员工表示感谢。这样，员工会深切感受到稽核人员的关心和尊重，承诺采取更安全的作业方式，杜绝重复违章的现象。

五、陶氏化学公司将过程风险管理理论运用于应急管理的做法

美国陶氏化学公司创建于1897年，是一家以科技为主的跨国性公司，位居世界化学工

业界第二，在世界 50 多个国家和地区建有工厂，主要研制和生产系列化工产品、塑料及农化产品，公司业务涉及 180 个国家和地区，全球员工 4.6 万人，目前总销售额达 400 亿美元，产品类型多达 3 500 余种。陶氏化学公司在大中华地区共有 6 个业务中心，在张家港、宁波、中山、南岗等地设有 18 家生产工厂和合资企业，员工约 3 500 名。

陶氏化学公司秉承“责任关怀”的理念，非常重视工艺和设备的安全管理，在风险管理、应急救援等方面进行了卓有成效的工作，并且将过程风险管理理论运用于安全管理之中，制定了自己的企业标准，在所属企业中大力推广陶氏化学公司过程风险管理标准。同时，为了随时应对生产中可能发生的问题，还建立了完善的操作规程管理系统和应急处置系统。

陶氏化学公司将过程风险管理理论运用于应急管理的做法主要是：

1. 编制详细的事故应急预案

陶氏化学公司所属各厂均编制了详细的事故应急预案，每个分厂、每套装置都制定了书面的事故应急预案，并对预案进行演练，验证其可靠性，同时为应急人员提供相应的培训和资格认证。

陶氏化学公司还定期对应急预案进行测试。每年对各工厂的轮班人员、每套装置应急预案的运行情况进行 4 次模拟测试。模拟测试内容包括：实时事故、假设最坏的或最可能发生的情况、潜在事故的风险评估。参与人员包括：社区、消防与救护服务部门、执法部门的人员及互助合作伙伴。演练后还会对演练情况进行评估，对参与者的意见进行总结，并记录在案，作为指导下一步事故应急响应行动的文档资料。

根据陶氏化学公司责任关怀的社区知情权与应急响应准则（CAER），陶氏化学公司会与周边社区针对急性风险（如泄漏、火灾、假设最坏的情况）、慢性风险（如排放物、废物）等有关事项进行对话，回答社区咨询委员会关心的问题。陶氏化学公司在工厂和周边居民社区之间设有隔离带，栽植树木，并定期邀请周边居民参观厂区，以促进相互理解。

2. 建立应急响应中心

陶氏化学公司建立有应急响应中心，可以对重点区域实时视频监控，应急响应中心拥有计算机辅助决策系统，使用 Safer Realtime 事故应急系统软件，根据便携式无线浓度检测仪的实测数值，通过 GPS 全球定位系统，对报警地点实行快速定位，并根据事故物质和天气状况等条件进行事故模拟，然后快速出动合理的应急力量。例如，陶氏化学公司所属加西分部的应急响应中心地点选在距离装置较近但比较安全的地方，在发生无法控制的重大事故时，这里将是现场应急人员最后的撤离地点。加西分部应急响应中心分上下两层，上层为接警中心，一天 24 小时值班，地下一层为应急指挥部，设有各相关部门负责人的席位和专线电话，可以直接与相应的部门联系。每天安排公司有一定经验的高层领导值班，作为事故应急响应总指挥，一旦发生事故，立即召集各部门负责人就位，召开联席会议，通过各相关部门的专线电话，直接下达指令。依据预案，分工明确，各负其责，协同指挥全厂的应急救援行动。

3. 设置紧急警报级别

陶氏化学公司把紧急警报分为 4 个级别：

◆准备待命警报：存在潜在危险，应急人员处于待命状态。

◆一级警报：发生小事故，事故影响仅局限于本装置，由现场应急人员进行处理，不激活应急救援指挥中心（EOC）。

◆二级警报：发生重大事故，立即激活 EOC，启动应急预案，由 EOC 统一指挥。

◆三级警报：事故影响超出现场资源所能控制的范围，应向外部救援力量求助。

4. 应急救援器材中心与人员配备

陶氏化学公司的应急救援器材中心，配有装备先进的消防车、救护车、应急救援车、应急指挥车等，并拥有自己独特的堵漏技术。

陶氏化学公司的应急响应组织精干高效，按照应急救援的需要，应急队伍配备了不同级别、不同专业背景和工作经验的人员，他们必须经过一定时间的专业培训后才能上岗，并保证每年接受一定学时的培训，以确保应急救援的实际效果。

陶氏化学公司应急响应队伍分布在美国和加拿大的各地，可以通过美国和加拿大化学品运输应急中心与陶氏安全部门及其他有关人员来启动应急响应行动。陶氏化学的应急响应中心还为企业外的其他地方发生的化学事故提供免费的应急救援服务。

六、三峡集团不断完善工作机制提升应急管理水平的做法

中国长江三峡工程开发总公司成立于 1993 年 9 月，2009 年 9 月更名为中国长江三峡集团公司，为国有独资企业，注册资本金达 1 115.98 亿元，主营业务为水电工程建设与管理、电力生产、相关专业技术服务，现有 11 个全资和控股子公司，在岗职工达 11 900 人。

2010 年长江流域发生“7・20”洪水灾害，最大洪峰流量达 7 万 m^3/s，这是三峡工程自建坝以来经历的最严重的洪水，工程建设安全受到威胁。灾害发生后，三峡集团立即启动《三峡枢纽防汛应急预案》，并与长江防总协同作战，最终拦蓄洪水 76 亿 m^3，降低荆江河段沙市站水位约 2.5 m，确保了长江中下游河段的安全度汛。这起事件的应急处置仅仅是近年来三峡集团安全生产应急管理工作的缩影。多年来，三峡集团牢固树立安全发展的

理念，从日常安全管理点滴工作入手，通过编制应急预案，组建各类应急队伍，完善工作机制，建立健全管理体系，提升了应急管理工作水平。

三峡集团不断完善工作机制提升应急管理水平的做法主要是：

1. 编制预案，强化衔接

编制预案是应急救援准备工作的核心，是及时、有序、有效地开展应急救援的重要保障。2006 年 10 月，三峡集团成立应急预案编制委员会，启动预案编制工作。2007 年 1 月，集团印发了《中国长江三峡工程开发总公司突发公共事件总体应急预案》和《施工安全事故应急预案》等 17 个专项应急预案，通过了国家应急救援指挥中心评审。2009 年根据《突发事件应对法》《生产经营单位生产安全事故应急预案评审指南》，对危险源分析进行了细化，建立应急救援装备、救援物资、队伍管理台账，调整了应急指挥机构，明确了人员职责，完善了应急处置程序，增补了《三峡集团公司电站机电设备安装调试事故应急预案》，并于 2010 年 3 月组织专家进行了评审。

集团的二级单位根据集团应急预案，结合本单位实际，编制了本单位综合应急预案和专项应急预案（或现场处置方案）300 余个。内容涉及施工安全、道路交通、食品卫生、民爆、油库、重大件吊装运输等，涵盖了公司业务的主要部位和重点环节。

另外，三峡集团还注重预案衔接，针对突发事件类型进行应急预案的系统规划，保证各应急预案之间的协调性，形成应急预案体系。三峡集团应急预案体系由集团层级应急预案、各二级单位应急预案和基层单位现场处置方案组成，预案之间相互衔接，并根据情况变化不断完善、更新，如图 3—5 所示。

三峡集团层级应急预案由一个总体应急预案和 4 项 16 个专项应急预案组成，总体应急预案是从总体上阐述处置突发事件的应急方针、政策、应急组织结构及相关应急职责、应急行动、措施和保障等基本要求和程序，以应对各种突发事件，指导集团开展应急管理工作。专项应急预案是针对集团系统内某种特有和具体的事故灾难风险，采取专业性的减灾、防灾、救灾和灾后恢复行动，是指导某一类突发事件应急救援工作具体操作性文件。二级单位应急预案主要针对各二级单位内可能出现的突发事件而制定的行动方案，分为综合预案和专项应急预案，与集团级预案相互紧密衔接。基层应急预案与现场处置方案主要为集团二级单位的下属单位或工程项目部门所管辖的工程施工、监理、供水供电等单位针对生产经营、施工活动为具体目标或者危险性较大的重点岗位所制定和实施的应急预案与现场处置方案，是三峡集团二级单位应急预案的重要组成部分。

2. “三层二级”的组织体系

建立职能清晰、功能完备、权威高效、反应灵敏的组织指挥机构，是规范应急管理、

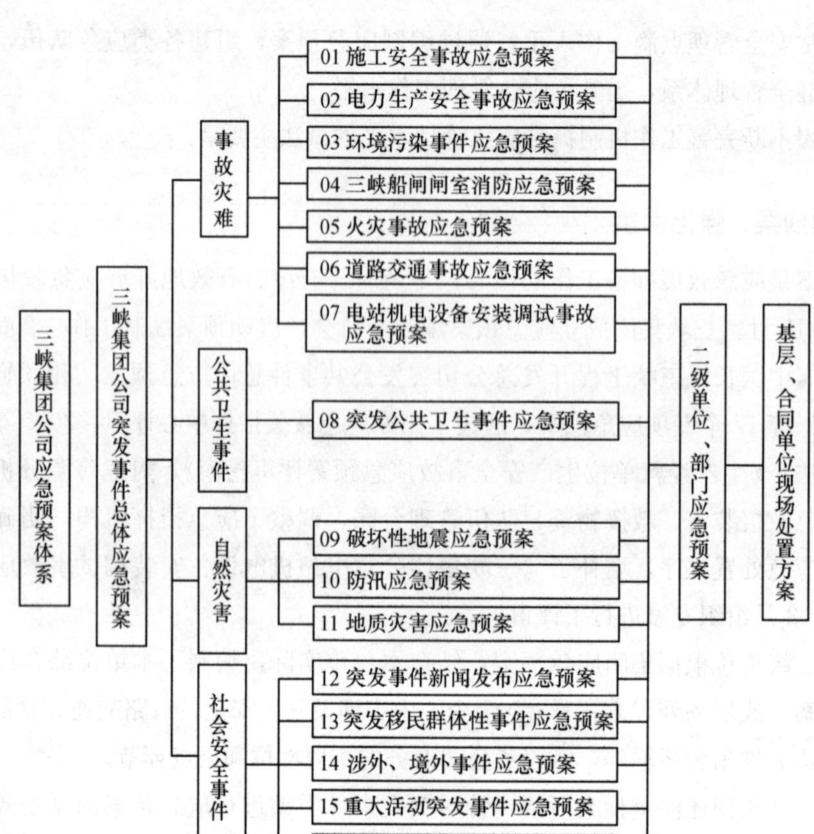

图 3—5　三峡集团应急预案体系

提升应对能力的核心和关键。为此，三峡集团建立了“三层二级”应急指挥体系，“三层”指三峡集团应急管理分 3 个层级，即：三峡集团公司层、二级单位（部门）层、基层或合同单位层；“二级”指三峡集团公司应急指挥分为二级指挥，即：应急指挥中心为一级指挥，侧重于高级别的协调、指挥、决策，现场指挥部为二级指挥，侧重于现场救援组织与处置行动等，一般由二级单位负责，如图 3—6 所示。

三峡集团及各二级单位还根据应急救援工作的需要，组建了应急救援队伍，先后成立了 17 支消防、防洪、氨（氯）泄漏、电力、供水、通信等专职应急抢险救援队伍，38 支兼职应急抢险救援队伍，拥有专业救援人员 2 192 人。

3. 完善工作机制

为完善应急管理制度与工作机制，三峡集团先后发布了《安全生产管理办法》《突发公共事件总体应急预案》《生产安全事故报告和调查处理规定》《自然灾害预警管理办法》等 20 余个安全生产应急管理相关文件，还督促和指导二级单位编制完善相应制度，使应急管

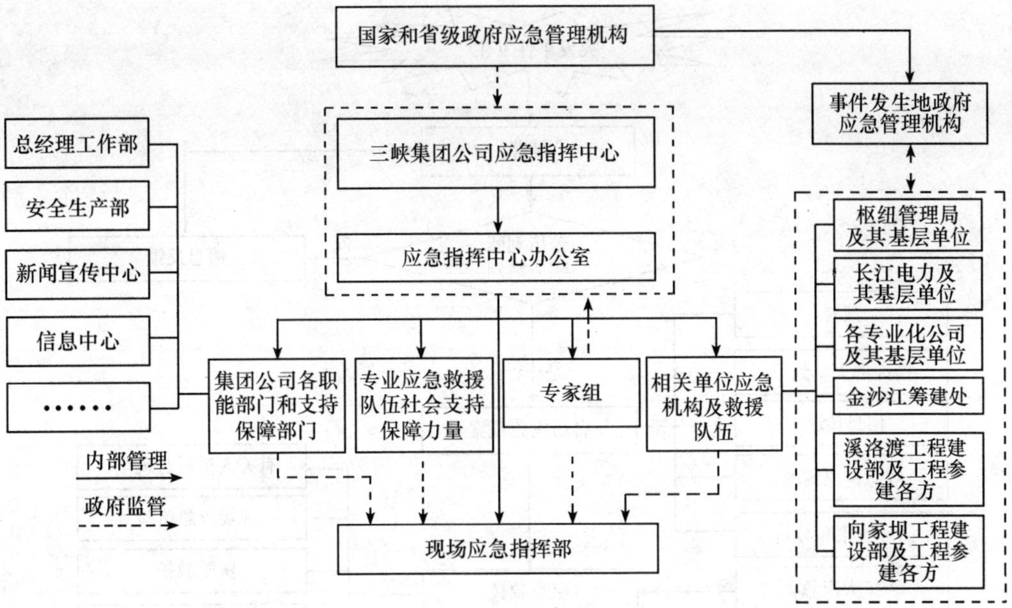

国家和省级政府应急管理机构
事件发生地政府应急管理机构
总经理工作部
安全生产部
新闻宣传中心
信息中心
……
三峡集团公司应急指挥中心
应急指挥中心办公室
集团公司各职能部门和支持保障部门
专业应急救援队伍社会支持保障力量
专家组
相关单位应急机构及救援队伍
枢纽管理局及其基层单位
长江电力及其基层单位
各专业化公司及其基层单位
金沙江筹建处
溪洛渡工程建设部及工程参建各方
向家坝工程建设部及工程参建各方
内部管理
政府监管
现场应急指挥部

图 3—6　应急组织机构图

理工作有据可依、有章可循，促进了应急工作的规范化、常态化。集团还对制度的执行情况进行检查与业务指导，坚持每季度开展一次安全检查。针对二级单位应急管理的薄弱环节及时给予指导，对制度不落实等问题下达整改意见，并督促整改关闭，检查结果纳入年终考核，与单位负责人年薪收入和单位工资总额升降挂钩，奖惩兑现。

三峡集团还根据突发事件的性质、严重程度、可控性、影响范围等因素，将突发事件应急响应级别分为 4 级：发生Ⅰ级、Ⅱ级突发事件，报国家或省级应急管理机构统一指挥，应急指挥中心配合各级政府应急管理机构开展应急救援工作；发生Ⅲ级突发事件，由三峡集团应急指挥中心统一指挥，进行处置；发生Ⅳ级突发事件，由事件发生二级单位启动本单位应急预案进行处置。

一旦突发事件发生，按集团规定，事件现场有关人员要立即报告该单位的应急管理部门。该部门启动本单位应急预案的同时，还应在 1 小时内上报集团应急指挥中心办公室，并按规定报告事发地政府应急管理机构。应急指挥中心办公室值班人员则立即通知应急指挥中心办公室主任、副主任；发生特别重大突发事件，可直接向应急指挥中心总指挥长、副总指挥长及相关单位负责人报告。

三峡集团突发事件应急响应程序包括：接警→分析判断→启动预案→应急救援→应急恢复→应急结束→总结评审等（见图 3—7）。

4. 强化保障措施

三峡集团根据生产经营特点，在各二级单位分别设立了应急物资仓库，储备了常用应

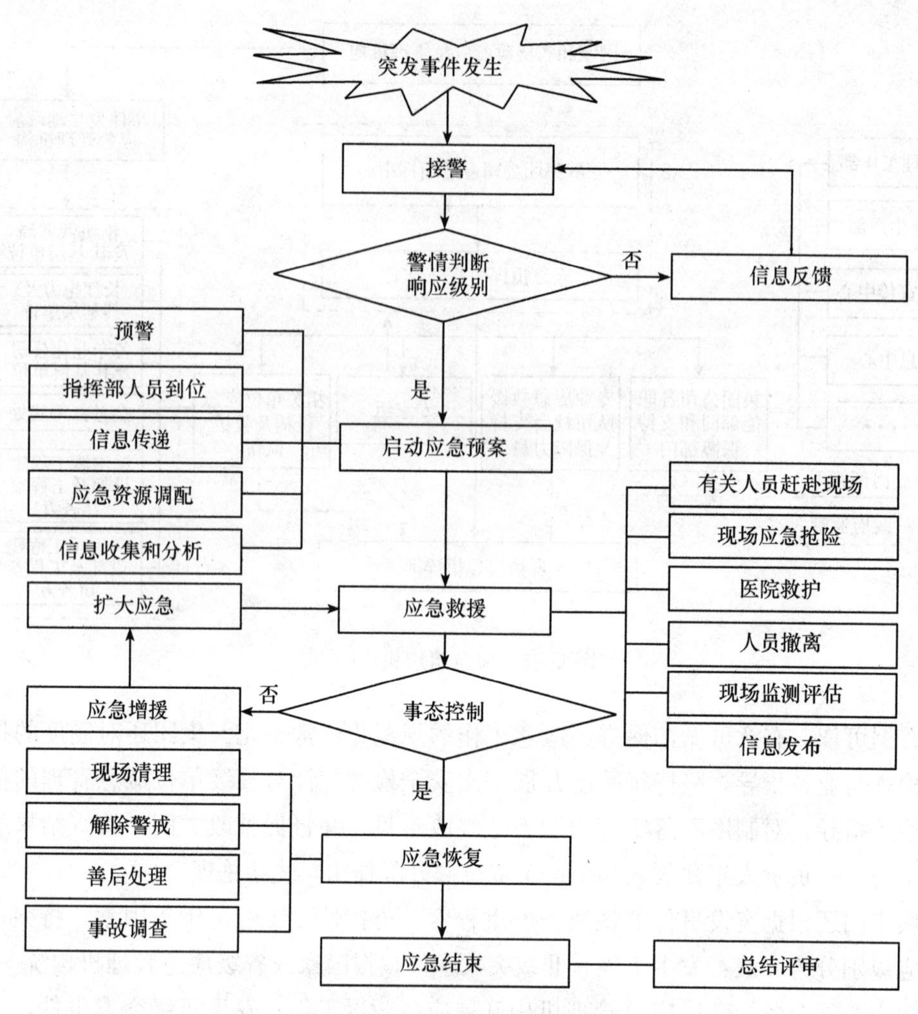

图 3—7　突发事件应急响应程序

急救援设备、器材、工具。例如，根据“5·12”汶川地震的应急救援经验，在金沙江在建工程项目中配备了专用的移动式发电设备、海事卫星电话、无线对讲机等应急装备，下属长江电力公司配备了 1 艘工程船、1 艘交通船、1 台水电抢险车、3 台检修作业车、7 台吊车、1 台装载机、1 辆平板车等抢险设施、器材。同时，集团还为应急物资、应急救援工具与设备、应急装备建立了管理台账，纳入日常管理。

集团二级单位根据本单位的需要配备了适当规模的治安保卫力量，必要时还可协调武警部队和地方公安部门以及治安保卫力量，对事件现场实行警戒和紧急疏散。集团应急指挥中心成立了突发事件应急救援专家组，加大应急技术的研发力度，不断改进应急技术装备。此外，三峡集团投资约 2 700 万元，建立了突发事件应急指挥平台，为应急救援工作提供了技术支持。

5. 加强应急演练

三峡集团及下属单位在年初制订安全工作计划的同时，还制订了应急演练计划，集团安全生产部在季度、年度检查考核中进行督促检查，并将演练计划的执行和总结评估纳入安全生产考核中。

2010 年 1—9 月，三峡集团各单位共开展各种应急预案演练 110 次，其中全面演练 16 次、功能演练 81 次、桌面演练 13 次。下属三峡枢纽建设运行管理局组织了防汛应急预案演练，长江电力进行了 2010 年三峡电站、葛洲坝电站防汛等应急预案演练。

集团通过演练，发现预案中问题并及时制定整改措施，进一步检验了应急预案的有效性，对应急救援物资短缺及时给予补充，将应急救援的保障工作落在实处，增强了集团应对突发事件的快速反应和处置能力。

七、平朔公司井工一矿建设安全避险“六大系统”的做法

中煤平朔煤业有限责任公司组建于 1982 年，是中国中煤能源集团有限公司的核心企业，也是目前我国资源回收率最高、多项指标位居全国领先水平的露井联采的特大型煤炭生产企业。2010 年，平朔公司原煤产量首次突破 1 亿吨，建成我国首座单一的露井联采的亿吨级矿区。

井工一矿是平朔公司实施露井联采技术后建设的第一座井工矿，位于山西省朔州市平鲁区，设计生产能力为 1 000 万 t/a。煤种以气煤为主，低磷，发热量在 2.0×10^{7}～2.3×10^{7} J之间，是良好的动力用煤和炼焦配煤。早在建矿初期，平朔公司井工一矿就推广“无人则安”的安全理念，加大先进装备的投入，大力发挥科技在安全生产中的主导作用。近年来，井工一矿更强力推动井下安全避险“六大系统”的建设，变“被动救援”为“主动超前防护，依靠科技施救”，切实提升矿井抗灾级别，最大程度地保护职工的生命安全。目前，井工一矿安全避险“六大系统”已经全面建成，满足“系统可靠、设施完善、管理到位、运转有效”的总体要求。

平朔公司井工一矿建设安全避险“六大系统”的做法主要是：

1. 高标准建设安全避险“六大系统”

2010 年 7 月国务院下发《关于进一步加强企业安全生产工作的通知》（以下简称《通知》），中煤集团及时贯彻落实《通知》精神，将建好井下安全避险“六大系统”作为强化安全生产工作的重要举措，确立了平朔公司井工一矿为安全避险“六大系统”建设试点煤矿。

安全避险“六大系统”的建设涉及多个领域技术。平朔公司井工一矿经过反复研究和试验，自主设计了完整的安全避险“六大系统”建设方案，并坚持“六大系统”与矿井生产布置、技术装备条件、灾害防治、应急救援预案等相结合的原则，在对井下原有的监测监控、人员定位、压风自救、供水施救、通信联络五大系统进行全面升级改造的同时，与中煤集团所属的中煤综合利用公司、中煤电气公司合作，引进国内外先进技术和产品，按照《煤矿井下紧急避险系统建设暂行规定》（以下简称《暂行规定》）的要求，新建了井下紧急避险系统，并与其他五大系统进行有效对接。

2. 紧急避险系统

井工一矿的紧急避险系统包括：8 台可移动救生舱、1 个永久避难硐室、1 个通往地面的钻孔、2 台过渡站、1 套生命绳，并为入井人员配备了自救器，设置了合理的井下避灾路线，优化了应急预案。

井工一矿在矿井内距离各采掘工作面 1 000 m 范围内布置 1 台可移动救生舱，若采区发生火、瓦斯、煤尘爆炸、瓦斯突出等事故，采区大巷内人员无法安全撤离时，能够进入可移动救生舱等待救援。可移动救生舱内能容纳 24 人，在无任何外界支持的情况下，额定防护时间不低于 96 h，并能够与井下原有的压风、通信、监测监控、人员定位系统连接。

永久避难硐室是在井下发生水、火、瓦斯、煤尘爆炸等事故后，为采掘工作面可移动救生舱服务范围以外的无法及时撤离的遇险人员提供避险的场所。井工一矿的永久避难硐室由过渡室和生存室组成。过渡室的有效使用面积为 19 m^2，生存室的有效使用面积为 168 m^2。避难硐室内能够提供压缩空气 0.3 m^3/min·人，自备供氧量 0.5 L/min·人，可容纳 100 人。避难硐室内设有深度为 323 m 的直通地面的钻孔，孔内配置了压风管，流食管，供电电缆，通信、监控电缆等，能为硐室内提供能量、氧气、电力和通信。避难硐室内还设有风淋系统、供氧系统、制冷系统、净化系统、压风系统、除湿系统、通信系统、监测监控系统、供水系统、人员定位系统、动力照明系统和辅助系统 12 大生命保障系统，在无任何外界支持的情况下，可达到额定防护时间不低于 96 小时的要求。

避难硐室的过渡站内设有 50 个自救器、自备供氧系统和空气洗涤系统，与矿井的通风和通信系统相连，为避险人员、救援人员在逃离或施救过程中，提供更换自救器、充氧或稍事休息的安全无毒空间。

生命绳布置在矿井所有避灾路线上，绳上每隔一定距离装有不同形状的定位标和贴有反光带的定位锥。因生命绳只能沿安全方向移动，反向则不能移动，所以，在井下发生火灾、瓦斯、煤尘爆炸等事故后，遇险人员由于能见度低而无法正确辨别逃生路线时，可通过生命绳的引导，尽快撤离到就近的安全巷道、永久避难硐室、临时避难硐室或移动救生舱内等待救援。

2011年8月13日至15日，平朔公司组织100名试验人员进行了永久避难硐室满负荷48小时的载人试验，每隔0.5小时记录一次各种环境参数的实际情况，并总结变化规律，检验硐室内各个系统设备仪器的独立和联动运行情况。经过测试，避难硐室内各项性能指标完全符合《暂行规定》的要求，同时，这次真人试验的成功，也标志着我国最大的煤矿井下永久避难硐室的成功建成。

3. 安全保障各项系统

井工一矿在矿井内还建设有安全保障各项系统，主要有：

◆监测监控系统。井工一矿的监测监控系统由甲烷传感器、一氧化碳传感器、风速传感器、温度传感器等各类传感器组成，共配备传感器90台，覆盖矿井各工作面与巷道，并且传感器的数量和种类齐全，系统风瓦电闭锁、瓦斯超限断电以及故障闭锁功能稳定，保障监测监控系统正常运转。

◆人员定位系统。人员定位系统采用多功能的“Z－NET”综合通信平台，可实现井下人员和车辆的精确定位，定位精度在20 m内。整个人员定位系统由地面管理计算机及软件、人员定位分站、人员标识卡、动态目标识别等组成，具有对入井人员进行实时监测、跟踪定位、轨迹回放、考勤统计、报表查询的功能。井下人员定位系统不仅可以对井下车辆及人员进行准确定位，而且可以实现预警呼救和双向通信功能。

预警呼救是井下出现紧急情况时，井下带卡人员通过标识卡的报警按钮，将紧急情况告知地面系统，地面系统接到紧急呼救后，采取应急援救方案。双向通信功能是指当有报警时，调度中心监控界面立即弹出红色报警框，显示报警类型、报警人员姓名、所在精确位置等信息。当井下携卡人员进入限制区域或出现人员在重点区域工作超时等异常情况时，系统会自动报警；遇到火灾、爆炸、冒顶、透水等突发情况时，携卡人员可通过标识卡上的报警按钮向井上发出报警信号。

◆压风自救系统。压风自救系统是通过地面集中压风的方式向井下提供新鲜空气。目前，井工一矿的压风自救装置已覆盖矿井各采掘工作面、主要硐室、主要辅运、主运、回风大巷以及副斜井等区域，可在发生突发事故时，满足井下作业人员通过压风自救装置进行呼吸，现场组织自救的需要。

◆供水施救系统。供水施救系统是在地面工业广场设置主、副蓄水池，通过地面钻孔铺设的无缝钢管给矿井下各作业点供水，可在发生突发事故时，对井下作业人员提供供水施救。

◆通信联络系统。通信联络系统是将井下电话接入矿内调度交换机，将井上办公电话通过信息中心交换机接入公网。公网电话可通过矿内总机自动转接井下电话。井工一矿在地面主通风机房、井下变电所、水泵房、采掘工作面、各转载点、给煤机、采掘巷道口等要害场所全部安装防爆电话机，以满足矿井安全生产的需求，并且为满足矿山应急通信的需求，还安装了矿山无线通信系统与直呼系统。

4. 安全避险八项创新

平朔公司井工一矿的安全避险“六大系统”，在满足国家基本要求的基础上，又融入了多方面的创新成果，提高了综合安全保障能力，使系统各项性能达到了同行业领先水平。

井工一矿本着安全优先的原则，吸取国内外避险系统的成功经验，运用新材料、新技术、新工艺，充分结合本矿特点，设计开发的供水施救、通信联络等装置，弥补了国内市场上同类设备的不足。整套避险系统在具备国内其他矿井“六大系统”优点的基础上，还增加了过渡站、生命绳和永久避难硐室直通地面的钻孔等设备。井工一矿的永久避难硐室还具有硐室生存空间宽松、空气净化措施完善、降温效果明显、喷淋洗涤彻底、供氧措施可靠，监测监控系统科学合理，通信系统完善可靠等特点。

◆气动洗涤加强空气净化能力。井工一矿的避难硐室和救生舱内部的空气净化，不使用电源驱动，而是利用高压空气带动电动机，形成空气流动，达到净化的目的。

◆组合降温效果良好。硐室降温是目前硐室建设的难点之一。井工一矿将压风涡流制冷、液态二氧化碳制冷、化学制冷 3 种措施组合使用，为避难硐室提供适宜的温度。

◆气刀气幕实现彻底喷淋冲洗。为防止有毒有害气体进入硐室和救生舱，避险人员应先进行冲洗。井工一矿避难硐室内采用气刀技术形成的气幕，进行单侧高强度冲洗，而不是从上往下冲洗，确保了冲洗的效果。

◆过渡站实现避险、救援再加油。井工一矿在相关规定要求的基础上，吸取国外先进经验，设置了过渡站。过渡站是为遇险人员和救援人员提供更换自救器、充氧和休息的地方，站内备有自救器，可使遇险人员更换自救器，逃离现场。

◆生命绳提高避险逃生成功率。井工一矿的避险系统增加的生命绳，用于指导遇险人员在无光或迷失路线的情况下进行逃生。所以通过生命绳的定位标、定位锥可引导避险人员走向避险设施或井口。

◆加大避险空间，缩短进入时间。井工一矿建设的永久避难硐室、救生舱、过渡站总体服务人员为 388 人，多于矿井当班的最多人数，整体基础设施的配置均有富余系数。过渡室的有效使用面积为 19 m^2，是相关规定中不少于 3 m^2 的 6.3 倍，并配备了高强度的气幕和喷淋，使得一次性进入过渡室的人员可达 40 人，加快了避险人员进入避难硐室的速度，为员工避险节约了宝贵的时间。避难硐室生存室的空间为 1.6 m^2/人，高于相关规定中 1.2 m^2/人的要求，而且硐室供氧量、供风量、制冷量等功能配置也都高于国家规定。

◆增加硐室稳定性。井下爆炸产生的冲击波是对避难硐室最危险的破坏之一。井工一矿除了增加硐室防护密闭门及防护墙的强度要求，避难硐室还采用“Z”形设计，既可以增强煤柱的稳定性，又可以缓解对硐室的冲击作用。特别是专门设计的 2 m 宽的防护墙，有效缓解冲击波对硐室整体的直接作用，设在墙上的各种管道也都经过防爆处理。

◆完善永久避难硐室通信系统。井工一矿永久避难硐室采用 4 种通信方式，即矿井现有的调度电话、广播、无线通信系统，和即将配置的透地通信系统。透地通信系统是中煤综合利用公司引进的美国通信技术，即使在矿井发生灾害甚至井下通信系统瘫痪时，也能发挥永久避难硐室内通信和人员定位作用。

目前，平朔公司井工一矿以“关爱职工生命、实现安全发展、构建和谐矿区”为出发点，仍在不断推进“六大系统”的建设完善工作。根据矿井生产安全条件的变化和采掘工作的推进，对其功能进行动态的测试、评估和考核，并将紧急避险系统纳入到矿井应急预案之中，定期组织联合应急演练。平朔公司井工一矿加大了培训教育力度，把如何正确安全使用“六大系统”作为入井人员安全培训的重要内容，力争实现“人人都了解系统设备的基本功能，人人都能熟练操作每一个系统”的目标。

八、上海诺华动物保健公司建立应急系统加强应急管理的做法

上海诺华动物保健公司是由瑞士诺华公司和上海农工商五四总公司、中国牧工商总公司联合投资建立的合资企业，于 1990 年成立，产品主要包括预防和治疗动物疾病及灭蝇等公共卫生产品，其产品附加值高，出口占 60%以上，是我国农业部授予的首家通过 GMP 认证的企业。

近年来，上海诺华公司在化学物品的安全管理方面，给予了高度重视，始终坚持以人为本的原则，认真贯彻国家关于安全生产的重要政策与法律法规，根据瑞士诺华公司的规定制定相关的规章制度，不断拓宽安全管理思路，全面加强安全生产，建立健全安全规章制度并严格执行，未发生各类重大生产事故、无重大火灾事故、无重大人身伤亡事故，并有效地控制了一般事故的发生。

上海诺华动物保健公司建立应急系统加强应急管理的做法主要是：

1. 成立安全质保部，做到组织落实

上海诺华动物保健公司是药物化工合成企业，有一定数量危险性较大的设备，储存着较大数量低闪点的物料。这些物料如果保管或使用不当，会在突然间发生事故，而有毒有害物质又极易扩散，会加剧事故的损害程度。因此，在生产管理上必须建立一个完整的科学安全体系，以确保安全。

为此，上海诺华动物保健公司根据国家法律法规以及瑞士诺华公司的规定制定了相关的规章制度，并监督执行，以保护公司员工和公司财产的安全，确保环境不受污染。为此，

公司专门成立了安全质保部，并由有关专家组成 HSE（健康安全环保）委员会，每月进行一次活动，对公司重、特大设备项目的引进、改造和生产中化学物品（包括有毒有害物品）的安全使用全面进行安全评审和危险性分析，讨论存在的问题，提出改进措施。在具体的执行标准上，根据国家有关规定，哪个标准高就依照哪个标准来执行。

2. 建立火灾和毒气泄漏自动报警系统

上海诺华动物保健公司安装了火灾和毒气泄漏自动报警系统，并备有 2 台 200 m^3 自动启动消防泵和 180 t 及 400 t 蓄水池，向全公司 24 个点墙式消火栓、自动喷淋消防供水。公司还备有 40 套消防队员战斗服，10 套化学抢险服、8 套自给式空气呼吸器、2 套化救堵漏工具以及各类灭火器 240 只。

同时，由经专业消防部门培训的 80 名消防队员和 40 名义务消防队员组成的消防队，以及由 10 名经防化部门培训的队员组成的化学自救队随时待命。这些占全公司总人数 41% 左右的专业人员时刻保卫着诺华公司的安全。

3. 经常性开展消防和防化安全宣传教育

上海诺华动物保健公司坚持以防为主、防消结合的防火、消防化救工作方针，主动出击做好防范工作。诺华公司认识到，防火、消防化救安全工作应是公司为求自身发展而必须自觉地去做好的事情。为此，公司应一方面加强各项安全管理。加强火源控制，加强防火、化范工作检查；加强对环境和工作场所规范管理，清理通道，合理设置消防器材；制定灭火化救预案；加强对易燃易爆剧毒物品严格管理；加强检查整改的力度。另一方面经常性地开展消防和防化安全宣传教育。每周两次播放安全录像片；每年两次（5 月、11 月）对公司员工进行有秩序地疏散、抢运物资、抢救伤员、扑灭火灾和抢险救灾等演练；利用“安全宣传周”和“119 活动日”举行防火、消防化救技能比赛和联合实战演习。

与此同时，公司还不惜重金添置安全设施，举行安全培训。还用 80 多万元购入了 3.5 t 进口轻水泡沫药剂，并对义务消防队投入了几万元的培训费，使其成为企业的真正卫士。在诺华，义务消防队在管理、使用、训练上有一套严格的制度。为了防止训练走过场，公司将每月一次的训练分为两次，两次训练的时间让队员们任选其一，并结合奖罚条例与工资挂钩，在年终考核中再按训练成绩给予奖励，从而保证了训练质量。这些义务消防队员们经过每月一次的训练，熟练地掌握了一旦发生火灾，该如何进行火警扑救、火灾控制、人员和物资转移等事故应急预案的具体操作方法。这就是公司的资产，是公司一笔无法用钱来计算的无形资产。他们活跃在公司的各个关键岗位；他们既是一名操作工人，又是一名消防队员；他们在岗位上按章操作，查寻隐患，发生意外还可以及时处理，将事故消灭在萌芽状态。

4. 积极做好职业卫生和劳动保护工作

上海诺华动物保健公司对特种作业人员每年进行两次体检，全体员工每年进行一次体检，对身体不符合岗位要求的，坚决调离，并为每位员工配备岗位操作必需的个体劳动防护用品，而且尽量使用劳动部门认可的国外先进的劳动防护用品。同时，诺华加强对生产现场的职业卫生监控，通过投入大量的资金改造和优化现场设施，从根本上减少生产过程中员工的职业危害，为员工们创造一个良好的作业环境。

公司强化特种设备的管理和特殊工种从业人员的培训。指定安全质保部专人专管特种设备的安全管理工作。其职责是建立好每一台特种设备和每一位从事特殊工种的人员的档案管理，代表公司申报培训、考核、复审检验，并组织对新购特种设备进行检验，使特种设备的检验率达到100%。在公司工程部内还设立了检修技术小组，职责就是对特种设备进行日常的保养和跟踪检查，做到一机一档。正是因为加强了平时的检修保养，确保了设备的完好性。公司设备从崭新到报废的全过程都得到了有效管理，从源头上杜绝了“跑、冒、滴、漏”的现象，从而控制了有毒有害气体的泄漏与物料燃爆事故的发生。

诺华公司历来视隐患为事故，对存在的隐患除查找客观原因外，还在制度上找原因、找漏洞，以杜绝类似隐患的产生。公司每年发动员工对所制定的制度找漏洞、提建议，使员工在制度的不断完善中接受安全教育，保障了安全生产顺利地进行。

根据有毒有害化学物品的特性，公司一方面建立健全了安全管理制度：如制定了氯气管理制度，在氯气汽化站的减压系统中设置了电子称量、减压阀、压力表、止回阀等，当发生事故时，可直接通过吸风口把氯气抽回到生产装置中，并用碱和水进行二次吸收；库房四周新设置工程钢网，为了方便疏散，南北各开一条机动车辆通道；建立中和池与大功率喷淋吸附；投资10万元在生产投料场所安装氯气泄漏自动报警装置。另一方面，建立了以20名义务消防员为辅、10名化救队员为主的抢险突击队；在有毒有害物品库和使用站配备空气呼吸器、消防化救抢险堵漏器材和防毒衣等，确保万一发生事故时，抢险人员能安全、迅速地控制和消灭事故。

公司应急系统制度规定了公司各部门和人员的行动。在公司应急系统的办公室配备了先进的通信设备与瑞士总公司指挥室相连，并配备了公司化学物品的名册及各有关部门的联络网的全部资料与制度。同时，门卫与医务室也相应配备了相关资料，以备能够及时给予急救指导。

九、石家庄运河桥汽车客运站建立高效救援体系的做法

河北省石家庄运河桥客运站系石家庄公路主枢纽客运系统中七个客运站之一，主要承

担石家庄北部周边各县以及保定地区各县市 37 个方向、183 条线路的旅客集散任务。该站建筑面积 23 万 m^2，设有发车位 60 个，日发送班次 1 500 个，日旅客发送能力达 2.1 万人次，是全省目前最大、功能最全的客运站。

近年来，运河桥汽车客运站在安全管理工作中健全各类安全组织，落实各项安全生产责任制，坚持以人为本，不断强化全体员工的工作责任心，每年根据安全生产的不同任务和情况，确定工作目标，并进行目标分解，落实责任，从而有力保证了乘客的人身及财产安全。

石家庄运河桥汽车客运站建立高效救援体系的做法主要是：

1. 组建站内“110”，建立高效的救援体系

如果要求一家生产企业绝对不出现任何安全问题，是不太现实的，但如果有一套高效的救援体系，则会将损失降到最低限度。运河桥汽车客运站于 2004 年组建了河北省首个站内“110”。站内“110”由驻站办公室站前广场当班工作人员组成，负责站内各岗位的紧急支援。各岗位在遇有突发事件时，首先通过电话、对讲机向站内“110”报警，由带班科长下达命令，“110”工作人员接到命令后迅速出击，处置险情。为增强“110”处理突发事件的能力，提高反应速度，该站还建立了三级应急预案。当站内发生非重点部位局部火险、打架滋事、诈骗盗窃等紧急情况时，则启动一级（初级）预案，此时，会有至少 6 名工作人员及保卫科的当班领导，于 3 min 之内到达指定地点集合，处置险情；当站内发生车辆起火、站务设施起火、重大交通事故以及全站范围内整顿车场秩序等情况时，则启动二级（中级）应急预案，届时，至少有 11 名工作人员及总控室、站务科的所有当班领导，在 4 min 内到达集合地点；当站内发生大面积火灾、车辆集体停运、抢险抗洪等情况时，启动三级（高级）应急预案，30～35 名工作人员将在 5 min 内到达指定地点集合。

2. 建立灭火应急机构，制定不同的灭火应急疏散预案

为了应对突发火灾事故，更好地保障乘客的安全，运河桥汽车客运站建立了灭火应急机构，分为灭火行动组、通信联络组、疏散引导组、安全救护组。当出现火灾险情后，现场工作人员迅速用对讲机向指挥中心报告。指挥中心接到报警后，迅速下达救火命令，并立即拨打 119。各行动组接到指挥中心的命令后，迅速集合并立即奔赴火灾现场，将旅客引导至安全地带，对围观群众进行疏散。同时，根据不同着火地点，分情况采取不同的灭火措施。

为保证火灾发生后的通信联络畅通，该站为各组配备了无线对讲机、手机等通信工具，并要求通信联络组在万一出现通信联络阻断的情况下，以人工的方式确保指挥中心的命令在 1 min 内传达到指挥现场。此外，该站还根据餐饮中心、司乘公寓、配电室、锅炉房等

不同场所的特点，制定了不同的灭火应急疏散预案。

3. 采用计算机智能化管理，为客运站装上“火眼金睛”

“三品”进站上车和客车超员超载是威胁运输安全的两大“杀手”。为了有效制服这两大“杀手”，运河桥汽车客运站投资近百万元，设置了监控总控和安检设备。在这套系统中有一个叫作报班机的设备，当客车进站后，司乘人员必须手持IC卡进行报班，报班机将自动打印出含有车次、发车时间等内容的班次信息单，并将班次信息传输至售票系统中。售票系统根据班次信息发售车票，当发至该车规定核载人数时，则会自动停止发售，有效避免了超员超载情况的出现。

运河桥汽车客运站在进站口设立的安检设备，采用了先进的计算机智能化管理，牢牢把住了“三品”进站上车的第一关。在计算机屏幕前，每一名乘客行李中的物品一清二楚，如果工作人员发现乘客的包内有可疑物，遂立即进行检查。站内职工说，有了这套安全检查系统，任何危险物品都休想从它的眼皮底下溜掉。2010年“春运”期间，该站依靠这套安检系统，共查获“三品”264箱，管制刀具30把，为保障乘客的出行安全立下了汗马功劳。

十、石家庄皇冠酒店积极消除事故隐患做好应急管理的做法

河北省石家庄市世贸皇冠酒店位于石家庄市商业文化中心，于2002年建成开业，建筑面积6.3万m^2，是一家集餐饮、住宿、娱乐、健身于一体的大型综合类酒店，是河北省首家由洲际国际酒店管理集团管理的五星级涉外酒店。

皇冠酒店在安全生产管理方面，充分利用自身优势，借鉴国外先进经验，倡导“以人为本”的管理理念，并将这种理念贯穿到该酒店安全工作的方方面面，特别是对消防安全工作常抓不懈，把消防安全工作作为企业生产经营过程中的一个重要组成部分，积极消除事故隐患，做好应急管理工作，取得了显著的成绩。

石家庄皇冠酒店积极消除事故隐患做好应急管理的做法主要是：

1. 珍视生命安全，制定各类突发事件处理程序

自2002年皇冠酒店开业以来，酒店领导和各管理部门针对安全工作点多、面广、任务重的特点，成立了以一把手为组长、各部门负责人为成员的安全领导小组，统筹安排突发事件处理、火灾预防等安全防范工作。

突发事件的处理一直是各行业非常头疼的一件事，尤其是服务业，皇冠酒店每年接待的住店客人超过4万人次。酒店按照国家有关法律法规要求，结合国际酒店管理公司安全

工作的惯例，本着“以人为本”的原则，制定出各类突发事件的处理程序。

皇冠酒店安全部经理说：“酒店在消防疏散预案里面的一般安全制度中第一条明确规定，你自身的安全是首要的，不要用你的生命来冒险拯救楼内财物”。按照酒店管理一系列“以人为本”的应急处理程序，酒店对员工进行了全面、系统的培训和指导，采取情景模拟的训练方式，使每位员工都能从训练中学到东西，并在突发事件处理过程中发挥各自的作用，从而保证了在酒店举行的省、市重大接待任务、外事活动及各种大型集会活动的顺利进行。

2. 注重演练，提高人员对火警警报的快速反应能力

皇冠酒店对自己的安全管理人员要求是：一定要把自己的安全放在首位，如果火势发展可能危及你的生命，就先撤离去寻求外界帮助。

为提高安全管理人员对火警警报的快速反应能力，皇冠酒店安全部制定了工作目标：任何一个部位出现火警警报，安全管理人员必须在 3 min 内到达现场，进行查看确认。为了实现这个目标，酒店邀请石家庄市消防中队的战士作现场指导，对员工进行强化训练。“从岗位返回部门用多长时间”“穿上战斗服并携带灭火器材用多长时间”，训练将每一个过程进行逐项分解，经过反复测试与演练，最后酒店安全管理人员全部达标。此外，皇冠酒店安全部还对安全管理人员的技能及日常工作进行重点培训和考核，每周至少两次的部门测试和班组演练，使每位安全管理人员的操作熟练程度和心理素质都有了明显提高。

为深入贯彻《消防法》的有关规定，落实防火责任制，皇冠酒店逐一与各单位签订安全责任状或安全协议，并延伸至每位员工。同时，严格落实每月安全例会制度及检查制度，酒店主管安全工作的副总经理主持每月安全例会，总结上月安全工作，详细部署下一阶段的安全工作重点，并在会后进行酒店安全大检查。

皇冠酒店在各级安全检查中不走过场，逐一查找各种不安全因素，大楼的施工部位是安全检查的重中之重，对查出隐患的部位要明确责任并认真落实整改，使之得到彻底解决，不留后患。该酒店自开业以来，通过联查与巡检，累计发现并处理消防隐患 500 余起，重大隐患 12 起，避免了恶性安全事故的发生。

经过近十年的运行，皇冠酒店已逐渐形成一整套较完善的安全管理及检查程序，程序中对重点部位以及重大活动的安全防范均作出了详尽规定，要求做到重点部位重点检查，重大活动前认真检查现场及周边区域，活动结束后及时清理现场。

第四章 安全生产应急救援预案的制定

在企业生产过程中，由于机械设备、人员操作失误的原因，往往会造成各种事故灾害，如火灾、爆炸、中毒、交通事故等，事故会给人们的生命和财产安全带来极大破坏。当事故发生时，如何采取迅速、正确、有效的应对措施，如何把事故的影响降到最低，把事故的损失减到最小，比较有效的方法就是事先制定应急预案。古语讲，“凡事预则立，不预则废”。即不论做什么事，事先要有所准备，有所准备就能够从容应对。应急预案是针对各种可能发生的事故所需的应急行动而制定的指导性文件，它的基本作用就是事先有所准备。

第一节 企业事故应急救援预案的编制

现代工业化生产的一个特点，就是由于各种因素造成的事故大量增加，因此，企业面对各类事故，必须要有所准备，当事故，特别是重大、特大事故发生后，运用事先制定的应急预案，充分利用一切可能运用的力量，迅速控制事态发展并尽可能削减灾害事故的影响，保护人的生命和财产安全，将事故对人员、财产和环境造成的损失降至最小程度。应急预案是应急救援系统的重要组成部分，针对各种不同的紧急情况制定有效的应急预案，不仅可以指导应急人员的日常培训和演习，保证各种应急资源处于良好的备战状态，而且可以指导应急救援行动按计划有序进行，防止因行动组织不力或现场救援工作混乱而延误事故应急救援，从而降低人员伤亡和财产损失。

一、编制事故应急预案注意事项

1. 应急预案应具有预见性、科学性和可行性

应急预案对于如何在事故现场组织开展应急救援工作具有重要的指导意义，它有助于实现应急行动的快速、有序、高效。应急预案是针对各种可能发生的事故所需的应急行动而制定的指导性文件。

编制事故应急预案，应注意以下事项。

（1）编制应急预案要有预见性

应急预案应对未来可能发生的事故作出具体的描述，对事故进行危害识别和风险评价，并分析可能由此而引起事态扩大、恶化的形式和后果。对危险场所要进行重大事故危险源

的辨识。评估对象可依据《重大危险源辨识》（GB 18218—2000）和评价结果进行，这是制定灾害应急救援预案的基础和出发点。对已确认的重大危险源，应预测发生重大事故的状态和损失程度以及对周边地区可能造成的危害程度。例如，编制地震应急预案，就应先分析当地震对所在地可能造成的危害，由于地震引起的火灾、停电、停水、交通及通信中断等事故，这些事故在平时已经是很严重的灾难，如果集中发生，就更难以应对，所以分析要尽可能的详尽，应从灾难状况的角度去思考问题。特别是一些重点设施，如石油化工生产装置、发电厂、供水设施、大型水利枢纽，会由于地震引发一连串的灾难性事故，应重点研究应对措施。

（2）编制应急预案要有科学性

编制应急预案的最基本目的是最大限度地控制事故的影响，把损失降到最低。事故来临时，面对大量的工作，应从何下手？这就应当依据危害识别、风险评价的结论分出轻重缓急，对重点目标应优先施救。当事故发生时，现场施救的第一目标应当是救人，预案的措施应当以此为主线展开，当事故的局部已确实无法挽救时，应主动理性地放弃。如石油产品库区的特大型火灾，当事态已经失控时，以采取保护性施救为好。

（3）编制应急预案要有可行性

编制应急预案是为了在事故状态下能够按照预案有效地组织施救，所以编制预案要从事故状态下的环境去思考问题。如火灾事故发生时，有可能发生停电、停水，因此，处置火灾事故，就需要预想可能的出现的情况，使应急预案具有可行性。

（4）应急预案应分级编制

各级组织由于所辖范围不同，职责、权限不同，对系统的控制能力也不同。政府有政府的职能，应根据自己的职能编制应急预案。企业应该按照自己的所辖范围编制应急预案。大型企业应根据自身的实际情况编制公司、分厂、各装置的应急预案。这样才能使应急预案更加实用、可靠，更加具有可操作性。

2. 编制应急预案的主要内容

（1）具体描述事故的形态和可能造成的影响及后果。

（2）识别重要危险因素，确定重点控制对象和重点控制地区并分析在灾害（事故）状态下可能引发的连锁反应。例如，确认可能发生的事故类型、地点；确定事故影响范围及可能受伤害的人数；确认按所需应急反应的级别划分事故严重程度。

（3）明确应急组织机构。

（4）确定抢险队伍及其职责、权限。

（5）通信方法。

（6）施救措施。

(7) 疏散程序。

(8) 与安全生产监督管理部门、公安部门、保险机构及相关组织的交流。

(9) 与外部应急机构的联系(消防部门、医院等)。

(10) 后勤及资源保障。

(11) 重要记录和设备等保护(如装置布置图、危险物质数据、联络电话号码等)。

3. 事故应急救援预案编写具体要求

(1) 区域的基本情况。

(2) 重要危险目标的数量及分布图。

(3) 指挥机构的设置和职责。要求:明确应急反应组织机构、参加单位、人员及职责。明确应急反应总负责人,以及每一具体行动的负责人。建立负责人不在时的替代制度,明确负责人的替代人。列出本区域以外能提供援助的相关机构。明确政府和企业在事故应急中各自的职责。

(4) 应急装备与设施。要求:明确可用于应急救援的设施,如办公室、通信设备、应急物资等。列出有关部门,如企业现场、武警、消防、卫生、防疫等部门的联系方法和可用的应急装备。描述抢险救灾时获得上述资源的渠道,描述可用的危险监测设备。列出可用的个体防护装备(如呼吸器、防护服等),列出与有关机构签订的互援协议。

(5) 确定通告程序和报警系统。要求:确定报警系统及程序。确定现场报警方式,如电话、警报器等。确定与政府主管部门的通信、联络方式,以便应急指挥和疏散居民。明确相互认可的通告、报警形式和内容。明确应急救援人员向外求援的方式。明确向公众报警的标准、方式、信号等。明确应急救援指挥中心保证有关人员理解并对应急报警的反应的方式。

(6) 应急救援专业队伍的任务和训练。要求:对应急人员进行培训,并确保合格者上岗。描述每年培训、演练计划。描述定期检查应急预案的情况。描述通信系统检测频度和程度。描述进行公众通告测试的频度和程度并评价其效果。描述对现场应急人员进行培训和更新安全宣传材料的频度和程度。

(7) 事故的处置。

(8) 工程抢险抢修。

(9) 现场医疗救护。

(10) 紧急安全疏散。要求:明确可授权发布疏散居民指令的负责人。描述决定是否采取保护措施的程序。明确负责执行和核实疏散居民(包括通告、运输、交通管制、警戒)的机构。描述对特殊场所和人群的安全保护措施(如学校、幼儿园、残疾人等)。描述疏散居民的接收中心或避难场所。描述决定终止保护措施的方法。

4. 应急预案编制的组织

事故应急预案涉及多学科、多专业，是一项复杂的系统工程，鉴于个人的知识、能力及经验的限制，一个人很难独立完成。应当成立由组织的行政负责人、相关专家、现场救护人员组成的应急预案编写组，行政负责人负责协调运作、资源供给；相关专家负责危险识别、评价分析，编制施救程序、制定抢险措施；现场救护人员制定现场抢险战术。通过分工协作，相互取长补短，才有可能编制出较为完善的灾害（事故）应急预案。

5. 事故应急预案的演练

事故应急预案编制完成后，应当定期或不定期地组织相关方进行预案的演练。通过演练，磨合、协调预案的运作，检验预案实施的效果，发现存在的问题，通过持续改进，使之不断完善。

二、企业应急救援预案的制定与实施

1. 应急预案编制的准备工作

应急救援预案的建立与实施，对于企业提高生产安全事故应急救援能力，降低企业生产安全事故损失具有重大意义。制定科学、全面的应急救援预案，使其更具有可操作性及预防减灾性，已成为企业在建立与实施应急救援预案时所共同关心的问题。

（1）成立预案编制小组

为了做好预案的编制工作，应成立预案编制小组。预案编制小组的负责人应由企业领导担任，这样可以增强预案的权威性，促进工作的实施。小组成员应是预案制定和实施过程起重要作用或是可能在紧急事件中受影响的人员，包括企业管理、安全、生产操作、保卫、设备、卫生、环境、维修、人事、财务等应急救援相关部门，还应包括来自地方政府应急救援机构的代表，这样可消除企业应急预案与地方应急预案的不一致性，也可明确当事故影响到厂外时涉及的单位和职责，有利于救援时的协调配合。预案编制小组应对整个预案的编制过程制订详细周密的计划，促使预案编制工作有条不紊地进行。

（2）相关资料收集、整理

在编制预案前，需进行全面、详细的资料收集、整理。企业需要收集、调查的资料主要包括：适用的法律、法规和标准；企业安全记录、事故情况；国内外同类企业事故资料；地理、环境、气象资料；相关企业的应急预案等。

（3）危险源辨识与风险评价

危险源辨识与风险评价是应急预案编制过程的基础和关键，因此企业在编制预案前，首先应对本单位的重大危险源进行辨识，然后对重大危险源的潜在事故和事故后果进行风险评价，根据风险评价结果来编制事故应急救援预案。

(4) 应急资源与能力评估

依据危险辨识与风险评价的结果，对已有的应急资源和应急能力进行评估，明确应急资源的需求和不足。应急资源与能力评估应包括如下内容：一是企业内部的应急力量的组成、各自的应急能力及分布情况；二是各种重要应急设备设施、物资的准备、布置情况；三是当地政府救援机构或相邻企业可用的应急资源，如地方应急管理办公室、消防部门、危险物质响应机构、应急医疗服务机构、医院、公安部门、社区服务组织、公用设施管理部门、相关合同方、应急设备供应单位、保险机构等。

2. 应急预案的编制要求

应急预案编制过程是一项细致的工作，应急预案编制过程主要包括：

(1) 明确应急救援组织机构、人员及职责

从事故报警到如何实施应急行动或疏散程序。这些行动由企业的哪些部门或者人员来完成，即要预先明确各有关部门或人员的应急职责与任务，这是确保应急过程中有关人员迅速各就各位、各司其职，使应急救援工作能迅速有序进行的重要前提。在职责分配时应全面分析并确定需要采取的各种应急行动。例如，紧急疏散、现场警戒、灭火和抢险、通知受影响的相邻单位、指引和接洽外部消防队伍等。应当注意的是，在确定部门职责时，不能仅限于应急行动过程，还应包括事前应急预防、应急准备及事后应急恢复等各阶段的职责。

(2) 确定预案文件体系结构

不同类型、不同规模、不同风险的企业，可以针对企业实际应急需要和自身的管理模式，采取不同的应急预案文件体系结构。

通常可以采用“总预案＋程序＋说明书＋记录”的四级文件体系结构，这种应急预案的文件体系结构与企业建立的质量、环境和职业健康安全管理体系的文件体系结构形式一致，层次清晰，不同层次的人员可以有选择地使用预案文件，具有较强可操作性。其中：

一级文件——总预案。对预案的指导思想、企业基本情况、重大危险源的确定与分布、应急救援组织机构设置、救援专业队伍的组成及分工、信号规定及汇报制度、事故处理、制定预防事故措施、紧急安全疏散、工程抢险抢修等方面做原则性的规定。

二级文件——程序。说明某个行动的目的和范围。程序内容十分具体，其目的是为应急行动提供指南。程序书写要求简洁明了，以确保应急人员在执行应急步骤时不会产生误解。程序格式可以是文字、图表或两者的组合。程序文件包括：预防程序、准备程序、基本应急程序、专项应急程序、恢复程序等。

三级文件——说明书。对程序中的特定任务及某些行动细节进行说明，供应急组织内部人员或其他个人使用。

四级文件——记录。包括制定预案的一切记录，如培训记录、文件记录、资源配置记录、设备设施相关记录、应急设备检修记录、消防装备保管记录、应急演练的相关记录等。

(3) 撰写应急预案

根据已确定的组织机构、人员与职责及预案文件体系结构，制定预案编写任务清单，把预案编写工作落实到具体的部门和人员并确定完成各项工作的时间进度表。

(4) 编制预案时应注意的问题

一是充分收集和参阅已有的应急救援预案，以最大可能减少工作量和避免应急救援预案的重复和交叉，并确保与其他相关应急救援预案（地方政府预案、上级主管单位以及相关部门的预案）协调一致。二是合理地组织预案的章节，以便每个不同的使用者能快速地找到各自所需要的信息，避免从不相关的信息中去查找所需要的信息。三是保证应急预案每个章节及其组成部分在内容相互衔接方面避免出现明显的位置不当。四是保证应急预案的每个部分都采用相似的逻辑结构来组织内容。五是应急预案的格式应尽量采取范例的格式，以便各级应急预案能更好地协调和对应。

3. 应急预案的评审与发布

为保证应急预案的科学性、合理性和有效性，预案编制完成后，应组织各级各类管理人员、应急响应人员、预案编制人员及有关机构和专家对预案进行评审。

应急预案评审通过后，应由企业最高管理者签署发布，并报送上级主管部门和当地政府负责安全监督管理综合工作的部门备案。

4. 应急预案的实施

应急预案的实施包括：开展预案的宣传贯彻，进行预案的培训，落实和检查各个有关部门的职责、程序和资源准备，提高参与应急行动所有相关人员应急救援技能等，为预案的演练做好充分的准备。

为做好预案的实施工作，企业应制订预案实施计划确保预案的宣传、贯彻、培训按计划进行，确保应急资源按需配备并可用。

针对预案，应制订培训计划。根据各级各类人员在预案并组织实施过程中所承担的职责与任务的不同（应包括事故发生后受影响的场外人员）确定相应的培训内容及培训方式，使培训工作具有针对性和实效性。

5. 应急预案的演练

预案的演练是指按一定程式所开展的模拟救援演练。其主要目的在于验证应急预案的整体或关键性局部是否可能有效地付诸实施；验证预案在应对可能出现的各种意外情况所具备的适应性；找出预案可能需要进一步完善和修正的地方；确保建立和保持可靠的通信联络渠道；检查所有相关组织机构、人员是否已经熟悉并履行其职责；检查并提高应急救援的启动能力。

演练结束后应组织预案演练的控制人员和评价人员对演练的效果作出评价，并提交演练报告，详细说明演练过程中发现的问题。按照对应急救援工作及时有效性的影响程度，对应急预案加以改进和完善。

6. 应急预案的修订与更新

预案的修订与更新是实现企业事故应急救援预案持续改进的重要步骤。应急救援预案是企业事故应急救援工作的指导文件，同时又具有法规权威性，通过定期或不定期的应急演练、应急救援后应对之进行评审，针对企业实际情况的变化以及预案中暴露出的缺陷，不断地更新、完善和改进应急预案文件体系。

当发生以下情况时，应对预案进行适时的修订与更新，以保持预案的科学性和适用性。包括：企业的布局和设施发生变化；预案演练或紧急情况过程中发现问题；政策和程序发生变化；组织机构或人员发生变化；救援技术的改进；采用新技术、新材料、新工艺；自然条件变化等。

三、生产作业现场应急预案编制要点与要求

1. 应急预案的三个层次

应急预案在应急系统中起关键作用，它明确了在突发事故发生之前、处理过程以及处理结束之后，谁负责做什么，何时做，以及相应的策略和资源准备等。它是针对可能发生的重大事故及其影响和后果严重程度，为应急准备和应急响应的各个方面所预先作出的详细安排，是开展及时、有序和有效事故应急救援工作的行动指南。

应急预案一般分为三个层次，即综合预案、专项预案和现场预案。

综合预案是一个城市、单位的整体预案，是从总体来阐述城市、单位的应急方针、政策、应急组织结构及相应职责，应急行动的总体思路等。

专项预案是针对某种具体的、特定类型的紧急情况而制定的，它是在综合预案的基础上充分考虑了某种特定危险的特点，对应急的形势、组织结构、应急活动等进行更具体的描述，具有较强的针对性。

现场预案是在专项预案的基础上，根据具体情况需要而编写。它是针对特定的具体场所，即以现场（通常是事故风险较大的场所或重要防护区域）为目标所制定的，特点是针

对某一具体现场的特殊危险及周边环境情况，在详细分析的基础上，对应急救援中的各个方面作出具体、周密、细致的安排，因而现场预案具有更强的针对性和对现场具体救援活动的指导性。

编制好现场应急预案对于预防重大事故发生、减少人员伤亡和事故损失具有重要意义。

2. 现场应急预案的编制要点

（1）对重大风险（危险源）的现状要进行应急形势分析

对本单位、本部门存在的重大风险进行应急形势分析，确定出可能导致的事故严重后果、可能发生事故的重点部位、伤害的后果等，是编制好现场应急预案的前提和关键。因此，要求相关技术人员对所要编制应急预案的重大风险进行认真分析、科学研究，准确得出事故可能发生的形势和后果，为编制应急预案做好准备。

（2）制定切实可行的预防措施

在现场应急预案中，很重要的一点是要树立"预防为主"的意识，尽可能地避免事故发生，因此，在现场应急预案中必须明确事故应急处理各类人员的具体职责以避免事故的恶化。具体包括以下内容：一是确定事故发生的重点部位，避免外来人员接触；必要时设立警示标志；二是要明确责任人，检测的方法、方式、频次以及设备设施停止运行的标准和相关的记录要求；三是明确发现异常情况的汇报途径；四是对相关人员的安全教育、安全提示等。

3. 现场应急预案的准备

根据预测事故后果，充分做好应急人员、物资、设备的准备，随时应战，具体内容包括：

（1）应急机构的设置、职责的落实；

（2）应急人员的具体分工（重点在车间）；

（3）应急物资设备的准备和日常检查维护；

（4）应急人员的训练等。

4. 现场应急预案的响应

充分明确事故发生时各类人员、各个部门应急行动的具体要求。具体内容包括：

（1）明确报警方式、电话、事故通报要求；

（2）人员疏散的路径、方法；

（3）伤员现场急救方法；

（4）事故状态下岗位人员采取的具体措施（操作方法、步骤）和做法等；

（5）警戒区域的设立等。

5. 现场应急预案的总结

现场应急预案制定之后不是一成不变的，需要根据企业生产作业情况及时总结经验，不断改进。具体内容包括：

(1) 明确各种事故状态后应急结束和恢复状态的程序、标准和要求；

(2) 对事故损失进行评估；

(3) 事故原因调查分析；

(4) 清理事故现场；

(5) 总结事故教训及应急救援的经验教训，进一步完善应急预案。

6. 现场应急预案的其他要求

(1) 现场应急预案经过修改完善后，要形成正式的书面文件，下发给相应部门和人员。

(2) 各相关部门要组织相关人员进行学习和定期演练，以确保在事故状态下，应急预案执行无误，减少事故损失。

第二节 安全生产应急救援管理相关规定

国家安全生产监督管理总局制定《生产安全事故应急预案管理办法》(以下简称《办法》)，适用于生产安全事故应急预案的编制、评审、发布、备案、培训、演练和修订等工作。在《办法》中，要求生产经营单位应当组织编制本单位的综合应急预案。综合应急预案应当包括本单位的应急组织机构及其职责、预案体系及响应程序、事故预防及应急保障、应急培训及预案演练等主要内容。同时，对于某一种类的风险，生产经营单位还应当根据存在的重大危险源和可能发生的事故类型，制定相应的专项应急预案。专项应急预案应当包括危险性分析、可能发生的事故特征、应急组织机构与职责、预防措施、应急处置程序和应急保障等内容。

一、《突发事件应急预案管理办法》相关要点

2013 年 10 月 25 日，国务院办公厅印发《突发事件应急预案管理办法》(国办发 [2013] 101 号)，自印发之日起施行。制定该管理办法的目的是，依据《中华人民共和国突发事件应对法》等法律、行政法规，规范突发事件应急预案管理，增强应急预案的针对性、

实用性和可操作性。

《突发事件应急预案管理办法》(以下简称《管理办法》)共分九章三十四条，各章内容为：第一章总则，第二章分类和内容，第三章预案编制，第四章审批、备案和公布，第五章应急演练，第六章评估和修订，第七章培训和宣传教育，第八章组织保障，第九章附则。《管理办法》规定：国务院有关部门、地方各级人民政府及其有关部门、大型企业集团等可根据实际情况，制定相关实施办法。

1. 总则中的有关规定

在第一章总则中，对相关事项作了规定。

应急预案，是指各级人民政府及其部门、基层组织、企事业单位、社会团体等为依法、迅速、科学、有序应对突发事件，最大程度减少突发事件及其造成的损害而预先制定的工作方案。

应急预案的规划、编制、审批、发布、备案、演练、修订、培训、宣传教育等工作，适用《管理办法》。

应急预案管理遵循统一规划、分类指导、分级负责、动态管理的原则。

应急预案编制要依据有关法律、行政法规和制度，紧密结合实际，合理确定内容，切实提高针对性、实用性和可操作性。

2. 有关应急预案的分类和内容

在第二章分类和内容中，对相关事项作了规定。

应急预案按照制定主体划分，可分为政府及其部门应急预案、单位和基层组织应急预案两大类。

政府及其部门应急预案由各级人民政府及其部门制定，包括总体应急预案、专项应急预案、部门应急预案等。

◆总体应急预案是应急预案体系的总纲，是政府组织应对突发事件的总体制度安排，由县级以上各级人民政府制定。

◆专项应急预案是政府为应对某一类型或某几种类型突发事件，或者针对重要目标物保护、重大活动保障、应急资源保障等重要专项工作而预先制定的涉及多个部门职责的工作方案，由有关部门牵头制定，报本级人民政府批准后印发实施。

◆部门应急预案是政府有关部门根据总体应急预案、专项应急预案和部门职责，为应对本部门（行业、领域）突发事件，或者针对重要目标物保护、重大活动保障、应急资源保障等涉及部门工作而预先制定的工作方案，由各级政府有关部门制定。

◆鼓励相邻、相近的地方人民政府及其有关部门联合制定应对区域性、流域性突发事件的联合应急预案。

总体应急预案主要规定突发事件应对的基本原则、组织体系、运行机制，以及应急保障的总体安排等，明确相关各方的职责和任务。

◆针对突发事件应对的专项和部门应急预案，不同层级的预案内容各有所侧重。国家层面专项和部门应急预案侧重明确突发事件的应对原则、组织指挥机制、预警分级和事件分级标准、信息报告要求、分级响应及响应行动、应急保障措施等，重点规范国家层面应对行动，同时体现政策性和指导性；省级专项和部门应急预案侧重明确突发事件的组织指挥机制、信息报告要求、分级响应及响应行动、队伍物资保障及调动程序、市县级政府职责等，重点规范省级层面应对行动，同时体现指导性；市县级专项和部门应急预案侧重明确突发事件的组织指挥机制、风险评估、监测预警、信息报告、应急处置措施、队伍物资保障及调动程序等内容，重点规范市（地）级和县级层面应对行动，体现应急处置的主体职能；乡镇街道专项和部门应急预案侧重明确突发事件的预警信息传播、组织先期处置和自救互救、信息收集报告、人员临时安置等内容，重点规范乡镇层面应对行动，体现先期处置特点。

◆针对重要基础设施、生命线工程等重要目标物保护的专项和部门应急预案，侧重明确风险隐患及防范措施、监测预警、信息报告、应急处置和紧急恢复等内容。

◆针对重大活动保障制定的专项和部门应急预案，侧重明确活动安全风险隐患及防范措施、监测预警、信息报告、应急处置、人员疏散撤离组织和路线等内容。

◆针对为突发事件应对工作提供队伍、物资、装备、资金等资源保障的专项和部门应急预案，侧重明确组织指挥机制、资源布局、不同种类和级别突发事件发生后的资源调用程序等内容。

◆联合应急预案侧重明确相邻、相近地方人民政府及其部门间信息通报、处置措施衔接、应急资源共享等应急联动机制。

单位和基层组织应急预案由机关、企业、事业单位、社会团体和居委会、村委会等法人和基层组织制定，侧重明确应急响应责任人、风险隐患监测、信息报告、预警响应、应急处置、人员疏散撤离组织和路线、可调用或请求援助的应急资源情况及如何实施等，体现自救互救、信息报告和先期处置特点。

大型企业集团可根据相关标准规范和实际工作需要，参照国际惯例，建立本集团应急预案体系。

政府及其部门、有关单位和基层组织可根据应急预案，并针对突发事件现场处置工作灵活制定现场工作方案，侧重明确现场组织指挥机制、应急队伍分工、不同情况下的应对措施、应急装备保障和自我保障等内容。

政府及其部门、有关单位和基层组织可结合本地区、本部门和本单位具体情况，编制应急预案操作手册，内容包括风险隐患分析、处置工作程序、响应措施、应急队伍和装备物资情况，以及相关单位联络人员和电话等。

对预案应急响应是否分级、如何分级、如何界定分级响应措施等，由预案制定单位根据本地区、本部门和本单位的实际情况确定。

3. 有关预案编制的规定

在第三章预案编制中，对相关事项作了规定。

各级人民政府应当针对本行政区域多发易发突发事件、主要风险等，制定本级政府及其部门应急预案编制规划，并根据实际情况变化适时进行修订、完善。单位和基层组织可根据应对突发事件需要，制订本单位、本基层组织应急预案编制计划。

应急预案编制部门和单位应组成预案编制工作小组，吸收预案涉及主要部门和单位业务相关人员、有关专家及有现场处置经验的人员参加。编制工作小组组长由应急预案编制部门或单位有关负责人担任。

编制应急预案应当在开展风险评估和应急资源调查的基础上进行。

◆风险评估。针对突发事件特点，识别事件的危害因素，分析事件可能产生的直接后果以及次生、衍生后果，评估各种后果的危害程度，提出控制风险、治理隐患的措施。

◆应急资源调查。全面调查本地区、本单位第一时间可调用的应急队伍、装备、物资、场所等应急资源状况和合作区域内可请求援助的应急资源状况，必要时对本地居民应急资源情况进行调查，为制定应急响应措施提供依据。

政府及其部门应急预案编制过程中应当广泛听取有关部门、单位和专家的意见，与相关的预案做好衔接。涉及其他单位职责的，应当书面征求相关单位意见。必要时，向社会公开征求意见。

单位和基层组织应急预案编制过程中，应根据法律、行政法规要求或实际需要，征求相关公民、法人或其他组织的意见。

4. 有关应急预案审批、备案和公布的规定

在第四章审批、备案和公布中，对相关事项作了规定。

预案编制工作小组或牵头单位应当将预案送审稿及各有关单位复函和意见采纳情况说明、编制工作说明等有关材料报送应急预案审批单位。因保密等原因需要发布应急预案简本的，应当将应急预案简本一起报送审批。

应急预案审核内容主要包括预案是否符合有关法律、行政法规，是否与有关应急预案进行了衔接，各方面意见是否一致，主体内容是否完备，责任分工是否合理明确，应急响应级别设计是否合理，应对措施是否具体简明、管用可行等。必要时，应急预案审批单位

可组织有关专家对应急预案进行评审。

国家总体应急预案报国务院审批，以国务院名义印发；专项应急预案报国务院审批，以国务院办公厅名义印发；部门应急预案由部门有关会议审议决定，以部门名义印发，必要时，可以由国务院办公厅转发。

地方各级人民政府总体应急预案应当经本级人民政府常务会议审议，以本级人民政府名义印发；专项应急预案应当经本级人民政府审批，必要时经本级人民政府常务会议或专题会议审议，以本级人民政府办公厅（室）名义印发；部门应急预案应当经部门有关会议审议，以部门名义印发，必要时，可以由本级人民政府办公厅（室）转发。

单位和基层组织应急预案须经本单位或基层组织主要负责人或分管负责人签发，审批方式根据实际情况确定。

应急预案审批单位应当在应急预案印发后的20个工作日内依照下列规定向有关单位备案：

◆地方人民政府总体应急预案报送上一级人民政府备案。

◆地方人民政府专项应急预案抄送上一级人民政府有关主管部门备案。

◆部门应急预案报送本级人民政府备案。

◆涉及需要与所在地政府联合应急处置的中央单位应急预案，应当向所在地县级人民政府备案。

◆法律、行政法规另有规定的从其规定。

自然灾害、事故灾难、公共卫生类政府及其部门应急预案，应向社会公布。对确需保密的应急预案，按有关规定执行。

5. 有关应急演练的规定

在第五章应急演练中，对相关事项作了规定。

应急预案编制单位应当建立应急演练制度，根据实际情况采取实战演练、桌面推演等方式，组织开展人员广泛参与、处置联动性强、形式多样、节约高效的应急演练。

◆专项应急预案、部门应急预案至少每三年进行一次应急演练。

◆地震、台风、洪涝、滑坡、山洪泥石流等自然灾害易发区域所在地政府，重要基础设施和城市供水、供电、供气、供热等生命线工程经营管理单位，矿山、建筑施工单位和易燃易爆物品、危险化学品、放射性物品等危险物品生产、经营、储运、使用单位，公共交通工具、公共场所和医院、学校等人员密集场所的经营单位或者管理单位等，应当有针对性地经常组织开展应急演练。

应急演练组织单位应当组织演练评估。评估的主要内容包括：演练的执行情况，预案的合理性与可操作性，指挥协调和应急联动情况，应急人员的处置情况，演练所用设备装备的适用性，对完善预案、应急准备、应急机制、应急措施等方面的意见和建议等。鼓励委托第三方进行演练评估。

6. 有关评估和修订的规定

在第六章评估和修订中，对相关事项作了规定。

应急预案编制单位应当建立定期评估制度，分析评价预案内容的针对性、实用性和可操作性，实现应急预案的动态优化和科学规范管理。

有下列情形之一的，应当及时修订应急预案：

◆有关法律、行政法规、规章、标准、上位预案中的有关规定发生变化的；

◆应急指挥机构及其职责发生重大调整的；

◆面临的风险发生重大变化的；

◆重要应急资源发生重大变化的；

◆预案中的其他重要信息发生变化的；

◆在突发事件实际应对和应急演练中发现问题需作出重大调整的；

◆应急预案制定单位认为应当修订的其他情况。

应急预案修订涉及组织指挥体系与职责、应急处置程序、主要处置措施、突发事件分级标准等重要内容的，修订工作应参照《管理办法》规定的预案编制、审批、备案、公布程序组织进行。仅涉及其他内容的，修订程序可根据情况适当简化。

各级政府及其部门、企事业单位、社会团体、公民等，可以向有关预案编制单位提出修订建议。

7. 有关培训和宣传教育的规定

在第七章培训和宣传教育中，对相关事项作了规定。

应急预案编制单位应当通过编发培训材料、举办培训班、开展工作研讨等方式，对与应急预案实施密切相关的管理人员和专业救援人员等组织开展应急预案培训。

各级政府及其有关部门应将应急预案培训作为应急管理培训的重要内容，纳入领导干部培训、公务员培训、应急管理干部日常培训内容。

对需要公众广泛参与的非涉密的应急预案，编制单位应当充分利用互联网、广播、电视、报刊等多种媒体广泛宣传，制作通俗易懂、利于记忆的宣传普及材料，向公众免费发放。

8. 有关组织保障的规定

在第八章组织保障中，对相关事项作了规定。

各级政府及其有关部门应对本行政区域、本行业（领域）应急预案管理工作加强指导和监督。国务院有关部门可根据需要编写应急预案编制指南，指导本行业（领域）应急预案编制工作。

各级政府及其有关部门、各有关单位要指定专门机构和人员负责相关具体工作，将应急预案规划、编制、审批、发布、演练、修订、培训、宣传教育等工作所需经费纳入预算统筹安排。

二、《生产安全事故应急预案管理办法》相关要点

2009 年 3 月 20 日，国家安全生产监督管理总局局长办公会议审议通过《生产安全事故应急预案管理办法》（国家安全生产监督管理总局令第 17 号），自 2009 年 5 月 1 日起施行。

《生产安全事故应急预案管理办法》共分七章三十九条，各章内容为：第一章总则，第二章应急预案的编制，第三章应急预案的评审，第四章应急预案的备案，第五章应急预案的实施，第六章奖励与处罚，第七章附则。制定本办法的目的是，依据《中华人民共和国突发事件应对法》《中华人民共和国安全生产法》和国务院有关规定，为了规范生产安全事故应急预案的管理，完善应急预案体系，增强应急预案的科学性、针对性、实效性。本办法适用于生产安全事故应急预案（以下简称应急预案）的编制、评审、发布、备案、培训、演练和修订等工作。

《生产安全事故应急预案管理办法》规定：国家安全生产监督管理总局负责应急预案的综合协调管理工作。国务院其他负有安全生产监督管理职责的部门按照各自的职责负责本行业、本领域内应急预案的管理工作。县级以上地方各级人民政府安全生产监督管理部门负责本行政区域内应急预案的综合协调管理工作。县级以上地方各级人民政府其他负有安全生产监督管理职责的部门按照各自的职责负责辖区内本行业、本领域应急预案的管理工作。

1. 对应急预案编制的有关规定

《生产安全事故应急预案管理办法》规定：应急预案的编制应当符合下列基本要求：

（1）符合有关法律、法规、规章和标准的规定；

（2）结合本地区、本部门、本单位的安全生产实际情况；

（3）结合本地区、本部门、本单位的危险性分析情况；

（4）应急组织和人员的职责分工明确，并有具体的落实措施；

（5）有明确、具体的事故预防措施和应急程序，并与其应急能力相适应；

（6）有明确的应急保障措施，并能满足本地区、本部门、本单位的应急工作要求；

（7）预案基本要素齐全、完整，预案附件提供的信息准确；

（8）预案内容与相关应急预案相互衔接。

地方各级安全生产监督管理部门应当根据法律、法规、规章和同级人民政府以及上一级安全生产监督管理部门的应急预案，结合工作实际，组织制定相应的部门应急预案。

生产经营单位应当根据有关法律、法规和《生产经营单位安全生产事故应急预案编制导则》（AQ/T9002—2006），结合本单位的危险源状况、危险性分析情况和可能发生的事故特点，制定相应的应急预案。生产经营单位的应急预案按照针对情况的不同，分为综合应急预案、专项应急预案和现场处置方案。

《生产安全事故应急预案管理办法》规定：生产经营单位风险种类多、可能发生多种事故类型的，应当组织编制本单位的综合应急预案。综合应急预案应当包括本单位的应急组织机构及其职责、预案体系及响应程序、事故预防及应急保障、应急培训及预案演练等主要内容。

对于某一种类的风险，生产经营单位应当根据存在的重大危险源和可能发生的事故类型，制定相应的专项应急预案。专项应急预案应当包括危险性分析、可能发生的事故特征、应急组织机构与职责、预防措施、应急处置程序和应急保障等。

对于危险性较大的重点岗位，生产经营单位应当制定重点工作岗位的现场处置方案。现场处置方案应当包括危险性分析、可能发生的事故特征、应急处置程序、应急处置要点和注意事项等。

应急预案应当包括应急组织机构和人员的联系方式、应急物资储备清单等附件信息。附件信息应当经常更新，以确保信息准确有效。

2. 对应急预案评审的有关规定

《生产安全事故应急预案管理办法》规定：地方各级安全生产监督管理部门应当组织有关专家对本部门编制的应急预案进行审定，必要时，可以召开听证会，听取社会有关方面的意见。涉及相关部门职能或者需要有关部门配合的，应当征得有关部门同意。

矿山、建筑施工单位和易燃易爆物品、危险化学品、放射性物品等危险物品的生产、经营、储存、使用单位和中型规模以上的其他生产经营单位，应当组织专家对本单位编制的应急预案进行评审。评审应当形成书面纪要并附有专家名单。

应急预案的评审或者论证应当注重应急预案的实用性、基本要素的完整性、预防措施的针对性、组织体系的科学性、响应程序的操作性、应急保障措施的可行性、应急预案的衔接性等内容。

生产经营单位的应急预案经评审或者论证后，由生产经营单位主要负责人签署公布。

3. 对应急预案备案的有关规定

《生产安全事故应急预案管理办法》规定：地方各级安全生产监督管理部门的应急预案，应当报同级人民政府和上一级安全生产监督管理部门备案。其他负有安全生产监督管理职责的部门的应急预案，应当抄送同级安全生产监督管理部门。

中央管理的总公司（总厂、集团公司、上市公司）的综合应急预案和专项应急预案，报国务院国有资产监督管理部门、国务院安全生产监督管理部门和国务院有关主管部门备案；其所属单位的应急预案分别抄送所在地的省、自治区、直辖市或者设区的市人民政府安全生产监督管理部门和有关主管部门备案。

《生产安全事故应急预案管理办法》规定：生产经营单位申请应急预案备案，应当提交以下材料：

（1）应急预案备案申请表；

（2）应急预案评审或者论证意见；

（3）应急预案文本及电子文档。

受理备案登记的安全生产监督管理部门应当对应急预案进行形式审查，经审查符合要求的，予以备案并出具应急预案备案登记表；经审查不符合要求的，不予以备案并说明理由。

对于实行安全生产许可的生产经营单位，已经进行应急预案备案登记的，在申请安全生产许可证时，可以不提供相应的应急预案，仅提供应急预案备案登记表。

各级安全生产监督管理部门应当指导、督促检查生产经营单位做好应急预案的备案登记工作，建立应急预案备案登记建档制度。

4. 对应急预案实施的有关规定

《生产安全事故应急预案管理办法》规定：各级安全生产监督管理部门、生产经营单位应当采取多种形式开展应急预案的宣传教育，普及生产安全事故预防、避险、自救和互救知识，提高从业人员安全意识和应急处置技能。

各级安全生产监督管理部门应当将应急预案的培训纳入安全生产培训工作计划，并组织实施本行政区域内重点生产经营单位的应急预案培训工作。

生产经营单位应当组织开展本单位的应急预案培训活动，使有关人员了解应急预案内容，熟悉应急职责、应急程序和岗位应急处置方案。应急预案的要点和程序应当张贴在应急地点和应急指挥场所，并设有明显的标志。

生产经营单位应当制订本单位的应急预案演练计划，根据本单位的事故预防重点，每年至少组织一次综合应急预案演练或者专项应急预案演练，每半年至少组织一次现场处置方案演练。

应急预案演练结束后，应急预案演练组织单位应当对应急预案演练效果进行评估，撰写应急预案演练评估报告，分析存在的问题，并对应急预案提出修订意见。

《生产安全事故应急预案管理办法》规定：生产经营单位制定的应急预案应当至少每三年修订一次，预案修订情况应有记录并归档。

有下列情形之一的，应急预案应及时修订：

（1）生产经营单位因兼并、重组、转制等导致隶属关系、经营方式、法定代表人发生变化的；

（2）生产经营单位生产工艺和技术发生变化的；

（3）周围环境发生变化，形成新的重大危险源的；

（4）应急组织指挥体系或者职责已经调整的；

（5）依据的法律、法规、规章和标准发生变化的；

（6）应急预案演练评估报告要求修订的；

（7）应急预案管理部门要求修订的。

生产经营单位应当按照应急预案的要求配备相应的应急物资及装备，建立使用状况档案，定期检测和维护，使其处于良好状态。

生产经营单位发生事故后，应当及时启动应急预案，组织有关力量进行救援，并按照规定将事故信息及应急预案启动情况报告安全生产监督管理部门和其他负有安全生产监督管理职责的部门。

5. 对奖励与处罚的有关规定

《生产安全事故应急预案管理办法》规定：对于在应急预案编制和管理工作中作出显著成绩的单位和个人，安全生产监督管理部门、生产经营单位可以给予表彰和奖励。

生产经营单位应急预案未按照本办法规定备案的，由县级以上安全生产监督管理部门给予警告，并处3万元以下罚款。

生产经营单位未制定应急预案或者未按照应急预案采取预防措施，导致事故救援不力或者造成严重后果的，由县级以上安全生产监督管理部门依照有关法律、法规和规章的规定，责令停产停业整顿，并依法给予行政处罚。

三、《关于加强安全生产事故应急预案监督管理工作的通知》相关要点

2005年11月24日，国务院安全生产委员会办公室下发《关于加强安全生产事故应急预案监督管理工作的通知》（以下简称《通知》）（安委办字［2005］48号）。《通知》指出：

为全面贯彻落实全国应急管理工作会议精神，按照《安全生产法》等法律法规、《国家突发公共事件总体应急预案》《国家安全生产事故灾难应急预案》对安全生产事故应急预案制定、培训、演练、监督管理的有关规定和要求，根据国务院办公厅印发的《国务院有关部门和单位制定和修订突发公共事件应急预案框架指南》和《省（区、市）人民政府突发公共事件应急预案框架指南》，国务院有关部门、地方各级人民政府及其有关部门和生产经营单位已经或正在制定相关安全生产事故的应急预案（以下简称应急预案）。为加强对应急预案的监督管理，逐步形成“横向到边、纵向到底”的安全生产事故应急预案体系，保障安全生产事故应急救援工作高效、有序进行，现将有关事项通知如下。

1. 按照分类管理、分级负责、属地为主的原则，国家安全监管总局负责全国应急预案的综合监督管理工作，地方各级人民政府安全监督管理部门负责本行政区域内应急预案的综合监督管理工作，其他有关部门在各自的职责范围内负责有关行业或领域应急预案的监督管理工作。各级煤矿安全监察机构对有关煤矿安全生产事故的应急预案依法履行监察职责。

各级人民政府有关部门应当在各自的职责范围内监督、指导应急预案制定、培训、演练和宣传教育等工作，协调相关应急预案的衔接关系，对应急预案所涉及的资源和保障措施的落实情况进行监督检查。

2. 应急预案应符合相关的法律、法规、规章和标准的要求，规定和明确的组织、程序、资源、措施等应当具有针对性、科学性和可操作性，以满足安全生产事故应急救援的需要。

应急预案必须经制定单位组织论证和审查，并经实施应急预案有关单位认可，由制定单位发布，印送与应急预案实施有关的单位。

3. 国务院有关部门制定的应急预案的内容应当符合国务院的有关要求，地方各级人民政府及其有关部门制定的应急预案的内容应当符合国务院和省级人民政府的有关要求。生产经营单位制定的应急预案应当包括以下主要内容：

（1）应急预案的适用范围；

（2）事故可能发生的地点和可能造成的后果；

（3）事故应急救援的组织机构及其组成单位、组成人员、职责分工；

（4）事故报告的程序、方式和内容；

（5）发现事故征兆或事故发生后应当采取的行动和措施；

（6）事故应急救援（包括事故伤员救治）资源信息，包括队伍、装备、物资、专家等有关信息的情况；

（7）事故报告及应急救援有关的具体通信联系方式；

（8）相关的保障措施；

（9）与相关应急预案的衔接关系；

(10) 应急预案管理的措施和要求。

4. 各级人民政府有关部门制定的应急预案应当上报同级人民政府备案。国务院有关部门制定的应急预案应当抄送国家安全监督管理总局；地方人民政府制定的专项应急预案应当抄送上级人民政府安全监督管理部门；地方人民政府安全监督管理部门制定的应急预案应当报送上一级人民政府安全监督管理部门；地方人民政府其他有关部门制定的应急预案应当抄送同级安全监督管理部门和相应的上级部门。

5. 生产经营单位所属各级单位都应当针对本单位可能发生的安全生产事故制定应急预案和有关作业岗位的应急措施。生产经营单位所属单位和部门制定的应急预案应当报经上一级管理单位审查。

矿山、建筑施工单位和危险化学品、烟花爆竹和民用爆破器材生产、经营、储运单位的应急预案，以及生产经营单位涉及重大危险源的应急预案，应当按照分级管理的原则报安全监督管理部门和有关部门备案。

生产经营单位涉及核、城市公用事业、道路交通、火灾、铁路、民航、水上交通、渔业船舶水上安全以及特种设备、电网安全等事故的应急预案，依据有关规定报有关部门备案，并按照分级管理的原则抄报安全监督管理部门。

6. 应急预案制定单位应当对与实施应急预案有关的人员进行岗前培训，使其熟悉相关的职责、程序，对本单位其他人员和相关群众进行培训和宣传教育，使其掌握事故发生后应当采取的自救和救援行动；要定期组织应急预案演习，并按照分级管理的原则向安全监督管理部门和其他有关部门提交演习的书面总结报告。生产经营单位还应当对从业人员进行岗位应急措施的培训。

应急预案所涉及的有关单位对应急预案中明确的与其相关的职责应当组织落实。

7. 应急预案在相关的法律、法规、标准，适用范围、条件，有关应急资源情况，以及与相关预案的衔接关系等发生变化时，或发现存在问题时，应当及时修订。

8. 国务院安全生产委员会成员单位和各省、自治区、直辖市及新疆生产建设兵团安全生产委员会，要采取切实措施加强本部门、本地区应急预案监督管理工作，逐步建立本地区、本部门科学、适用、系统、完整的安全生产事故应急预案体系。

四、《生产经营单位生产安全事故应急预案评审指南（试行）》相关要点

2009 年 4 月 29 日，国家安全生产监督管理总局印发《生产经营单位生产安全事故应急预案评审指南（试行）》（安监总厅应急［2009］73 号）（以下简称《评审指南》）。编制《评审指南》的目的，是依据《生产经营单位安全生产事故应急预案编制导则》（以下简称《导则》），为了贯彻实施《生产安全事故应急预案管理办法》，指导生产经营单位做好生产安全

事故应急预案（以下简称应急预案）评审工作，提高应急预案的科学性、针对性和实效性。

《评审指南》主要内容如下：

1. 评审方法

应急预案评审采取形式评审和要素评审两种方法。形式评审主要用于应急预案备案时的评审，要素评审用于生产经营单位组织的应急预案评审工作。应急预案评审采用符合、基本符合、不符合三种意见进行判定。对于基本符合和不符合的项目，应给出具体修改意见或建议。

（1）形式评审

依据《导则》和有关行业规范，对应急预案的层次结构、内容格式、语言文字、附件项目以及编制程序等内容进行审查，重点审查应急预案的规范性和编制程序。

（2）要素评审

依据国家有关法律法规、《导则》和有关行业规范，从合法性、完整性、针对性、实用性、科学性、操作性和衔接性等方面对应急预案进行评审。为细化评审，采用列表方式分别对应急预案的要素进行评审。评审时，将应急预案的要素内容与评审表中所列要素的内容进行对照，判断是否符合有关要求，对不符合要求的指出存在问题及不足。应急预案要素分为关键要素和一般要素。

关键要素是指应急预案构成要素中必须规范的内容。这些要素涉及生产经营单位日常应急管理及应急救援的关键环节，具体包括危险源辨识与风险分析、组织机构及职责、信息报告与处置和应急响应程序与处置技术等要素。关键要素必须符合生产经营单位实际和有关规定要求。一般要素是指应急预案构成要素中可简写或省略的内容。这些要素不涉及生产经营单位日常应急管理及应急救援的关键环节，具体包括应急预案中的编制目的、编制依据、适用范围、工作原则、单位概况等。

2. 评审程序

应急预案编制完成后，生产经营单位应在广泛征求意见的基础上，对应急预案进行评审。

（1）评审准备

成立应急预案评审工作组，落实参加评审的单位或人员，将应急预案及有关资料在评审前送达参加评审的单位或人员。

（2）组织评审

评审工作应由生产经营单位主要负责人或主管安全生产工作的负责人主持，参加应急预案评审人员应符合《生产安全事故应急预案管理办法》的要求。生产经营规模小、人员少的单位，可以采取演练的方式对应急预案进行论证，必要时应邀请相关主管部门或安全管理人员参加。应急预案评审工作组讨论并提出会议评审意见。

（3）修订完善

生产经营单位应认真分析研究评审意见，按照评审意见对应急预案进行修订和完善。评审意见要求重新组织评审的，生产经营单位应组织有关部门对应急预案重新进行评审。

（4）批准印发

生产经营单位的应急预案经评审或论证，符合要求的，由生产经营单位主要负责人签发。

3. 评审要点

应急预案评审应坚持实事求是的工作原则，结合生产经营单位工作实际，按照《导则》和有关行业规范，从以下七个方面进行评审。

（1）合法性

符合有关法律、法规、规章和标准，以及有关部门和上级单位规范性文件要求。

（2）完整性

具备《导则》所规定的各项要素。

（3）针对性

紧密结合本单位危险源辨识与风险分析。

（4）实用性

切合本单位工作实际，与生产安全事故应急处置能力相适应。

（5）科学性

组织体系、信息报送和处置方案等内容科学合理。

（6）操作性

应急响应程序和保障措施等内容切实可行。

（7）衔接性

综合应急预案、专项应急预案和现场处置方案形成体系，并与相关部门或单位应急预案相互衔接。

有关部门应急预案的评审工作可参照本指南。

五、《生产经营单位生产安全事故应急预案编制导则》相关要点

2013 年 10 月 1 日，国家标准《生产经营单位生产安全事故应急预案编制导则》（GB/T 29639—2013）（以下简称《导则》）开始施行。

本标准由国家安全生产监督管理总局提出，由中国安全生产科学研究院、国家安全生产应急救援指挥中心、中国南方电网调峰调频发电公司等单位起草，由全国安全生产标准化技术委员会归口。

本标准由10个部分组成，即范围、规范性引用文件、术语和定义、应急预案编制程序、应急预案体系、综合应急预案主要内容、专项应急预案主要内容、现场处置方案主要内容、附件、附录。

1. 范围

本标准规定了生产经营单位编制生产安全事故应急预案（以下简称应急预案）的编制程序、体系构成以及综合应急预案、专项应急预案、现场处置方案和附件的主要内容。

本标准适用于生产经营单位的应急预案编制工作，其他社会组织和单位的应急预案编制可参照本标准执行。

2. 规范性引用文件

下列文件对于本标准的应用是必不可少的。凡是注日期的引用文件，仅注日期的版本适用于本标准。凡是不注日期的引用文件，其最新版本（包括所有的修改单）适用于本文件。

GB/T 20000.4—2003　标准化工作指南　第4部分：标准中涉及安全的内容；

AQ/T 9007—2011　生产安全事故应急演练指南。

3. 术语和定义

下列术语和定义适用于本文件。

（1）应急预案

为有效预防和控制可能发生的事故，最大程度减少事故及其造成损害而预先制定的工作方案。

（2）应急准备

针对可能发生的事故，为迅速、科学、有序地开展应急行动而预先进行的思想准备、组织准备和物资准备。

（3）应急响应

针对发生的事故，有关组织或人员采取的应急行动。

（4）应急救援

在应急响应过程中，为最大限度地降低事故造成的损失或危害，防止事故扩大，而采取的紧急措施或行动。

（5）应急演练

针对可能发生的事故情景，依据应急预案而模拟开展的应急活动。

4. 应急预案编制程序

生产经营单位编制应急预案包括成立应急预案编制工作组、资料收集、风险评估、应急能力评估、编制应急预案和应急预案评审6个步骤。

（1）成立应急预案编制工作组

生产经营单位应结合本单位部门职能和分工，成立以单位主要负责人（或分管负责人）为组长，单位相关部门人员参加的应急预案编制工作组，明确工作职责和任务分工，制订工作计划，组织开展应急预案编制工作。

（2）资料收集

应急预案编制工作组应收集与预案编制工作相关的法律法规、技术标准、应急预案、国内外同行业企业事故资料，同时收集本单位安全生产相关技术资料、周边环境影响、应急资源等有关资料。

（3）风险评估

主要内容包括：

◆分析生产经营单位存在的危险因素，确定事故危险源；

◆分析可能发生的事故类型及后果，并指出可能产生的次生、衍生事故；

◆评估事故的危害程度和影响范围，提出风险防控措施。

（4）应急能力评估

在全面调查和客观分析生产经营单位应急救援队伍、装备、物资等应急资源状况基础上开展应急能力评估，并依据评估结果，完善应急保障措施。

（5）编制应急预案

依据生产经营单位风险评估及应急能力评估结果，组织编制应急预案。应急预案编制应注重系统性和可操作性，做到与相关部门和单位应急预案相衔接。

（6）应急预案评审

应急预案编制完成后，生产经营单位应组织评审。评审分为内部评审和外部评审，内部评审由生产经营单位主要负责人组织有关部门和人员进行；外部评审由生产经营单位组织外部有关专家和人员进行评审。应急预案评审合格后，由生产经营单位主要负责人（或分管负责人）签发实施，并进行备案管理。

5. 应急预案体系

生产经营单位的应急预案体系主要由综合应急预案、专项应急预案和现场处置方案构成。生产经营单位应根据本单位组织管理体系、生产规模、危险源的性质以及可能发生的事故类型确定应急预案体系，并可根据本单位的实际情况，确定是否编制专项应急预案。风险因素单一的小微型生产经营单位可只编写现场处置方案。

（1）综合应急预案

综合应急预案是生产经营单位应急预案体系的总纲，主要从总体上阐述事故的应急工作原则，包括生产经营单位的应急组织机构及职责、应急预案体系、事故风险描述、预警及信息报告、应急响应、保障措施、应急预案管理等内容。

（2）专项应急预案

专项应急预案是生产经营单位为应对某一种类型或某几种类型事故，或者针对重要生产设施、重大危险源、重大活动等内容而制定的应急预案。专项应急预案主要包括事故风险分析、应急指挥机构及职责、处置程序和措施等内容。

（3）现场处置方案

现场处置方案是生产经营单位根据不同事故类别，针对具体的场所、装置或设施所制定的应急处置措施，主要包括事故风险分析、应急工作职责、应急处置和注意事项等内容。生产经营单位应根据风险评估、岗位操作规程以及危险性控制措施，组织本单位现场作业人员及相关专业人员共同进行编制现场处置方案。

6. 综合应急预案主要内容

（1）总则

编制目的：简述应急预案编制的目的。

编制依据：简述应急预案编制所依据的法律、法规、规章、标准和规范性文件以及相关应急预案等。

适用范围：说明应急预案适用的工作范围和事故类型、级别。

应急预案体系：说明生产经营单位应急预案体系的构成情况，可用框图形式表述。

应急工作原则：说明生产经营单位应急工作的原则，内容应简明扼要、明确具体。

（2）事故风险描述

简述生产经营单位存在或可能发生的事故风险种类、发生的可能性以及严重程度及影响范围等。

应急组织机构及职责：明确生产经营单位的应急组织形式及组成单位或人员，可用结构图的形式表示，明确构成部门的职责。应急组织机构根据事故类型和应急工作需要，可设置相应的应急工作小组，并明确各小组的工作任务及职责。

（3）预警及信息报告

预警：根据生产经营单位监测监控系统数据变化状况、事故险情紧急程度和发展势态或有关部门提供的预警信息进行预警，明确预警的条件、方式、方法和信息发布的程序。

信息报告：按照有关规定，明确事故及事故险情信息报告程序，主要包括：

◆信息接收与通报。明确 24 小时应急值守电话、事故信息接收、通报程序和责任人。

◆信息上报。明确事故发生后向上级主管部门或单位报告事故信息的流程、内容、时限和责任人。

◆信息传递。明确事故发生后向本单位以外的有关部门或单位通报事故信息的方法、程序和责任人。

（4）应急响应

响应分级：针对事故危害程度、影响范围和生产经营单位控制事态的能力，对事故应急响应进行分级，明确分级响应的基本原则。

响应程序：根据事故级别和发展态势，描述应急指挥机构启动、应急资源调配、应急救援、扩大应急等响应程序。

处置措施：针对可能发生的事故风险、事故危害程度和影响范围，制定相应的应急处置措施，明确处置原则和具体要求。

应急结束：明确现场应急响应结束的基本条件和要求。

信息公开：明确向有关新闻媒体、社会公众通报事故信息的部门、负责人和程序以及通报原则。

后期处置：主要明确污染物处理、生产秩序恢复、医疗救治、人员安置、善后赔偿、应急救援评估等内容。

（5）保障措施

通信与信息保障：明确与可为本单位提供应急保障的相关单位或人员通信联系方式和方法，并提供备用方案。同时，建立信息通信系统及维护方案，确保应急期间信息通畅。

应急队伍保障：明确应急响应的人力资源，包括应急专家、专业应急队伍、兼职应急队伍等。

物资装备保障：明确生产经营单位的应急物资和装备的类型、数量、性能、存放位置、运输及使用条件、管理责任人及其联系方式等。

其他保障：根据应急工作需求而确定的其他相关保障措施（如：经费保障、交通运输保障、治安保障、技术保障、医疗保障、后勤保障等）。

（6）应急预案管理

应急预案培训：明确对本单位人员开展的应急预案培训计划、方式和要求，使有关人员了解相关应急预案内容，熟悉应急职责、应急程序和现场处置方案。如果应急预案涉及社区和居民，要做好宣传教育和告知等工作。

应急预案演练：明确生产经营单位不同类型应急预案演练的形式、范围、频次、内容以及演练评估、总结等要求。

应急预案修订：明确应急预案修订的基本要求，并定期进行评审，实现可持续改进。

应急预案备案：明确应急预案的报备部门，并进行备案。

应急预案实施：明确应急预案实施的具体时间、负责制定与解释的部门。

7. 专项应急预案主要内容

（1）事故风险分析

针对可能发生的事故风险，分析事故发生的可能性以及严重程度、影响范围等。

（2）应急指挥机构及职责

根据事故类型，明确应急指挥机构总指挥、副总指挥以及各成员单位或人员的具体职责。应急指挥机构可以设置相应的应急救援工作小组，明确各小组的工作任务及主要负责人职责。

（3）处置程序

明确事故及事故险情信息报告程序和内容，报告方式和责任人等内容。根据事故响应级别，具体描述事故接警报告和记录、应急指挥机构启动、应急指挥、资源调配、应急救援、扩大应急等应急响应程序。

（4）处置措施

针对可能发生的事故风险、事故危害程度和影响范围，制定相应的应急处置措施，明确处置原则和具体要求。

8. 现场处置方案主要内容

（1）事故风险分析

主要包括：

◆事故类型；

◆事故发生的区域、地点或装置的名称；

◆事故发生的可能时间、事故的危害严重程度及影响范围；

◆事故前可能出现的征兆；

◆事故可能引发的次生、衍生事故。

（2）应急工作职责

根据现场工作岗位、组织形式及人员构成，明确各岗位人员的应急工作分工和职责。

（3）应急处置

主要包括以下内容：

◆事故应急处置程序。根据可能发生的事故及现场情况，明确事故报警、各项应急措施启动、应急救护人员的引导、事故扩大及同生产经营单位应急预案衔接的程序。

◆现场应急处置措施。针对可能发生的火灾、爆炸、危险化学品泄漏、坍塌、水患、机动车辆伤害等，从人员救护、工艺操作、事故控制、消防、现场恢复等方面制定明确的应急处置措施。

◆明确报警负责人以及报警电话及上级管理部门、相关应急救援单位联络方式和联系人员，事故报告基本要求和内容。

(4) 注意事项

主要包括：

◆佩戴个人防护器具方面的注意事项；

◆使用抢险救援器材方面的注意事项；

◆采取救援对策或措施方面的注意事项；

◆现场自救和互救注意事项；

◆现场应急处置能力确认和人员安全防护等事项；

◆应急救援结束后的注意事项；

◆其他需要特别警示的事项。

9. 附件

(1) 有关应急部门、机构或人员的联系方式

列出应急工作中需要联系的部门、机构或人员的多种联系方式，当发生变化时及时进行更新。

(2) 应急物资装备的名录或清单

列出应急预案涉及的主要物资和装备名称、型号、性能、数量、存放地点、运输和使用条件、管理责任人和联系电话等。

(3) 规范化格式文本

对应急信息的接报、处理、上报等进行规范化。

(4) 关键的路线、标识和图纸

主要包括：

◆警报系统分布及覆盖范围；

◆重要防护目标、危险源一览表、分布图；

◆应急指挥部位置及救援队伍行动路线；

◆疏散路线、警戒范围、重要地点等的标识；

◆相关平面布置图纸、救援力量的分布图纸等。

(5) 有关协议或备忘录

列出与相关应急救援部门签订的应急救援协议或备忘录。

10. 附录：应急预案编制格式和要求

（1）封面

应急预案封面主要包括应急预案编号、应急预案版本号、生产经营单位名称、应急预案名称、编制单位名称、颁布日期等内容。

（2）批准页

应急预案应经生产经营单位主要负责人（或分管负责人）批准方可发布。

（3）目次

应急预案应设置目次，目次中所列的内容及次序如下：

—— 批准页；

—— 章的编号、标题；

—— 带有标题的条的编号、标题（需要时列出）；

—— 附件，用序号表明其顺序。

（4）印刷与装订

应急预案推荐采用 A4 版面印刷，活页装订。

六、《生产经营单位生产安全事故应急预案编制导则》相关问题解答

近日，国家安全生产应急救援指挥中心有关方面负责人，就《生产经营单位生产安全事故应急预案编制导则》（以下简称《导则》）中的相关问题接受了记者专访。

1.《导则》出台的主要背景

近年来，通过各地区、各有关部门和单位的共同努力，安全生产应急管理方面规章、标准和制度不断完善，应急预案管理逐步规范，应急预案编制全面展开，应急预案质量不断提高，安全生产应急预案体系取得积极进展。2006 年以来，总局在应急预案编制管理方面共出台一个部门规章、两个行业标准和十余个规范性文件，整理编辑九个重点行业（领域）799 个现场处置方案范例。其中，为规范指导生产经营单位做好应急预案编制工作，安全监管总局在《危险化学品事故应急救援预案编制通则》（安监管危化字［2004］43 号）基础上，于 2006 年颁布实施了《生产经营单位生产安全事故应急预案编制导则》（AQ/T 9002—2006），作为应急预案管理的第一个安全生产行业标准，有力地推进了生产安全事故应急预案体系建设。截至 2012 年年底，全国 32 个省级统计单位上报生产经营单位近 286.8 万家，编制应急预案总数达 579.3 万个，其中综合预案 178 万个，专项预案 163.1 万个，

现场处置方案238.2万个。煤矿、非煤矿山、危险化学品、烟花爆竹等高危行业预案覆盖率达到100%。但是，安全生产应急预案编制也还存在很多问题。主要表现在：应急预案功能定位、层级分类不够明确，实用性、针对性不强，风险分析、能力评估不到位，关键要素不统一，相互不衔接等。

针对暴露出的这些问题，为贯彻落实相关文件精神，解决应急预案针对性差、可操作性不强等问题，国家安全生产应急救援指挥中心于2011年年初启动了《导则》的修订工作，经过多次征求地方、企业及有关专家意见，大家普遍认为各行业企业生产经营范围广，跨行业经营较为普遍，应整合原有的《危险化学品事故应急救援预案编制通则》，并将《生产经营单位生产安全事故应急预案编制导则》修订后上升为国家标准，既保持了原来标准的延续性，又能提升标准级别，有利于指导生产经营单位做好应急预案编制工作。经过国家标准化管理委员会审查批准，才有了今天的《导则》。

2. 如何理解《导则》出台的重大意义?

应急预案的编制过程既是一个总结经验教训、统一认识的过程，也是一个探索规律、完善流程、创新制度的过程，编制和实施应急预案在应急管理工作中具有基础性的作用。生产经营单位生产安全事故应急预案是国家安全生产应急预案体系的重要组成部分。编制生产经营单位生产安全事故应急预案是贯彻落实“安全第一、预防为主、综合治理”方针，落实企业安全生产主体责任，强化生产经营单位应急管理，提高应对和防范事故风险能力，最大限度地减少人员伤亡、环境损害、财产损失和社会影响的重要措施。

总体上看，我国应急预案体系建设已由“从无到有”进入“从有到优”的新阶段，下一阶段，必须将提升应急预案质量作为工作重点，推动我国应急管理水平不断提高。《导则》的这次修订，是在认真分析目前应急预案体系建设阶段性特点和问题的基础上，一方面系统总结以往安全生产应急预案编制方面的法规规范、方针政策及经验教训，吸收了国务院应急办组织的应急预案体系建设专题调研的重要成果；另一方面是国务院23号、40号文件对应急预案各环节工作规定和要求的细化和具体化。《导则》的颁布实施，对于指导生产经营单位做好生产安全事故应急预案编制工作，解决目前部分生产经营单位应急预案存在的要素不全、操作性不强、相互不衔接等问题，切实为提高生产经营单位应急预案的编制质量起到重要推动作用。

3. 《导则》的主要内容有哪些?

《导则》主要规定了生产经营单位编制生产安全事故应急预案的程序、要素和内容等基本要求，在明确应急处置职能和程序的基础上重点突出事故的风险管理，按照安全生产工作方针，强调应急预案的事故预防功能。

（1）进一步规范应急预案编制程序

执行正确的应急预案编制程序，是提高应急预案编制质量的前提条件。《导则》明确了应急预案编制的6个步骤：成立应急预案编制工作组、资料收集、风险评估、应急能力评估、编制应急预案、应急预案评审。特别强调的是，很多部门和企业在编制应急预案时，缺少风险分析和应急资源情况的调查，没有进行科学的能力评估，导致应急预案情景设计与实际不符，使可操作性无从谈起。因此，《导则》特别强调了风险评估和应急能力评估，希望大家注意。

（2）对应急预案体系进行规范是《导则》的重要特点

《导则》中提出了生产经营单位应急预案体系主要由综合应急预案、专项应急预案和现场处置方案构成。而且重点针对哪些单位应编写综合应急预案，哪些单位应编写专项应急预案，哪些单位应编写现场处置方案，哪些单位综合应急预案和专项应急预案可以合并编写进行了说明，并对每一类预案中应当包含的内容进行了详细说明。《导则》指出专项应急预案可根据本单位的实际情况，确定是否编制。风险因素单一的小微型生产经营单位可只编写现场处置方案。这是我们在总结原来行业标准《导则》实施的经验而修订的重要内容，突破了原来应急预案体系结构的限制，强调可以结合实际灵活掌握。

（3）进一步明确各类应急预案的功能定位和内容要求

我们强调综合应急预案是生产经营单位应急预案体系的总纲，主要从总体上阐述事故的应急方针、原则。强调其指导性和规范性，包括应急组织机构及职责、应急预案体系、事故风险描述、预警及信息报告、应急响应、保障措施、应急预案管理等内容。专项应急预案是生产经营单位为应对某一种类型或某几种类型事故，或者针对重要生产设施、重大危险源、重大活动等内容而制定的应急预案。进一步简化了专项应急预案的内容，强调其针对性和可操作性，事故风险分析、应急指挥机构及职责、处置程序和措施等内容。现场处置方案是生产经营单位根据不同事故类别，针对具体的场所、装置或设施所制定的应急处置措施，主要包括事故风险分析、应急工作职责、应急处置和注意事项等内容。

4.《导则》是一个推荐性的国家标准是基于什么考虑的?

由于生产经营单位的组织结构、管理模式、生产规模、事故风险等情况差异性较大，很难以一个标准对所有单位应急预案编制进行强制性要求，因此，我们经认真研究，建议将其作为推荐性国家标准供生产经营单位参考使用，给企业一定程度的灵活度和自由度，这样各单位可结合自身特点对《导则》中部分内容进行适当调整，从而保证应急预案的针对性、实用性和可操作性。

5. 将采取哪些具体举措抓好《导则》的贯彻落实?

（1）抓好学习宣传

我们专门下发了宣传贯彻《导则》的通知，各级安全监管监察部门、各企业要按照《通知》的要求，进一步提高对安全生产应急预案工作重要性和紧迫性的认识，制定《导则》的宣传培训方案，采取多种形式，加强对《导则》的宣传。国家安全生产应急救援指挥中心将会同有关司局，把《导则》纳入安全监管监察部门以及中央企业相关负责同志培训的重要内容，地方各级安全监管监察部门也要针对地方的相关部门及企业开展相关宣传和培训，让各地区、各有关部门和所有企业及职工真正掌握了解《导则》精神。

（2）制定配套实施办法和措施

《导则》作为生产经营单位应急预案编制的标准和指南，规范了企业的应急预案编制工作。下一步国家安全生产应急救援指挥中心将据此组织修订《生产经营单位生产安全事故应急预案评审指南》，指导生产经营单位做好生产安全事故应急预案评审工作，提高应急预案的科学性、针对性和实效性。各级安全生产监管监察部门要在制度配套上下工夫，抓紧修订本地区的应急预案备案管理制度，在今后企业应急预案的备案及评审中，参考该标准执行。《导则》落实到位，不断提升企业应急预案编制质量。

（3）加强检查指导

对《导则》规定的内容，要在监督、检查、评审时督促落实。要认真总结推广各地和中央企业应急预案编制的好经验、好做法，以点带面推动工作。特别注意要进一步加强对基层生产安全事故现场处置方案编制工作指导，可以通过编制范本，加大宣传和针对性辅导，提高中小型企业应急预案适用性和可操作性。真正做到政策落实到基层，经验发现在基层，问题解决在基层，能力提高到基层。

七、《关于规范重大危险源监督与管理工作的通知》相关要点

2005年9月16日，国家安全生产监督管理总局下发《关于规范重大危险源监督与管理工作的通知》（以下简称《通知》）（安监总协调字［2005］125号），《通知》指出：为全面落实《国务院关于进一步加强安全生产工作的决定》及全国重大危险源监督管理工作现场会议精神，按照《国务院办公厅关于推行行政执法责任制的若干意见》的要求，切实履行重大危险源监督管理职责，落实责任，严格执法，促进重大危险源监督管理工作规范、科学、有序地开展，现将重大危险源登记、检测、评估、监控、应急救援和监督与管理等有关事项通知如下：

1. 重大危险源是指长期的或者临时的生产、搬运、使用或者储存危险物品，且危险物品的数量等于或者超过临界量的单元（包括场所和设施）。

2. 目前，按照重大危险源的种类和能量在意外状态下可能发生事故的最严重后果，重大危险源分为以下四级：

（1）一级重大危险源：可能造成特别重大事故的；

（2）二级重大危险源：可能造成特大事故的；

（3）三级重大危险源：可能造成重大事故的；

（4）四级重大危险源：可能造成一般事故的。

具体重大危险源的等级认定按国家有关标准规定执行。

3. 生产经营单位要加强对重大危险源的安全管理与检测监控，建立健全重大危险源安全管理规章制度，制定重大危险源安全管理与监控的实施方案。

生产经营单位的主要负责人对本单位重大危险源的安全管理与检测监控全面负责。

4. 生产经营单位要对本单位的重大危险源进行登记建档，建立重大危险源管理档案，并按照国家和地方有关部门重大危险源申报登记的具体要求，在每年 3 月底前将有关材料报送当地县级以上人民政府安全生产监督管理部门备案。

生产经营单位对新构成的重大危险源，要及时报告当地县级以上人民政府安全生产监督管理部门备案；对已不构成重大危险源的，生产经营单位应及时报告核销。生产经营单位存在的重大危险源在生产过程、材料、工艺、设备、防护措施和环境等因素发生重大变化，或者国家有关法规、标准发生变化时，生产经营单位要对重大危险源重新进行安全评估，并及时报告当地县级以上人民政府安全生产监督管理部门。

5. 生产经营单位的决策机构及其主要负责人、个人经营的投资人要保证重大危险源安全管理与检测监控所必需的资金投入。

6. 生产经营单位要对从业人员进行安全生产教育和培训，使其熟悉重大危险源安全管理制度和安全操作规程，掌握本岗位的安全操作技能等。

7. 生产经营单位要将重大危险源可能发生事故时的危害后果、应急措施等信息告知周边单位和人员。

8. 生产经营单位至少每三年要对本单位的重大危险源进行一次安全评估。按照国家有关规定，已经进行安全评价并符合重大危险源安全评估要求的，可不必进行安全评估。

9. 安全评估报告要做到数据准确，内容完整，方法科学，建议措施具体可行，结论客观公正。安全评估报告主要包括以下内容：

（1）安全评估的主要依据；

（2）重大危险源的基本情况；

（3）危险、有害因素辨识；

（4）可能发生事故的种类及其严重程度；

（5）重大危险源等级；

（6）防范事故发生的对策措施；

（7）对应急救援预案的评价；

(8) 评估结论与建议。

10. 从事重大危险源安全检测检验和安全评估业务的中介机构，要具备国家规定的资质条件，并对其作出的检测检验和安全评估结论负责。

11. 生产经营单位要在重大危险源现场设置明显的安全警示标识，并加强重大危险源的现场检测监控和有关设备、设施的安全管理。

12. 生产经营单位要对重大危险源的安全状况以及重要的设备设施进行定期检查、检测、检验，并做好记录。

13. 对存在事故隐患的重大危险源，生产经营单位必须立即整改。要制定整改方案，落实整改资金、责任人和期限等。整改期间要采取切实可行的安全措施，防止事故发生。

14. 生产经营单位要制定重大危险源应急救援预案，配备必要的救援器材、装备，每年进行一次事故应急救援演练。

重大危险源应急救援预案必须报送当地县级以上人民政府安全生产监督管理部门备案。

15. 重大危险源应急救援预案应当包括以下内容：

(1) 企业危险源基本情况及周边环境概况；

(2) 应急机构人员及其职责；

(3) 危险辨识与评价；

(4) 应急设备与设施；

(5) 应急能力评价与资源；

(6) 应急响应、报警、通信联络方式；

(7) 事故应急程序与行动方案；

(8) 事故后的恢复与程序；

(9) 培训与演练。

16. 按照属地管理原则，各级安全生产监督管理部门要建立、健全本辖区内重大危险源的档案，并按照下列规定实行分级报告制度：

(1) 一级重大危险源必须逐级上报至国家安全生产监督管理总局；

(2) 二级重大危险源必须逐级上报至省、自治区、直辖市人民政府安全生产监督管理部门；

(3) 三级重大危险源必须逐级上报至设区的市（地、州）人民政府安全生产监督管理部门。

17. 县级以上人民政府安全生产监督管理部门要建立重大危险源信息管理系统，并设置专门的管理人员，加强对重大危险源各类信息的管理。

18. 县级以上人民政府安全生产监督管理部门要加强对存在重大危险源的生产经营单位的监督检查，督促生产经营单位加强对重大危险源的安全管理与监控，重点监督检查的内容包括：

（1）贯彻执行国家有关法律、法规、规章和标准的情况；

（2）预防安全生产事故措施的落实情况；

（3）重大危险源的登记建档等情况；

（4）重大危险源的安全评估、检测、监控情况；

（5）重大危险源设备维护、保养和定期检测情况；

（6）重大危险源现场安全警示标识设置的情况；

（7）从业人员的安全培训教育情况；

（8）应急救援组织建设和人员配备情况；

（9）应急救援预案和演练工作情况；

（10）配备应急救援器材、设备及维护、保养的情况；

（11）重大危险源日常管理情况；

（12）法律、法规规定的其他事项。

19. 县级以上人民政府安全生产监督管理部门在监督检查中发现重大危险源存在事故隐患时，应当责令生产经营单位立即排除；在隐患排除前或者排除中无法保证安全的，应当责令生产经营单位从危险区域内将作业人员撤出，暂时停产、停业或者停止使用；重大事故隐患排除后，经审查同意，方可恢复生产经营和使用。

20. 任何单位或者个人对生产经营单位重大危险源存在的事故隐患以及安全生产违法行为，均有权向安全生产监督管理部门举报。

21. 安全生产监督管理部门在监督检查中，发现生产经营单位有下列行为之一的，依据《安全生产法》等有关法律法规规定，责令限期改正；逾期未改正的，责令停产停业整顿，并处罚款：

（1）未对从业人员进行安全教育和技术培训的；

（2）未在重大危险源现场设置明显安全警示标识的；

（3）未对重大危险源设施、设备进行经常性维护、保养和定期检测的；

（4）未对重大危险源登记建档的；

（5）未对重大危险源进行安全评估的；

（6）未对重大危险源进行定期检测、监控的；

（7）未制定重大危险源应急救援预案的；

（8）其他违反有关法律法规的行为。

22. 生产经营单位的决策机构、主要负责人和个人经营的投资人未保证重大危险源安全管理与检测监控必要的设备、设施资金投入，致使不具备安全生产条件的，要依据《安全生产法》等有关法律法规，责令限期改正，提供必需的资金；逾期未改正的，责令生产经营单位停产停业整顿。

不认真履行重大危险源安全管理与检测监控职责，导致发生安全生产事故，构成犯罪的，依法追究刑事责任；尚不够刑事处罚的，对有关责任人依据《安全生产法》等法律法规进行处罚。

23. 在重大危险源安全评估中，从事安全评估的中介机构出具虚假证明或出现重大错误和评估失实，应按照国家安全生产监督管理总局《关于印发加强对安全生产中介活动监督管理的若干规定的通知》（安监总办字［2005］98号）的规定，发证机关应吊销该中介机构的资质、资格证书；构成犯罪的，依照刑法有关规定追究刑事责任；尚不够刑事处罚的，依据《安全生产法》等有关法律法规进行处罚。

24. 安全生产监督管理部门工作人员对明知已存在事故隐患的重大危险源监管不力导致事故发生的，按有关规定给予行政处分；构成犯罪的，依法追究刑事责任。

八、《关于印发突发中毒事件卫生应急处置15个技术方案的通知》相关要点

2011年7月6日，卫生部发出《关于印发突发中毒事件卫生应急处置15个技术方案的通知》（卫办应急发［2011］94号）（以下简称《通知》）。《通知》指出，为指导各地规范、有效地开展常见突发中毒事件卫生应急处置工作，卫生部组织制定了氨、氯气、硫化氢、砷化氢、一氧化碳、单纯窒息性气体、苯及苯系物、甲醇、氰化物、亚硝酸盐、盐酸克仑特罗、有机磷酸酯类杀虫剂、抗凝血类杀鼠剂、致痉挛性杀鼠剂14类常见毒物急性中毒事件卫生应急处置技术方案和《突发中毒事件卫生应急处置人员防护导则》。

在《突发中毒事件卫生应急处置人员防护导则》中，对编制目的、编制依据、适用范围、疾病预防控制机构承担的相关工作内容、卫生监督机构承担的相关工作内容、医疗机构承担的相关工作内容、突发中毒事件的危险度分级和现场分区、医疗卫生应急人员的防护等级及装备要求、医疗卫生应急人员的防护培训与训练等事项作了规定。

◆编制目的。指导医疗卫生应急人员在应对和处置突发中毒事件中正确地选用个体防护装备，合理储备个体防护装备。

◆编制依据。《突发中毒事件卫生应急预案》、《呼吸防护用品　自吸过滤式防颗粒物呼吸器》（GB 2626—2006）、《呼吸防护　自吸过滤式防毒面具》（GB 2890—2009）《呼吸防护用品的选择　使用与维护》（GB/T 18664—2002）、《防护服装　化学防护服通用技术要求》（GB 24539—2009）、NIOSH 呼吸器认证标准以及 CE 认证呼吸器标准等。

◆适用范围。用于各类突发中毒事件的卫生应急工作。医疗卫生应急人员是指承担突发公共事件的医疗卫生救援任务的各级各类医疗卫生机构的工作人员，医疗卫生机构包括医疗急救中心（站）、综合医院、专科医院、化学中毒专业医疗救治机构、疾病预防控制机

构和卫生监督机构。

主要参照国务院编制委员会对中国疾病预防控制中心及卫生部相关司局职能批复文件，依据《突发公共卫生事件应急条例》《全国突发公共事件总体应急预案》《突发公共卫生事件应急预案》《国家突发公共事件医疗卫生救援应急预案》《突发中毒事件卫生应急预案》以及相关法规的规定，并参照国务院编制委员会对卫生部门的职能划分，将各类卫生应急机构在突发中毒事件卫生应急中的职责进行分解。

◆医疗卫生应急人员的防护培训与训练

培训与训练内容包括：个体防护装备的防护原理；等级防护装备的组成、适用范围、局限性；个体防护装备的选配、使用和维护方法；个体防护装备适合性检查方法，确定每个人选用装备型号和有效性。

建立防护训练制度。确保每个人能够熟练佩戴并摘脱个体防护装备，了解在防护条件下实施处置作业的能力，掌握对装备在使用过程中遇到突发故障时的紧急处理方法。

建立定期检查和维护制度。确保配备的个体防护装备保持良好的使用状态，并随时可用。

建立考评制度。将队伍和人员的防护考核列入应急质量管理体系。

第三节　企业制定应急救援预案的做法参考

应急预案是针对可能发生的事故，为迅速、有序地开展应急行动而预先制定的行动方案。这一行动方案，针对可能发生的重大事故及其影响和后果严重程度，为应急准备和应急响应的各个方面预先作出详细安排，明确了在突发事故发生之前、发生之后及现场应急行动结束之后，谁负责做什么、何时做、怎么做，是开展及时、有序和有效事故应急救援工作的行动指南。在制定应急救援方案时，要根据本企业的实际情况，有针对性地设想问题，制订应对计划和措施，确定实施步骤。

一、广州珠江轮胎公司制定危化品事故应急救援预案的做法

广州珠江轮胎有限公司成立于1993年，是广州广橡轮胎企业集团有限公司与嘉宏有限公司合资成立的汽车斜交轮胎生产企业，也是中国重点轮胎生产厂家之一，注册资本4 320万美元，投资总额6 000万美元。公司位于广州市花都区，占地面积27万 m^2，现有员工1 996人，其中专业技术人员150人。

广州珠江轮胎公司拥有现代化厂房，先进的动力供应系统和生产设备，完善的产品质量检测手段，现已形成年产200万套轮胎的生产能力，产品包括载重汽车轮胎、轻型载重汽车轮胎、工业车辆充气轮胎、农用轮胎等近400个规格层级及品种，产品质量达到国内同类产品先进水平。

广州珠江轮胎公司为了加强对危险化学品事故的有效控制，防止突发性事故的发生及事故发生后防止事故扩大，有序有效地进行应急处置，保障职工人身安全和公司财产安全、保护环境、减少事故危害和损失。根据《安全生产法》《危险化学品安全管理条例》及橡胶集团公司的有关要求，特制定危险化学品事故应急救援预案。

广州珠江轮胎公司制定危化品事故应急救援预案的做法和要点主要是：

1. 应急救援预案的指导思想和原则

指导思想：以人为本，真正将“安全第一，预防为主”方针落到实处，一旦发生危险化学品事故，能以最快的速度、最大的效能、有序地实施救援，使可能引发的事故危害不扩大，最大限度排除险情，减少因事故造成的人员伤亡、财产损失及环境破坏，维护企业正常生产秩序；明确应急救援人员职责、分工，使应急救援工作有条不紊地迅速展开，及时有效控制危害，抢救受害人员，指导人员疏散与防护。

应急救援原则：预防为主、自救为主、他救为辅，快速反应、统一指挥，预防、治理相结合。

2. 公司基本情况及危险源分布

广州珠江轮胎有限公司是目前中国华南地区最大的轮胎生产企业之一，距广州市区约40 km，离花都城区约10 km，至赤坭镇约3 km，厂西面双对岗和狗斗岭之间有广州胶管厂和广州胶带厂，西南约1.2 km有北江支流、巴江流过，东南、西南面为开阔农田。

花都属亚热带季风区，气候温和，阳光充足，雨量充沛，受其所属，厂区主导风向为冬季吹北风，夏季东南风，最高气压冬季1 019.5 kPa，最低气压夏季1 004.5 kPa；年平均气温21.8℃，最高气温37.5℃，最低气温0.7℃；最大月平均相对湿度83%，最小月平均相对湿度70%；年平均降水量1 771 mm，24小时最大降水量268 mm。

公司5个生产车间（部门），分别是准备车间、成型车间、机动车间、外硫车间和供应部。使用和储存的危险化学品主要是汽油，其中供应部汽油库储存120#汽油，车队油库使用、储存90#汽油，成型车间及胶浆房在工艺上按要求使用适量汽油，以上场所均有按消防规定配置充足消防器材及灭火系统。公司有专职消防队8人，消防车2台，经济民警队32人，义务消防队员650人。原材料及辅助材料有橡胶、硫黄、炭黑等易燃物品。生产设备、设施有材料仓、库房、轮胎制作加工设备及设施等，若管理不善、操作失控或自然灾害的情况下，都容易引起火灾等事故。

3. 危险化学品事故应急救援领导小组组成

组　长：总经理。

副组长：主管生产副总经理、党委书记、工会主席。

成　员：安委会办公室主任、安全部部长、工程部部长、生产部部长、供应部部长、人事部部长、财务部部长、准备车间主任、成型车间主任、外硫车间主任、机动车间主任、职工医院院长。

领导小组下设办公室负责日常工作，办公室设在安全部，办公室主任由安全部部长担任。安全部人员 24 小时值班，设有专用联系电话。

发生危险化学品事故时，在事故现场设立现场指挥部，事故现场应急总指挥由应急救援小组指定人员担任。指挥部负责发布和解除应急命令、信息，组织指挥救援队伍和人员实施救援行动；报告和通报事故有关情况；必要时向外发出救援请示，组织事故现场取证、调查，总结应急救援工作和经验教训。

安全部值班人员，生产部当班调度员，职工医院值班医生，经警、消防队值班人员，供应部车队值班人员为法定应急救援人员。一旦发生危险化学品事故，立即由上述人员与事故所在单位当班工班长或车间主任等人一道组成临时救援小组，由安全部值班人员负责指挥，实施现场救援工作，并与应急救援小组组长、副组长、办公室主任等人进行汇报及信息联系。

4. 机构职责

◆领导小组职责：负责本单位应急救援预案的制定和修改；组织、安排救援预案的实施；指定应急现场指挥部总指挥；指挥专项队伍开展救援工作；组织应急救援的演习；检查督促做好危险化学品事故的预防措施和应急准备。

◆安委会办公室职责：协调参与应急救援队伍，按预案要求开展工作；负责落实组织平时应急救援演练；发生危险化学品事故立即成立临时救援小组，指挥法定应急救援人员进行救援工作；迅速提出应急救援的实施方案和警戒区域；视情况变化迅速与社会力量取得联系及时求援；协助总指挥开展工作。

◆事故部门职责：事故发生后，迅速报告领导小组，讲清事故经过情况；积极全力组织自救；保护现场，提供现场情况；提供人员和必要的救援物品、器具进行救援。

◆非事故部门职责：接到通知后迅速在部门办公室待命，接到救援通知后迅速组织本部门人员参与救援工作。

◆经警、消防队职责：对事故现场及周边的道路、交通进行管理；听取临时救援小组安排，与临时救援小组人员做好救援工作；控制、指导人员车辆进出危险区域；保护人员财产安全，疏散人员撤离危险区域，在事故区巡逻；实施灭火，控制易燃易爆、有毒有害物件泄漏；事故后配合地方消防队伍对现场进行清理、清洗工作。

◆职工医院职责：严守岗位；制定受伤人员的抢救措施；实施抢救，组织药品，指导现场救护；决定是否送伤员到上级医院救治；平时做好急救药品的储备；及时向应急救援小组反映受伤人员的情况。

◆财务部职责：严守岗位；筹集资金以备购买救援物资、医疗药品。

5. 危险化学品事故应急救援专项队伍

◆安全警戒组。由事故部门的领导指派人员，必要时由经警、消防队员协助，由安全部的领导和临时救援小组负责人指挥。主要职责：事故发生后，及时进入警戒岗位，负责确立布置警戒区域，禁止无关人员和车辆进入危险区域，并保护好现场。

◆安全疏散组。由事故部门领导指派人员，义务消防队人员参与，由事故部门领导和临时救援小组负责人指挥。主要职责：事故发生后，对现场及附近周边人员进行防护，组织人员按指定路线疏散，清点人员；组织人力对现场物资进行转移。

◆危险源控制组。由安全部和工程部以及临时救援小组负责人指挥，人员由安全部和工程部领导指派，经警、消防队员以及专业技术人员参与。主要职责：迅速进入现场，有效控制危险物品，控制现场险情的恶化及二次事故的发生，并根据危险性质，提供防护用品及用具。

◆伤员抢险组。由安全部领导以及临时救援小组负责人指挥，人员由法定的应急救援人员及车间有关人员组成。主要职责：负责现场伤员的救援应急处理，护送伤员到职工医院进行救治。

◆医疗救护组。由职工医院领导指挥，人员由职工医院医务人员组成。主要职责：平时做好应急救援准备工作，事故发生后，负责对受伤人员进行紧急救治，决定受伤人员转院，对重伤人员护送到上一级医院救治。

◆消防组。由安全部领导或临时救援负责人及经警、消防队长指挥，人员由义务消防队员及经警、消防队员组成。主要职责：负责现场灭火，对设备容器、建筑物喷水、冷却，隔爆控制可燃物，消除火源，阻止火势蔓延，指定人员打119求援，并负责在门口接警。

◆资金物资供应组。由安全部、工程部、供应部领导指挥，成员由司机、仓管员组成。主要职责：负责组织抢险物资的工器具的供给，组织车辆运送物资。

◆环境监测组。由安全部领导负责指挥，成员由工程部、生产部、医院、工会及有关人员组成。主要职责：负责与环保部门联系，派人员对现场、厂房、大气、周围区域进行监测，确定危险区域范围和危险品的成分、浓度，事故造成的环境影响做评估，为指挥的决策和消除事故的污染治理，及危险物质的处理。

6. 事故处置

汽油库及生产车间如发生汽油火灾、爆炸事故，应急救援措施为：

◆发生事故立即报告，并报 8119 或 119，报警时要沉着冷静，及时准确，说明起火的车间部位，燃烧物质，火势大小，同时采取一切办法切断事故源，减少事故扩大。

◆临时应急救援负责人及时向应急救援小组报告，并在第一时间调动经警、消防队、义务消防队赶赴现场扑救，与经警、消防队长一道指挥救援，不要随便动用周围物质灭火，要正确使用消防器材；汽油起火，千万不能用水扑救，做到先控制，后灭火；先救人，后救物，防中毒，防窒息，要提高自我保护能力，把伤亡人数降到最低限度。

◆在公安消防队未到达火灾现场前，若火势失控，应根据事故状态及危险程度作出相应决定，应急救援人员听从指挥撤离，由专职人员扑救，公安消防队到现场后，要服从公安消防指导员指挥进行扑救。

◆事故调查分析。事故得到控制后，由应急救援领导小组组成分析组，分析事故原因，配合上级有关部门及人员进行事故调查分析，采取防范措施，尽快尽早恢复生产。事故调查报告按规定时间上报有关部门。

7. 事故应急救援程序

事故应急救援程序（略）。

8. 有关规定及要求

◆各部门要根据各自实际成立应急救援领导小组；

◆应急救援工作人员接到命令后应服从指挥，迅速赶赴现场。

◆发生事故时，做到忙而不乱，有秩序地进行处理，尽最大努力减少事故造成的损失。

◆各车间部门要认真组织员工学习本预案，提高员工的安全意识和自我保护能力。

◆本预案从公布之日起执行。

二、沧井化工公司积极制定化学事故应急救援预案的做法

沧井化工公司是河北沧州化工实业集团有限公司控股子公司。河北沧州化工实业集团公司是以化工生产经营为主的大型综合经济实体，现拥有沧州化学工业股份有限公司、沧州沧井化工有限公司以及其他全子公司共 7 家成员企业，企业总资产 31 亿元，占地面积 8.28 万亩。员工总人数 4 246 人，其中各专业工程技术人员 1 100 人。

沧井化工公司为保证企业、社会及人民生命财产的安全，防止突发性重大危险化学品事故发生，并能在事故发生后迅速有效控制处理，本着“预防为主、自救为主、统一指挥、分工负责”的原则，制定了化学事故应急救援预案，以应对可能发生的意外事故。

沧井化工公司积极制定化学事故应急救援预案的做法和要点主要是：

1. 公司厂区基本情况

公司概况（略）。

厂区气象状况（略）。

公司从原料进厂到产品出厂，整个生产过程中存在大量易燃、易爆、易中毒、腐蚀性强的介质，生产工艺又多存在高温、高压，稍有疏忽，极易造成各类事故，如突然发生泄漏或在操作失控的情况下会存在火灾、爆炸事故和人员中毒、窒息等严重事故的潜在危险，尤以 EDC 和 VCM 更具危险。

公司配有专职消防队，有水罐、干粉消防车，专职消防队员。公司设有医疗室，医务人员。

2. 化学危险目标的确定与分布

根据公司生产、使用、储存危险化学品的品种、数量、危险性质以及可能引起的化学事故的特点，确定以下两个危险场所（设备）为应急救援危险目标。即 1 号目标：EDC 储罐区；2 号目标：VCM 储罐区。

3. 应急救援指挥部的组成及职责

沧井化工公司成立化学事故应急救援指挥领导小组，由总经理、副总经理及生产厂、安全、设备、医务室、环保等部门的有关领导组成。下设应急救援办公室（总调度室），发生重大事故时，以总经理为总指挥，副总经理为副总指挥，负责全厂的应急救援工作，指挥部设在总调度室。

◆指挥领导小组职责：负责应急救援预案的制定、修订；组建应急救援专业队伍，并组织实施和演练；检查督促做好重大事故的预案措施和应急救援的各项准备工作。

◆指挥部职责：发生事故时，由指挥部发布救援命令和信号；组织指挥救援队伍实施救援行动，保证灾情发生后，当班人员可以自我保护，迅速准确到位、熟练操作、及时制止灾情的蔓延和扩大；向上级报告和向友邻单位通报事故情况，必要时向有关单位发出救援请求；组织事故调查，总结应急救援工作经验教训，组织并迅速恢复生产。

4. 应急救援指挥部人员分工

◆总指挥：组织指挥全公司的应急救援工作。副总指挥：协助总指挥负责应急救援的具体指挥工作。

◆总调度室：协助总指挥做好事故报警、情况通报及事故处置工作；负责事故处置时生产系统开、停车调度工作；事故现场通信联络和对外联系，必要时代表指挥部对外发布有关消息；协助总指挥负责工程抢险、抢修的现场指挥。

◆公安科：负责事故状态下的警戒、治安保卫、疏散、道路管制工作。

◆消防队：负责危险目标、区域内的日常防火、防爆及事故状态下的灭火抢救工作。

◆医务室：负责现场医疗事故救护指挥及中毒、受伤人员分类抢救和护送医院工作。

5. 救援专业队伍的组成和分工

沧井化工公司各级管理人员及全体员工都负有化学事故应急救援的责任，各救援专业队伍是化学事故应急救援的主要力量，其任务是担负公司各类化学事故的救援及处理。

◆通信联络处。由总调度室和生产技术组组成。担负各队之间的联系和对外联系的任务。

◆治安队。由公司公安科组成。担负现场治安、交通指挥、设立警戒、指挥引导人员疏散的任务。

◆消防队。由公司安全部门和消防队组成。担负灭火和抢救伤员的任务。

◆抢险抢修队。由公司安全部门、维护厂、各工程公司组成。担负现场救援抢险、现场恢复工作的任务。

◆物资供应队。由供销运协调组、后勤部门组成。担负现场抢救的急需用品以及伤员的必需品和人员、车辆的安排。

6. 化学事故的处理方案与程序

沧井化工公司生产过程中有可能发生 EDC 或 VCM 泄漏事故的主要部位为前所述 1 号目标和 2 号目标，其泄漏视其漏点设备的腐蚀程度、工作压力的不同而不同。泄漏时又因季节、风向等因素，涉及的范围也不同。事故原因也是多样的，如操作失误、设备失修、腐蚀、工艺控制、外来损坏等。

EDC 或 VCM 一般的泄漏事故，通过安全报警系统或岗位人员巡检等方式及早发现，可及时采取相应的措施进行处理。

EDC 或 VCM 的重大泄漏事故，因为设备的大量泄漏，安全报警系统或岗位人员虽能及时发现，但一时难以控制，应采取以下应急救援措施。

◆最早发现者应立即向公司总调度室、消防队报警，并采取一切办法切断事故源。应急处理时应佩戴好相应的防护用品。

◆总调度室接到报警后，应迅速通知有关部门并要求查明泄漏部位及原因，下达按照应急救援预案处置的指令，同时发出警报，通知指挥部成员及消防队和专业救援队伍迅速赶往事故现场。

◆发生事故的岗位应迅速查明发生泄漏的部位及原因。凡能经切断物料等处理措施而消除事故的，则以自救为主。如泄漏部位已经不能控制，应向指挥部汇报。

◆指挥部成员到达现场后，根据事故状态及危害程度作出相应的应急决定，命令各救援队伍立即展开救援工作，如事故扩大应请求外部力量救援。

◆生产调度室人员到达现场后，同发生事故的岗位查明物料泄漏的部位和范围，视能否控制作出局部或全部停车的决定，若需紧急停车，则按照紧急停车的程序执行。及时组织化验人员对泄漏下风向扩散区域进行检测，必要时根据指挥部决定通知区域内的其他人员撤离现场。

◆公安科到达现场后，负责治安和指挥交通，组织纠察，在事故现场周围设岗，划分禁区并加强警戒和巡逻检查。如果物料扩散危及厂内外人员安全时，应迅速组织人员同友邻单位、厂区外过往人员联系，并组织向上风向的安全地带疏散。

◆抢险抢修队到达现场后，根据指挥部下达的抢修指令迅速进行设备抢修，控制事故，以防事故扩大。紧急抢修时应佩戴相应的防护用品，以防中毒和烧伤。

◆医疗救护队到达现场后，应立即救护伤员和中毒人员，对中毒人员根据中毒状况及时采取相应的抢救措施，并对伤员进行清洗、包扎和输氧急救。重伤员应及时送往医院抢救。

◆消防队到达现场后，根据事故的状态进行抢救，如果未发生着火，应对泄漏部位进行水冷却；如果已经出现着火，应迅速采取措施，对发生着火的储罐进行处理，开启消防泡沫泵进行灭火，并对其他的储罐进行水冷却。如果公司对事故无法控制，应迅速向市消防支队请求救援。

◆当事故得到基本控制，立即成立两个专业工作小组。①在生产副总经理的指挥下，组成由安全环保、生产技术、设备和发生事故的单位参加的事故调查小组，调查事故发生的原因并研究制定防范措施。各专业同时向上级主管部门汇报。②在维护副总经理的指挥下，组织由机、电、仪和发生事故的单位参加的抢修小组，研究制定抢修方案，并立即组织抢修，尽早恢复生产。夜间发生事故，由总调度室按照应急救援预案，组织指挥事故处理和落实抢修任务。

◆如果事故已经无法控制，处于火场中的容器已经变色或安全泄压装置中有声音发出，指挥小组必须立即做全公司紧急停车的处理，并安排现场所有人员迅速撤离。

7. 信号规定

公司救援信号主要使用电话、对讲机报警联络。

公司报警电话，即调度室电话：（略）；消防队：（略）；市消防队电话：119；医务室电话：（略）；总经理电话：（略）。

危险区边界警戒线为黑黄线，警戒哨佩戴臂章，消防车、救护车鸣笛、闪警灯。

8. 有关规定与要求

为了在事故发生后，能迅速准确、有条不紊地处理事故，尽可能减少事故造成的损失，平时必须做好应急救援的准备工作，落实岗位责任制和各项制度。具体措施有：

◆落实应急救援组织。救援指挥部成员和救援人员按照专业分工，本着专业对口、便于领导、便于集结和开展救援的原则，建立组织，落实人员，每年根据人员变化进行调整，确保救援组织的落实。

◆按照任务分工做好物资器材准备工作，如必要的指挥通信报警、洗涤、消防、抢修等器材及交通工具。上述器材应设专人保管，并定期检查保养，以备急用。

◆定期组织救援训练和学习。各队每年按照专业分工训练两次，结合公司实际情况每年组织一次综合性应急救援演习，提高指挥水平和救援能力。

◆对全公司员工进行经常性的危险化学品事故救护常识教育，熟练使用各种防毒器具、消防器材和空气呼吸器等。组织员工进行灾害发生时抢救方法的培训和训练。

◆完善各项制度。①检查制度：每月结合安全生产工作检查，定期检查应急救援工作落实情况及器材保管情况。②例会制度：每季度召开一次领导小组成员和救援队员负责人会议，研究应急救援工作。③消防队昼夜值勤制度：每班 8 人，车内配备器材，接到事故报警后立即全副武装出动车辆到达事故区，按照调度指挥实施抢救救援等工作。④总结评比制度：与安全生产工作同检查、同讲评、同表彰奖励。

9. 附图

危险化学品事故应急救援指挥机构图（略）、危险化学品危险源平面布置图（略）、危险化学品事故应急救援序列图（略）。

三、合成氨厂制定合成工段高压气体泄漏应急救援预案的做法

大化集团有限责任公司始建于 1933 年，是中国最大的基本化工原料、化学肥料生产基地，现由大连市政府国资委直接监管。全集团共有 33 个分、子公司，现有员工 7 000 人，总资产 110 亿元；年工业总产值 20 亿元、销售收入 34 亿元、利税 1.3 亿元、进出口总额 1.2 亿美元。主导产品以年产 30 万吨合成氨为核心，形成年产 80 万 t 纯碱、50 万 t 氯化铵、30 万 t 复合肥、20 万 t 硫酸、3 万 t 浓硝酸、10 万 t 硝铵、4.5 万 t 硝盐、22 万 t 焦

炭、90 万 t 海盐及各种气体的生产能力，有年吞吐能力 200 万 t 的自营码头。集团下属合成氨厂、硝铵厂、热电厂、供销公司、大孤山热电厂、碳化工公司等。

近年来，合成氨厂在安全管理上坚持“安全第一，预防为主”的方针，围绕提高质量安全，通过健全安全生产的责任考核，严格现场动态监管，强化隐患查找和整改，加强对员工的宣传教育，不断提升安全生产的管理水平，确保企业的安全生产。为了防患于未然，合成氨厂还积极制定和不断完善事故应急预案，做好防范工作。

合成氨厂制定合成工段高压气体泄漏应急救援预案的做法和要点主要是：

1. 合成工段的危险性

合成氨厂厂区位于公司界区南端，占地面积 6.1 万 m^2，拥有固定资产 20.6 亿元。主要产品为液氨，副产品有液氮、液氧、液氩、二氧化碳、硫黄等。主要装置生产能力为合成氨 30 万 t/年，二氧化碳 40 万 t/年。主要设备设施有空分装置、液氮洗装置、空压机、氮压机、合成氨压缩机、气化炉、变换炉、甲醇吸收塔、再生塔、氨合成塔、废热锅炉等。

合成氨厂每年需要 50 万 t 煤炭作为原料，合成氨装置向下游产品如纯碱、氯化铵、三硝等提供原料氨和二氧化碳等，是公司的基础和核心生产装置，现有职工 333 人。

合成工段是合成氨厂的生产中心，具有高温、高压、易燃、易爆、有毒等特点。在合成氨生产过程中，如果因生产操作不当或设备故障，造成大量高压气体泄漏，就有可能发生重大火灾、爆炸和人员中毒等严重后果，其破坏性非常严重，甚至会影响整个合成氨的生产及周边环境。故在合成工段生产中必须严格执行工艺操作指标和安全规程，严格管好设备及压力容器，防止高压气体外泄。如发生高压气体意外泄漏，必须有一套有效的防范应急救援预案，以防止事态的扩大和减少事故损失。

合成工段存在的危险性为：如果在较短时间内，系统内高压气体大量释放，气体体积会立即扩大 280 倍，约在 10 min 之内充满空间，形成重大火灾和爆炸危险因素。加之液氨大量外泄，蒸发为气态氨后，占据空间更大，人根本无法生存（氨的最高允许浓度为 30 mg/m^3）。

2. 合成工段高压气体大量外泄的主要部位及原因

◆合成塔出口到废锅一段，由于目前广泛使用提温型内件，合成塔出口温度达 350℃，如果选用材质不当或管道、法兰、螺栓的缺陷，管材焊接质量不合格，加之长期使用受到腐蚀和高流速气体冲刷，均可能发生设备管线损坏、气体外泄。

◆氨循环机是合成工段主要运转设备，由于操作不当，塔内压差增大，加之运转部件受震动，管道的腐蚀、阀门管件的缺陷，加之开、停、倒车操作失误，均能使大量高压气体外泄。

◆合成氨冷却器由于属于低温设备（其操作温度在−10℃左右），高压管道长期受低温腐蚀，易破裂而产生泄漏。

◆合成塔上电极焊盖，由于更换电炉、经常检查、拆装，易产生气体外泄。

◆循环机跳闸，发现处理不及时系统超压严重，引起局部管道爆裂或容器、法兰泄漏。

◆合成操作工违章作业或合成系统温度下降，处理不及时，不果断，联系不及时，造成系统超温超压，严重引起局部管道爆裂，设备法兰泄漏。

从一些合成氨厂常见事故情况来看，以循环机操作失误较多。目前合成工段主要装置的使用都达10年以上，多数管材均需要检查、测厚，消除隐患，以防事故。

3. 合成气体大量外泄特点及危害性

◆着火。主要部位：合成塔出口，合成塔小盖，管径较小的管道如压力表管等。主要特点：着火快（氢气的引燃能量小）；温度极高，超过1 000℃（氢气热值高）；火力强（压力高）；不易被扑灭（多数在气体烧完后才熄灭）。主要危险性：人员被烧伤，甚至死亡；电气仪表烧坏，厂房设施烧坏。

◆有毒气体外泄。主要危险性为氨冷器1、2两级放氨。原因：阀门损坏，氨管线破裂。主要特点：短时间内不会着火或爆炸，但由于液氨蒸发速度极快（压力高更快），1 kg液氨蒸发后成为1 316 L氨气，迅速占据空间，使操作人员不能及时处理关闭阀门，被迫撤离现场，严重时，液氨会灼伤人皮肤，氨气会使人眼睛和呼吸道受伤害。

◆爆炸。主要部位：循环机及管道。主要特点：①由于管道或阀门等部位损坏处破口较大，大量高压气体冲出后，未及时着火，大量可燃气体充满空间会引起爆炸。②由于高压气体温度较低，或气体中氢气含量较高，或高压状态的液氨突然减压后，气体体积迅速扩大，使混合气中氨成分增多，减少了着火的可能性。③高压气体大量冲出，产生特别巨大的响声。④由于气体中含有大量的氨气，对人伤害很大，人员不易处理本岗位阀门等，也造成联系、指挥不便。主要危害性：大量高压气体外泄，在短时间内未着火，如外泄不能得到有效控制，其发生空间爆炸的可能性极大。如果发生重大爆炸，其车间厂房、设备、管道等将全部被毁，人员如不能及时撤离，会有生命危险，后果非常严重。

4. 突发性气体大量泄漏事故的预防

◆操作人员应严格按照操作规程进行操作，防止因检查不周或操作失误而造成事故。

◆严格执行工艺指标，严禁超压运行。

◆各设备的压力表、安全阀等安全装置要灵活可靠，定期校验。

◆压力容器、设备不准使用玻璃管、玻璃板式液位计，应使用全封闭磁翻板液位计。

◆合成岗位要有防止高压气体串低压系统。

◆加强设备管理，认真做好设备、管道、阀门的检查工作，对不能保证安全生产的设备、管道、阀门要及时进行修理或更换。

◆设备上的螺钉应按要求上齐，活门压盖上的螺栓要统一长度，不准上双螺母或加厚垫圈。

◆及时消除设备管道的振动，防止因振动、摩擦而造成事故。

◆严禁带压紧螺栓。

5. 合成高压气体大量外泄后的紧急救援预案

◆尽量在短时间内切断有关阀门，使泄漏停止（如效果不明显应及时卸压），并联系各有关部门。

◆如外泄气体已经着火，初起火势不大，除迅速切断阀门卸压外，应用蒸汽或干粉灭火。如火势较大，则抢险人员应穿上配备的防火服、呼吸器到现场关闭阀门，确保本人免受伤害。如火势太大控制不了，应组织人员撤离，并联系消防部门对已着火的厂房设施喷水、降温（水不能喷到高温的设备和管道上及电气设施上）。

◆如外泄气体气量不大，又未着火，但氨味较浓，导致人不能靠近，应尽快佩戴自吸式空气呼吸器，关闭各对外联系阀门及应切断的阀门，能制止泄漏最好，如泄漏仍在继续和扩大，应考虑人员撤离现场，并用备用应急水源喷淋泄漏部位。

◆如大量高压气体外泄，又未立即着火，这种情况非常危险，应在最短时间内关闭对外联系阀门，用专用全厂信号（不能用手机或电话）通知总配电房，对合成工段所在地拉闸断电。安排各岗位人员有序撤离到安全处。厂区道路管制，车辆疏散。其他远离合成工段的岗位也应紧急停车，防止合成工段岗位发生爆炸后，事故扩大到别的岗位。

◆厂区内正在进行的动火或高处等作业，应立即停止，人员撤离。

6. 高压合成气体外泄应急救援指挥职责及分工

◆厂合成高压气体外泄应急救援指挥领导小组成员包括：厂长，负责安全生产的副厂长，生产、安全、设备、动力、消防、卫生部门的负责人。

◆领导小组下设现场救援指挥部。地点：氮肥厂总调度室。现场指挥：氮肥厂厂长（副厂长）。夜间：值班干部、调度员。

◆现场救援指挥部人员分工

——安全科长协助指挥做好事故报警，及时分析事故状态和事故扩大的可能性，并做好情况通报工作。

——消防（保卫）科长指挥灭火、警戒、疏散人员、判断火情发展情况，随时联系消防专业队伍来现场参与灭火。

——生产科长（调度员）负责事故处理时生产联系，指挥未发生事故的工段停车，调度事故现场保证供水、供蒸汽。联系事故区的停送电。

——设备（动力）科长协助工程抢险、抢修等。

——卫生所长负责现场医疗救护及中毒、烧伤、灼伤及其他意外伤害人员的抢救工作。后勤供应部门负责对处理事故所需的各种器材、工具及其他物品进行及时合理的调配。

四、北京京丰热电公司制定防灾减灾预案减轻损失的做法

北京京丰热电有限责任公司是原北京第三热电厂，始建于1959年，2001年6月改制成立公司，现在隶属于京能集团。京丰热电公司位于丰台区云岗西路15号，目前装机容量为150 MW（50 MW、100 MW发电供热机组各一台），年发电能力13亿千瓦时，年最大供热能力150万吉焦。担负着地区国防工业多条配电线供电、中央电视台卫星地球站供电、航天总公司科研试验用热、云岗及王佐地区150多万 m^2 采暖供热。公司现有职员工450人。

近年来，京丰热电公司以电力、热力生产销售为重点，以为国防科研服务和北京市的经济建设发好电、供好热为经营宗旨，以为股东和社会创造效益为目标。公司发扬真抓实干和敢于争先的企业精神，牢牢抓住安全是生命、责任重于泰山这条主线，以降低成本提高效益为中心，坚持以一流企业为龙头，企业逐渐成为华北电力系统一流火力发电企业。

8. 京丰热电公司防汛减灾预案

为了防止汛期暴雨对机组正常运行的影响，提前做好防汛的各项准备工作，对安全生产尤为重要。各单位安全第一责任人必须认真抓好此项工作，确保公司防汛工作万无一失，请各单位要按照防汛责任制认真组织落实到位。

1. 防汛指挥部和防汛抢险队组成人员

防汛指挥部总指挥：总经理

副总指挥：党委书记、生产副总经理（兼总工）、经营副总经理、党委副书记、工会主席、实业总公司经理、检修公司副经理、副总工。

防汛办主任：安全生产技术部部长。

防汛办副主任：总经理工作部经理、总经理工作部副经理（保卫）、安全生产技术部副部长。

成员：发电部、检修公司、锅炉分公司、汽机分公司、电气分公司、热工车间、燃料部、化学车间、粉煤灰公司、修配分公司、生活分公司、物资分公司等单位负责人（注：防汛日常工作由安全生产技术部负责）。

防汛抢险队员名单

队 长：副总工程师。

锅炉分公司支队。支队长：分公司主任。队员：（略）

汽机分公司支队。支队长：分公司主任。队员：（略）

电气分公司支队。支队长：分公司主任。队员：（略）

热工车间支队。支队长：车间主任。队员：（略）

修配分公司支队。支队长：修配分公司主任。队员：修配分公司全体人员

粉煤灰分公司支队。支队长：分公司主管。队员：分公司全体人员

燃料部支队。支队长：燃料部部长。队员：（略）

化学车间支队。支队长：车间主任。队员：（略）

发电部支队。支队长：发电部主任。队员：当值值长及当值全体运行人员

公司主要领导及各职能部门负责人的联系方法（略）

2. 防汛器材和物资的准备（物资公司）

物资公司主要负责防汛器材和物资的准备。

◆物资公司要提前准备防汛器材和物资，如棍泵、潜水泵及配套的电源线和刀开关、胶管、塑料编织袋、编织布、铁锹、雨衣、雨鞋等。

◆防汛器材及物资应由专人负责保管，作为防汛专用，不得挪作他用。

◆防汛所用的泵类器材应提前检查好、并配好电源线、刀闸及胶管，遇有汛情随时可用。

3. 公司内外生产场所防止漏雨进水工作

各单位要做好公司内、外排洪沟的清挖工作和生产厂房及生产场所防止漏雨进水工作。

◆公司内、外排洪沟的清挖工作由安全生产技术部负责安排，必须在5月底之前完成，并在进水口处做好箅子，以防杂物堵塞排洪沟。

◆公司所属生产厂房、建筑物由实业公司及各运行单位负责检查，发现漏雨、渗水现象及时通知实业公司安排组织维修处理。

◆露天设备（如电除尘、煤罐、灰罐、吸风机等）由设备负责单位检查和维修，没有维修能力的单位在发生情况时，汇报安全生产技术部安排维修和处理。

◆为防止雨水倒灌进入生产厂房淹没设备，锅炉房、汽机房、雨水泵房、消防泵房，发电部负责检查、排水，网控北门及变电站由发电部网控运行人员负责巡视检查。各单位要准备好足够的沙袋置于各生产厂房大门内侧备用。

◆汽机检修分公司在五月底前做好雨水泵的检查和维修工作。燃料部做好输煤皮带排水泵的检查维修工作。机房及炉房内、化学车间等生产厂房内的防汛排水工作由所在单位

负责，电气检修分公司要特别注意检查电缆沟的积水问题，汽机检修分公司做好电缆沟排水的协助工作，随时提供运行良好的抽水泵。

◆地面各种井、坑、孔洞的盖板由所在单位负责检查盖好。

◆粉煤灰公司要在五月底以前对灰坝进行检查，必要时对灰坝进行修补，防止垮坝。

4. 汛期各项检查和维护工作

◆电气检修分公司对电气设备的避雷器进行检查和维护，避免雷击事故发生。

◆燃料部遇多雨天气时要尽快安排卸车，尽可能不压重车，并在雨季前做好干煤储存，必要时与有关部门协商多进干煤，以防煤湿而影响机组出力。

◆发电部及各运行岗位在五月底前准备好塑料布，以备生产厂房漏雨时将设备临时遮盖。汛情时将生产厂房各处门窗关好，变电站的端子箱和室外电气设备的接线盒要认真检查，必要时进行遮盖，防止雨水进入发生短路事故。

◆大车班的车辆包括特种车辆，应随时保持车辆完好、油箱满油、电瓶充足，能随时参与抢险工作。

5. 汛期主要工作

◆防汛值班人员必须坚守岗位、尽职尽责。遇有恶劣天气时要尽快赶到现场巡视，检查了解设备运行及排水情况，组织好抢险工作。因汛期安全生产出现紧急情况时，防汛值班人员和值班长要立即通知有关领导，以便组织抢修处理。如遇大雨天气时，防汛指挥部人员必须立即赶到统一集合地点生产楼三楼碰头会议室向防汛总指挥报到，各单位安全第一责任人、生产值班人员、抢险队员及公司各处防汛责任人必须立即赶到现场，听从指挥参加抢险工作。

◆发电部运行人员在遇到大雨天气时，要对设备特别是电气设备进行检查和防雨遮挡，不能处理时要立即通知领导和有关人员。同时，做好雷雨天气时的事故预想，在紧急情况发生时做到沉着、冷静，正确处理，尽量减少汛情对安全生产的影响。

◆电气专业人员在汛情发生时，要对电缆沟进行重点检查，及时排除积水，必要时设专人值班看护。

◆化学车间净水室运行人员负责疏通车库处排洪沟口杂物以防堵塞。

◆通信班应经常检查通信线路，保证汛期的通信畅通。

◆汛情过后，各单位要检查所管辖的设备，做好防潮工作。特别是电气设备、燃煤和怕潮湿的物资等，要及时采取有效的措施尽快恢复干燥。

6. 汛后工作

◆9 月 15 日后各单位对本年防汛工作进行总结，对因汛情而产生的不安全情况提出防范措施和整改措施。

◆各单位将汛期所使用的防汛器材归还供应公司，如有损坏的机械工具等维修好后归还，供应公司应妥善保管好防汛器材。

◆所有单位归还防汛器材后，供应公司应清点防汛器材和物资。

防汛工作是我公司夏季安全工作的重点，也是保证公司全年安全生产的重要组成部分，各单位安全第一责任人必须高度重视起来，在保证正常安全生产的同时，认真组织、合理安排防汛工作。特别是当气象预报有大雨时，要有充分的准备，要按时到岗值班，认真检查设备和本单位的防汛工作；真正落实各级责任制，做好防汛工作。

7. 防汛工作责任制划分

◆生产厂房责任人×××。主要责任：检查房屋漏雨情况，及时通知有关部门解决，如遇阴雨天及时遮盖淋雨设备。

◆零米及以下部分责任人×××。主要责任：防止雨水倒灌淹没设备。

◆排洪沟入口清堵责任人×××。主要责任：雨水大时，组织运行岗位人员及时清除排洪沟入口箅子的杂物。

◆储灰场责任人×××。主要责任：汛期检查坝体及坝内水位情况，防止垮坝。

◆110 kV 变电站责任人×××。主要责任：检查端子箱门应关好，电缆沟盖板应盖好，发现缺陷应及时通知检修处理。

◆电缆沟责任人×××。主要责任：防止电缆沟进水，及时排水。

◆排洪沟责任人×××。主要责任：及时安排开发公司汛前清淤。

◆防汛器材及物资责任人×××。主要责任：防汛器材及物资的采购管理，做到器材上阵能用，并做好汛后回收和管理工作。

8. 京丰热电公司抗震防灾预案

（1）抗震防灾领导组织人员

◆抗震防灾指挥部。总指挥：公司总经理；副总指挥：办公室主任、副主任、主要单位负责人。

◆抗震防灾组织机构：生产组、抢险组、运行组、通信组、生活保障组、医疗急救组、交通组、宣传组、保卫消防组、物资供应组、财务组等。

◆抗震防灾日常工作由安全生产技术部负责，电话：（略）；抗震防灾值班工作由总经理工作部负责，电话：（略）；夜间值长电话：（略）。

（2）震前减灾工作

◆对建筑物、构筑物进行抗震鉴定和检查。①公司目前与生产有关的建筑物、构筑物较大部分是 1992 年以后投产使用的，按设计标准应有较强的抗震能力。但由于施工质量有差异，有可能存在质量问题。老公司一些建筑物现仍在使用（如老公司网控室及开关楼、老净水室、原行政楼等）。因此工程科应对公司的建筑物、构筑物每年进行一次抗震鉴定和检查。②生活区建筑的抗震能力也有所不同。1978 年唐山地震时抗震能力达到了 7 级。其后公司又相继建设的 14 栋家属楼都按抗 8 级地震设计和施工，但施工质量有差异。因此对公司的所有家属楼、单身宿舍楼及幼儿园建筑，每年也应进行一次抗震检查和鉴定。③对于公司所有的建筑物、构筑物应每年进行一次检查，对在检查中发现的异常现象应认真做好记录，若发生较大的变化时应及时上报。以上工作由安全生产技术部限期完成，在每年十月底之前提交检查报告。

◆对生产设备进行防震检查。各生产单位应对本单位所辖设备每年进行一次防震检查，对抗震能力不够的要制定抗震加固计划和措施并上报安全生产技术部，安全生产技术部根据资金情况安排加固工程。对于没有加固价值的，地震中又有可能发生坠物伤人的构件和设施，安全生产技术部应及时安排拆除。各生产单位对本单位所辖设备的检查应在 6 月底之前完成，将检查情况以书面形式上报安全生产技术部。

◆抗震防灾的宣传。普及一般地震知识和应急避震常识；动员实施抗震防灾的应急对策。做好抗震防灾宣传工作是地震减灾的重要环节，是减少人员伤亡的重要手段。抗震防灾的宣传工作由宣传组负责完成，可以采用公司闭路电视系统、黑板报、印发宣传资料等形式进行。

◆物资准备工作。物资准备工作应做到平震结合。用于抢险救生的器材包括消防车、吊车、各种客货运输车辆、气焊器材等。使用这些器材的单位应做到及时维修保养，做到一旦发生震情能够立刻使用。运输队的车辆包括特种车辆，应随时保持车辆完好、油箱满油、蓄电池充足，保证能随时参与抢险工作。生产所用的应急物资以平时生产用的备品备件为主，应注意备品备件库房的防震能力。生活应急防震物资应列好品名、数量及供货地点的明细单，有震情预报时及时采购。电气分公司应做好通信设施的维护和检查，必要时添置无线通信设备以备地震时急用。

（3）预防次生灾害

地震后次生灾害的人员、财物损失在整个地震损失中占有相当的比重，做好防止发生次生灾害是防震减灾的重要环节。次生灾害中火灾是主要灾害，因此在平时应加强易燃易爆物品的管理。

◆班组内严禁存放大量易燃品，必须使用的应按规定少量存放。

◆油站应经常检查储罐及管道，发现问题及时维修。

◆乙炔气瓶应存放在远离生产厂房的位置，危险化学品放射源要有专人保管，按指定地点存放，防止散失。

◆各单位做好日常消防工作，发现火灾隐患及时消除，并做好消防器材及设备的维护工作。

◆消防保卫部门应做好消防日常检查工作。

（4）临震安排

◆在临震预报后，立即将预报情况向全体员工传达。

◆抗震防灾指挥部人员及抗震领导机构成员迅速到岗位，立即行使职能。

◆搭设抗震救灾总指挥部，安排昼夜值班。

◆进行各种防灾、救灾物资的调运及采购。

◆规划、清理搭设有抗震能力的临时运行班休息室、抗震食堂、医务室及避震场地。公司避震场地设在渔场南侧马路边足球场内，所有临时抗震建筑物均在此处搭建，也是公司人员临时疏散地点。

◆组织落实各专业抢险队。

◆各种机动车辆出库房露天停放，吊车、消防车、挖掘机随时待命，机房天车应停放在下面没有重要设备位置。

◆医务室将急救药品转移到安全抗震场所。

◆制定疏散方案。幼儿园、生活区的家属人员由抗震防灾指挥部人员组织疏散，并加强公司区域、生活区及公司避震场地的巡逻保卫工作。

（5）生产岗位和专业指挥系统的震时应急措施

◆发生地震时生产岗位的指挥是当值值长，负责指挥全公司当值运行人员的运行、生产及避震，副值长是6#机单元运行生产和避震的负责人。

◆地震时的处理原则为保人身安全，保设备安全，保发电运行。

◆在机组运行中发生较强的地震时，若影响到机组运行，使机组掉闸（包括锅炉灭火），应按紧急停机程序处理，附属设备掉闸时，则降负荷处理，尽量维持机组运行。如部分系统损坏影响设备及人身安全（如汽水系统爆破、燃料系统损坏）时可停机处理，并做好隔离措施，以便检修损坏设备。

◆运行人员在巡视或操作中发生较强地震时，应立即紧急避震。躲避时注意远离高温、高压汽水管道和热体，注意躲开可能有高空落物的地带，尽量找到能掩护身体且不会使自己高空跌落的位置藏身，千万不要惊慌失措。

◆注意尽快恢复厂用电源。

◆要注意防止次生灾害的发生，如油系统着火时应及时切断油源。

◆采用各种通信手段立即向上级报告震情、机组状况及大致损坏情况。

（6）震后抢险

◆初步检查震情，采用各种通信手段迅速与上级部门联系，汇报震情，必要时固定联

系用车。

◆震后有自救能力时，首先抢救被埋压的员工和家属。

◆做好伤员的临时护理和转移治疗。

◆组织各专业抢险队迅速到达现场，同时做好外来救援队伍的向导工作。

◆做好震后员工家属的疏散工作，并做好生活安排。

◆做好生活区、公司区域内的安全保卫工作。

(7) 责任与纪律

做好震前预防措施的落实和震后救灾工作，对减少人民生命财产和国家财产的损失具有重要意义，尤其是电力企业对社会的抗震救灾更具有重大的社会责任。因此公司各有关部门单位必须具有高度的责任心和使命感，按责任分工坚守岗位，做好震前防灾和震后救灾的各项工作。凡因玩忽职守、不负责任造成后果或不顾全大局临阵逃脱的有关领导亦应追究其责任，给予必要的纪律处分。

公司抗震救灾基本情况示意图（略）；公司抗震救灾基本程序示意图（略）；公司主要领导及各部门负责人的联系方法（略）。

第五章 安全生产应急救援培训与演练知识

应急管理是指为了降低突发事件的危害，达到优化决策的目的，基于对突发事件的原因、过程及后果的分析，有效集成社会各方面的资源，对突发事件进行有效的应对、控制和处理。在应急管理中，应急演练是一项综合性、全员性、经常性、基础性的工作，其目的是要提高企业在处置突发事件中的组织指挥、配合响应、物资供给、技术支持、心理素质等方面的综合能力。要使应急预案演练收到预期效果，就需要认真的态度，特别要注意防止不能从严、不会从严、不敢从严这三种倾向，用严肃认真的态度，进行人员的应急培训和应急演练。

第一节 应急培训、应急演练的内容与方法

在应对突发事件中，应急人员只有了解和掌握相关救援知识，明确自己的职责，熟知应急操作，这样在面对突发危险时才能从容沉稳，处变不惊，果敢行动，灵活应对，从而保障应急救援行动的有序、高效开展。因此，对企业全体职工，特别是应急人员，进行培训和进行演练，就成为必需的环节。只有通过全面系统的应急培训，并在应急演练与实战中熟悉技能，积累经验，不断提高应急救援水平，才能实现应急救援的目标。

一、应急培训的内容与方法

1. 应急培训的目标

（1）让领导干部重视应急救援工作，具备良好的应急意识，树立以人为本的科学发展观，严格履行应急职责，切实把应急工作当作“生命工程”来抓。

（2）让应急指挥人员掌握应急救援的流程、资源的分布、重大危险源的处置，具备过硬的组织指挥能力。

（3）让专业应急人员掌握应急救援的程序和要领，具备良好的心理素质和岗位应急救援要求，具备熟练的自救和互救技能。

（4）让职工具备辨识相关基本风险和规避风险的能力。

2. 应急培训的对象

对于企业来说，应急培训的对象主要有以下几类：一是非专职应急救援人员，包括各级领导、企业职工、临时外来人员等。二是专职应急救援人员，包括消防救援人员、医疗卫生救援人员、专业工程抢险人员等。

3. 应急培训的内容

应急培训的内容主要包括：

（1）应急意识教育

包括应急救援工作重要性与迫切性的教育、应急救援文化、法律基础知识、应急法律法规。

（2）应急基础知识教育

包括应急基本概念、应急体系建设、危险因素辨识、危险源辨识、重大危险源辨识、应急预案作用、应急预案的构成及编制实施简要。

（3）专业技能教育

包括相关危险化学品、煤矿、非煤矿山、电力等安全专业知识，风险分析方法，应急预案编制，应急物资储备与使用，应急装备选择、使用与维护，应急预案评审与改进，应急预案实施。

4. 应急培训的方法

应急培训要采取灵活多样，简单实用，效果明显的方法。常用方法如下：

（1）书本教育

编制通俗应急知识读本，进行全员发放，人手一册，以提高应急意识，传授基本应急知识。

（2）举办知识讲座

聘请外部专家对专业人员进行系统的专业知识教育，或对某一专题进行讲解。

（3）企业内部办班

组织具备相当水平的企业内专业人员从上至下进行分层次的教育培训。

（4）案例教育

精选成败案例，结合企业实际，进行生动、灵活的教育。

（5）计算机多媒体教育

利用幻灯片、三维动画模拟等计算机多媒体技术进行教育。

（6）模拟演练

对应急预案进行模拟演练。由于模拟演练与实战情景最接近，因此，最能锻炼应急人员的心理素质、应急技能，对提高应急救援水平最有效果。因此，这是一种必不可少的培训方法。

二、应急演练的内容与方法

1. 应急演练的作用

应急演练的作用主要有以下几个方面。

（1）检验应急预案

通过应急演练，验证应急预案对可能出现的各种紧急情况的适应性，找出应急准备工作中可能需要改善的地方，确保建立和保持可靠的通信渠道及应急人员的协同性，确保所有应急组织都熟悉并能够履行其职责，找出需要改善的潜在问题。例如，发现应急预案程序方面存在的问题；发现应急技术及现场操作方法存在的问题；发现应急责任方面存在的问题等。

（2）提高应急救援人员心理素质

面对突发重大险情、事故，恐慌、惧怕、逃避心理是人的正常心理反应，但是对于应急救援来讲，必须纠正人员的恐慌、惧怕、逃避心理。通过演练，使应急人员具有处变不惊、从容应对的心理素质，从而依照程序、符合要求、有序施救，确保成功。

（3）熟悉预案提高救援水平

熟能生巧，熟练操作就会高效。因此，经常进行应急演练，就会熟悉预案，熟练操作，默契配合，对于突发异常，容易灵活正确处置，从而不断提高应急管理与应急救援水平。因此，必须变“纸上谈兵”为“模拟演兵”，从而保证“有备而战，战则能胜”。

（4）提高全员应急意识

每一次的应急演练就是一堂生动的应急文化教育课。通过应急演练，一次次地激发、巩固全员应急意识。这种应急意识的形成，对于充分调动全员应急工作的主动性，包括获得领导对应急工作的支持，员工对应急工作的热爱，社会公众对应急工作的帮助与支持，具有不可低估的作用。

2. 应急演练原则

应急演练类型有多种，不同类型的应急演练虽有不同特点，但在策划演练内容、演练情景、演练频次、演练评价方法等方面，应遵循以下原则。

（1）领导重视，依法进行

首先，最高管理层要充分认识到应急预演的重要性和真正目的。端正思想，克服演练是“形式主义、没效益、白花钱”等错误思想，只有领导重视，应急演练工作才能得到根本保障。同时，应急演练采用的形式、具体的操作方式，都必须依法进行。要避免事先不向周围公众告知，以致“事故突发”，居民惊慌失措，四处奔逃，正常生活被打乱，甚至出现人员伤亡、财产损失的情况。

（2）周密组织，安全第一

演练的根本目的是要保障生命和财产免受伤害，绝不能在演练中真“出事”，出现人员伤亡、影响生产的情形。因此，对演练必须周密组织，坚持安全第一的原则，保证演练过程的每个环节都是实时可控的，即随时可以安全终止，充分保障人员生命安全、生产运行安全和周围公众的安全。

（3）结合实际，突出重点

要充分考虑企业、地域实际情况，分析应急工作中的薄弱环节，分析应急工作的重点所在，找出需要重点解决、重点保障的内容进行演练。如果员工对应急预案的基本内容尚不熟悉，就要重点抓好以口头讲解为特点的桌面演练；如果应急人员对应急装备的使用存在问题，就应该重点进行应急装备的重点演练；如果泄漏事故是企业多发且可能造成重大事故的事故类型，就应该把泄漏事故的应急演练作为重点首先演练好。

（4）内容合理，讲究实效

应急预案是一个复杂的系统工程，从理论上讲，要演练的内容很多。因此，必须坚持内容合理，讲究实效的原则，确定那些有实质意义的内容，避免出现走过场，让演练流于形式的现象。

（5）优化方案，经济合理

演练需要投入人力、物力、财力，其中，以全面演练为最，在许多情况下，企业会出现“演练不起”的现象。演练有用，可演练若花费太多，也可能“吃掉”企业效益，成为企业经济运行的“绊脚石”，企业生产安全有了保障，但企业经济发展却失去保障，也完全违背了应急演练通过保障生产安全促进经济发展的初衷。因此，应急演练，必须对演练方案进行充分优化，从演练类型选择、人力物力投入等方面，充分综合评价企业的安全需求与经济承受能力，选用最经济的方式，用最低的演练成本达到演练的目的。要坚决避免求大求全求好看的现象。如果这样，需要经常进行的演练必将对企业造成不可估量的经济损失。

3. 应急演练类型

应急演练可采用包括桌面演练、功能演练和全面演练三种演练类型。

（1）桌面演练

桌面演练是指由应急组织的代表或关键岗位人员参加的，按照应急预案及其标准运作程序讨论紧急情况时所应采取的行动的演练活动。桌面演练的主要特点是对演练情景进行口头演练，主要作用是检查和解决应急预案中的问题，解决应急组织相互协作和职责划分的问题。桌面演练方法成本较低，主要用于为功能演练和全面演练作准备。

（2）功能演练

功能演练也称专项演练，是指针对某项应急响应功能或其中某些应急响应活动举行的演练活动。功能演练一般在应急指挥中心举行，并可同时开展战场演练，调用有限的应急设备，主要目的是针对不同的应急响应功能，检验相关应急人员及应急指挥协调机构的策划和响应能力。如应急通信功能演练，可假定在事故状态下，按照预案要求，模拟事态的逐级发展，检验不同人员、不同地域、不同通信工具的通信能否满足实际要求。对于功能演练，要进行评估，充分总结演练过程中发现的问题和获得的经验。功能演练完成后，除采取口头评估的形式外，还要向相关部门提交有关演练活动的书面评估报告，提出改进建议，完善应急预案，提高应急水平。

（3）全面演练

全面演练是指针对应急预案中全部或大部分应急响应功能，检验、评价应急组织应急运行能力的演练活动。全面演练的过程要求尽量真实，调用更多的应急响应人员和资源，并开展人员、设备及其他资源的实战性演练，以展示相互协调的应急响应能力。

4. 应急演练准备

演练策划报告完成后，即可按照演练策划报告的内容与要求，有序地开展准备工作，准备充分，即可按期、按要求开展演练及总结工作。因此，演练策划报告是演练的重要指导性与操作性兼具的文件，既要保证现场情景逼真，圆满实现演练目标，又要保障人员、生产、周围公众的安全，这就必须把模拟情景设计好。情景设计是演练的重要“剧本”，只有剧本好，才能排演好。

情景设计中，必须说明演练人员在演练中的一切应急行动，并将应急行动安全注意事项在行动分解中，随时讲清。情景设计过程中，策划小组应注意以下事项。

（1）安全第一

编写演练方案或设计演练情景时，应将演练参与人员、周围公众及生产的安全放在首位。演练方案和情景设计中应说明安全要求和原则，以防演练参与人员、公众的安全健康或生产、生活秩序受到危害。

（2）专家编写

负责编写演练方案或设计演练情景的人员，必须熟悉演练地点及周围各种有关情况。一般来说，应由技术专家和组织指挥专家（管理专家）两部分专家参与此项工作。演练人员不得参与演练方案编写和演练情景的设计过程，确保演练方案和演练情景相对于演练人

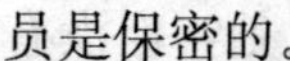

员是保密的。

(3) 生动真实

设计演练情景时，应尽可能结合实际情况，具有一定的真实性。为增强演练情景的真实程度，策划小组可以对历史上发生过的真实事故进行研究，将其中一些信息纳入演练情景中。在演练中，尽可能地采用一些真实的道具或其他仿真度强的模拟材料，提高情景的真实性。

(4) 进程可控

情景事件的时间进度应该可控，事情的发展可以与真实事故的时间进度相一致，也可以不一致。从理论上讲，两者相一致是最理想的，但对于演练来讲，这几乎是不可能的。因为，演练的时间常常有限，而且，从目的上来讲，也只是一个检验预案、熟悉操作、提高技能的过程，也不必较真。因此，情景设计的事件进程，总体上应是可控的。

(5) 气象条件

根据演练日期确定的演练时的气象条件，几乎不可能与情景设计的一样，因此，对于气象条件，原则上就是使用当时当地的气象条件，至于应急响应行动，完全按预案的内容与要求来执行。为了保证对气象条件的适应，可以对气象条件开展专项演练，以提高参演人员对各种气象条件的适应性。

(6) 制定演练“事故”预案

演练现场会有许多真实的场景，如油盆火、氯气瓶，要用到电话、灭火器、气体监测仪等真实器材，在这些场景中，有可能发生意外的险情，造成真实的事故，并带来人员的伤亡。因此，必须对于应急预案演练中可能出现的意外情况，制定演练“事故”预案，对各种意外情况充分考虑，并制定相应的预案。

5. 应急演练实施与评价

演练结束后，对演练是否达到演练目标、应急准备水平及是否需要改进等进行全面总结与评价是完善预案、提高预案实效性的一个重要步骤。演练评价不仅能发现一些演练暴露出的表面问题，同时也能发现一些深层次的问题，通过集体的智慧，最大程度地发掘演练的价值，为应急救援工作的改进提出系统全面的改进建议，对于应急工作的改进具有非常重要的作用。

一般来讲，评价结论一般可分为以下六个等级：

(1) 非常成功

演练完全按照演练策划方案顺利进行，突然出现的意外情况也得到了及时正确的处置，圆满实现演练的预定目标。

(2) 总体成功

演练总体按照演练策划方案顺利进行，虽有策划不周、操作不妥等不足之处，但没有明显的缺陷，圆满实现了既定的演练目标。

（3）基本成功

基本按照演练策划方案进行，但出现了许多不应出现的情况，既定的主要演练目标基本实现。

（4）基本失败

基本按照演练策划方案进行，但是，有个别的重要演练目标没有实现。

（5）失败

在演练过程中，出现重大错误、不足或缺陷，并导致既定的演练目标总体没有实现。

（6）严重失败

在演练过程中，出现重大错误、不足或缺陷，不仅既定的演练目标没有实现，而且引发了不应发生的人员伤亡、正常生产受到严重影响、周围公众生活受到损害等事故。

需要注意的是，演练评价结论标准要细化，具有可操作性。因为评价结论是对应急组织者工作质量的评价，因此，评价必须科学合理，事先共同制定明确具体的标准，并得到管理者的明文认可，就会消除事后矛盾。如果仅凭上述的概念性评价，没有理论结合实际，制定具体可操作的条款，评价小组与演练策划小组就可能出现不可避免的工作矛盾。

三、应急演练需要注意的问题

1. 演练要多层次，方法更要灵活

对于一般生产装置的事故处理，重点考察生产操作人员的技术素质、操作技能、对事故的判断、应变能力等，因此考评的方式要达到提高准确性的目的，演练要多层次，方法更要灵活。具体有以下几种方式。

（1）照本宣科法

照本宣科方法即预先制订演练计划，根据指定的应急预案组织学习，事先分配和明确生产操作人员各自的职责和任务，然后模拟操作，考评人员现场观察打分讲评，这是最常用的一种方法，只要记忆好，演练起来就容易。优点是考核起来比较客观，可比性较强；缺点是缺乏对应变能力的考察。

（2）随机抽题法

随机抽题法是不告诉操作人员要演练的内容，到了现场随机抽取考题，然后按照应急预案开始演练。要求生产操作人员要有较高的技术素质，熟练掌握所有的应急预案。优点是可以督促生产操作人员加强业务学习，考核起来比较客观，可比性较强；缺点是对应变能力的考察不够全面。

(3) 随机应变法

随机应变法是针对企业发生的突发性事故的多样性和复杂性，要求各操作人员判断准确，配合默契，指挥员指挥得当，尽可能地组织大家将突发事故造成的损失降低到最小程度。因此，针对多种多样的突发性紧急事故光靠现有的应急预案是远远不够的，所以应着重培养生产操作人员的应变能力，而随机应变法可以较好地培养生产操作人员的应变能力。

2. 要防止不能从严的倾向

一些人认为，应急预案演练是企业领导、安全生产管理部门的事，对于在应急预案演练中全员参加、全要素训练、全方位投入、全过程控制，达到上下协同、左右配合、立体演练的重要性认识不足，使得应急预案演练不够严密。为此，企业必须建立健全保障从严开展应急预案演练的制度，从应急预案演练计划的下达、项目的安排、过程的监督以及人财物的投入等方面，都要严格对照应急预案演练的大纲和计划逐项落实，每演练一个科目、一项内容、一个阶段，都要按照演练标准和预期目标进行严格验收，发现不到位，特别是弄虚作假的项目或环节，除了要重新演练外，还要根据企业安全生产规章制度严格处罚。应急预案演练是一项复杂的系统工程，必须有一支懂安全、善组织、会协调的骨干队伍挑起组织应急预案演练的大梁，严把演练的各个关口，才能确保预案演练的效果。

3. 要防止不会从严的倾向

在基层开展的应急预案演练中，一些组织者对需要演练的应急预案不熟悉，不能及时发现演练中存在的问题，无法做到严之有理，严之有据。因此，应急预案演练的组织指挥者必须熟知应急预案内容，准确把握演练的标准。在组织演练时，要科学设定演练目标，通过企业全体人员的不懈努力，能够实现演练目标。演练目标如果过高，则会脱离企业和职工队伍实际，很难达到目标；目标如果过低，则会难以起到演练应有的作用。同时，要熟知预案演练的组织方法，只有方法对头，才能严而有道，严而有序，事半功倍。否则，无论组织者投入多大的精力，设置多么严格的标准，其结果只能是事与愿违。科学的演练方法应该来自于演练大纲，而不是那些经不起实践检验的“土办法”。只有对预案演练大纲规定的演练方法了然于胸，才能把从严演练落到实处。

4. 要防止不敢从严的倾向

实践证明，从严开展应急预案演练需要投入一定的人力、物力和财力，有时可能与生产经营等其他工作产生冲突，影响企业一时的经济效益。在演练初期，由于一部分人对预案不熟悉，心理素质不过关，相互配合不那么默契，有可能在演练的过程中出现意外。面对这种状况，一些人就缩短应急预案演练的时间，降低难度和标准，让从严开展应急预案演练喊在口头上、写在文件里、讲在会议中。开展应急预案演练花费了一点投入，占用了一点生产时间，从表面上看好像是影响了企业的经济效益。其实，安全才是最大的效益，最大的节约。如果没有安全做保障，企业的正常生产就无法保证，一旦发生生产事故，将造成巨大的经济损失，其产生的恶劣社会影响和对职工群众产生的伤害用再多的金钱也难以弥补。因此，在应急预案演练中不能因为担心发生风险就降低演练等级和标准。否则，在演练中避免了暂时的风险，降低了参与应急预案演练人员的危机感，反而会给安全生产埋下更大的隐患。从严组织应急预案演练对于组织者来说是一个严峻的考验。敢不敢在演练中来实的、动真的，不是方法问题，而是态度问题。只有严格按照标准组织职工进行应急预案演练，才能使演练收到预期的效果。

5. 采取多种形式促进应急演练

对于应急演练，企业需要根据实际情况，采取灵活多样的形式，不断促进应急演练。我们来看宁波市镇海区安监局在应急演练上的新思路、新形式。

宁波市镇海区是我国华东地区重要的石油化工基地和液体化学品集散地，区内拥有浙江省国家级石化工业专业园区，园区内有中国石化镇海炼化、镇海国家石油储备基地、宁波港液体化工储罐区，荷兰阿克苏诺贝尔、韩国爱敬、德国林德气体等知名化工企业。为了有效应对危险化学品引发的火灾、爆炸、毒气泄漏等突发状况，镇海区安监局将应急救援体系建设作为安全生产的一项重点工作。为深化应急救援体系建设，全面提升区域安全保障水平，探索出了一条“政府主导、依托企业、服务社会”的体系建设新思路，并且在应急演练形式上也是多种多样。

一是举办应急处置技能大赛。2010 年年底，镇海区举办了第三届应急处置技能大赛。在比赛中，有的参赛选手仅用 15 s 就完成了空气呼吸器的佩戴，其他参赛人员这一比赛的平均成绩为 30 s。而在以前，他们完成同样的动作需要 15 min。在三四年之前，化工区的员工绝大部分是外来务工人员，安全意识不强，也没有多少安全生产知识和技能，看见过防化服的没有几个人，更别说完成空气呼吸器的佩戴。通过应急处置技能大赛，促进了知识的学习，提高了技能。

二是为提升企业一线职工的应急处置及自救能力，镇海区安监局在宁波市消防支队的支持下，成立了应急处置技能培训基地。基地每年培训 300 余名一线车间工人，用军事化的管理、训练和系统直观的教学，充实职工的安全生产知识技能。由于外来务工人员流动性大，一些职工往往刚培训完就离开了工厂，对此，所采取的对策是“再招人再培训”的韧性方法，无论是短期工还是长期工，新来的员工都必须先经过培训才能上岗。

三是不断进行实际演练。2010 年，镇海区安监局仅针对危化品行业举行了多次演练，包括危险货物运输交通事故应急演练、危化事故医疗救援应急演习、镇海口岸化学品突发事件应急处置联合演练、液体化工储罐区火灾失电事故应急训练、丙烯腈泄漏演练、海上危险化学品泄漏事故应急演练等。通过一系列实战演练活动，提高了企业的救援能力，为突发事故的紧急救援打下了基础。在不断演练过程中逐渐向更深层次发展。例如演练目标设置，从单一情景事件逐渐向复杂情景事件转变，从以危险化学品演练为主向多领域合作转变。演练剧本的设计往往以同类行业已发生的事故为原型，更加贴近行业实际，从而锻炼和考验救援队伍的指挥能力和协调配合能力。

第二节　应急培训与应急演练相关规定

应急救援是指突发事件责任主体采用预定的现场抢险和抢救方式，在突发事件应急响应行动中迅速、有效拯救人员的生命和财产，指导公众防护，组织公众撤离，减少人员伤亡。对突发事件展开应急救援需要对应急救援人员事先进行相关知识的培训，进行应急救援预案的演练，这样才能有效应对各类突发事件，否则，不仅应急救援效果不佳，还有可能造成新的人员伤亡。对此，国家安全生产监督管理总局对加强安全生产应急管理培训工作、生产安全事故应急演练作出规定和要求。

一、《关于加强安全生产应急管理培训工作的实施意见》相关要点

2007 年 2 月 15 日，国家安全生产监督管理总局印发《关于加强安全生产应急管理培训工作的实施意见》（安监总应急［2007］34 号）（以下简称《意见》）。《意见》指出，为贯彻落实《国务院关于全面加强应急管理工作的意见》（国发［2006］24 号）、《国家突发公共事件总体应急预案》《国家安全生产事故灾难应急预案》和《国务院 2006—2010 年应急管理培训工作总体实施方案》，建设高素质安全生产应急管理干部队伍和应急救援队伍，提高安全生产事故应急处置能力，现就加强安全生产应急管理培训工作提出以下实施意见。

1. 指导思想和工作原则

（1）指导思想

以邓小平理论和“三个代表”重要思想为指导，全面落实科学发展观，坚持“安全发展”指导原则和“安全第一、预防为主、综合治理”方针，以减少和控制事故发生，保障劳动者安全与健康为根本，以落实和完善安全生产应急预案为基础，以提高应急管理和应急处置能力为重点，按照《国务院 2006—2010 年应急管理培训工作总体实施方案》提出的

要求，全面加强安全生产应急管理培训工作，为安全生产应急管理和应急救援工作提供人才保障和智力支持。

（2）工作原则

安全生产应急管理是安全生产监督管理工作的重要组成部分。安全生产应急管理培训工作纳入安全监管总局培训工作总体规划部署，有计划、分步骤实施，并遵循以下工作原则：

◆统一规划，合理安排。按照安全监管总局培训工作总体规划，结合安全生产应急管理和应急救援工作实际，合理安排培训工作计划，突出工作重点，明确工作目标。

◆分级实施，分类指导。按照“分级负责、分类管理”的原则，分层次、分类别制定培训大纲，编写培训教材，培养专业教师队伍，开展培训工作。

◆联系实际，学以致用。紧密结合安全生产应急管理和应急救援工作实际，围绕“一案三制”建设，针对受训对象的特点和工作需要开展培训工作，着眼于增强危机意识，着眼于提高事故预防技术水平，着眼于提高科学决策和事故处置能力。

◆整合资源，创新方式。充分利用现有培训资源，增强现有基地应急培训功能，创新培训方式，将理论与实践相结合，提高培训效果。

◆规范管理，提高质量。发挥各级安全生产应急管理机构的综合协调作用，调动各地区、各部门、各企业的积极性，规范培训考评制度，提高教学质量，形成良好的培训工作秩序。

2. 主要任务和工作目标

有计划地开展不同形式的安全生产应急管理业务知识和专业技能培训，为生产经营单位提供各类培训教材和不同形式的培训课程。通过培训，使受训对象的应急知识得到拓展，增强危机感，熟悉应急预案，掌握应急处置技术，提高安全生产应急管理和应急处置能力。到2010年，形成以安全生产应急管理理论为基础，以安全生产应急管理相关法律法规和应急预案为核心，以提高各级安全生产应急管理人员的应急处置和事故预防能力为重点，以提高企业各类人员事故预防、应急处置、自救互救能力为基本内容的培训课程体系；建立政府主导和社会参与相结合，以实际需要为导向，分层次、分类别、多渠道的培训工作格局；优化配置培训资源，完善培训基地功能和考核评价方法，实现培训管理制度化，保障培训工作质量；对专业机构安全生产应急管理人员进行一次系统培训，对区域和骨干专业应急救援队伍进行一次全面培训，使企业安全生产管理人员和从业人员掌握安全生产应急预案，安全生产应急管理知识得到提高。

3. 培训内容和要求

（1）加强对领导干部的培训

领导干部应急管理培训的重点是增强应急管理意识，掌握相关应急预案，提高安全生产事故应急管理和应急处置能力。各级安全生产监督管理部门要将安全生产应急管理内容列入安全培训计划，纳入领导干部安全生产培训课程，有计划地开展对本地区领导干部的培训。

（2）对安全生产应急管理人员进行系统培训

安全生产应急管理人员培训的重点是掌握各类安全生产应急预案和相关法律法规及应急救援相关知识和技能，提高应急管理工作水平。国家安全生产应急救援指挥中心（以下简称国家应急指挥中心）制订年度培训计划，组织对省级安全生产应急管理人员进行系统培训，并指导省级安全生产监督管理部门开展相关安全生产应急管理知识和专业技能的培训。各级安全生产应急管理机构要制订培训计划，合理安排时间，利用不同方式开展安全生产应急管理培训；要有计划地开展对工作人员综合业务的培训，提高应急值守、信息报告、组织协调、预案管理和应急处置等方面的工作能力，力争受训率达到100％。

（3）加强对生产经营单位管理人员的培训

生产经营单位管理人员培训的重点是增强事故防范意识，掌握事故隐患辨识和应急预案编制方法，提高安全生产应急管理和重大事故应急处置能力。在生产经营单位负责人和安全管理人员安全资格培训课程中增加应急管理的内容。中央企业的总公司（集团公司）安全管理人员由国家应急指挥中心制订年度培训计划，会同国务院有关部门组织培训。中央企业的分公司、子公司及其所属单位安全管理人员由中央企业的总公司（集团公司）或省级安全生产监督管理部门组织培训。中央企业总公司、分公司（子公司）及其所属单位安全管理人员受训率达到100％。

各省级安全生产监督管理部门要合理规划，按照有关规定，有重点地组织和指导本地区生产经营单位负责人和安全生产管理人员的培训；督促生产经营单位将安全生产应急管理作为培训的重要内容之一。

（4）加强对安全生产应急救援队伍的培训

安全生产应急救援队伍的培训重点是熟悉相关应急预案和事故发生的特点，熟练掌握事故隐患辨识和安全生产事故应急救援技能，提高在不同情况下实施救援和协同处置的能力。国家应急指挥中心负责组织对专业应急救援队伍大队、中队指挥人员和管理人员的培训和复训；各省级安全监管部门、煤矿安全监察机构按照有关规定负责组织对救援队伍其他指挥人员和管理人员的培训。救援队伍指挥人员及有关人员的培训和复训率要达到100％。

（5）加强对从业人员和社会公众的培训和教育

从业人员安全生产应急管理培训的重点是熟悉企业应急预案，熟练掌握本岗位事故防范措施和应急处置程序，增强安全生产和事故防范意识，提高事故隐患排查和应急处置、自救和互救的能力。社会公众培训教育的重点是了解事故危害、避险、自救和互救等知识。生产经营单位要按照有关规定和企业应急预案要求，每年对从业人员进行一次专门的安全生产应急管理和应急处置程序的培训。各级安全监管部门、煤矿安全监察机构按照有关规定，指导、配合有关部门和生产经营单位对公众进行事故危害、预防、避险、自救和互救等知识的培训和教育。

4. 保障措施

（1）加强对安全生产应急管理培训工作的组织领导

安全生产应急管理培训是安全生产应急管理工作的重要环节，是消除事故隐患、减少事故发生、提高事故处置能力、降低事故损失的重要举措。各级安全监管部门、煤矿安全监察机构要把应急管理培训纳入安全生产培训工作总体规划，加强组织协调，抓好工作落实，统筹培训经费，确保培训工作目标的实现。安全生产应急管理培训涉及面广，各级安全生产应急管理机构既要充分调动各方面积极性，又要统筹安排，规范管理，保证安全生产应急管理培训工作健康、有序开展。

（2）制定和开发安全生产应急管理培训大纲和教材

国家应急指挥中心结合安全生产事故特点和应急管理工作需要，分类制定培训大纲、培训教材和考核标准，科学规划各类人员培训课程，明确培训内容和标准。根据培训大纲和考核标准，分别组织编写适应不同类别人员需要和不同岗位工作要求的培训教材，逐步建立起科学合理的安全生产应急管理培训教材体系。

（3）推进培训手段现代化建设

充分利用现有各类培训教育资源和网络、电视、远程教育等手段，依托大专院校和安全生产培训机构广泛开展培训工作。借鉴国内外现代教育培训理论与方法，采用案例教学、情景模拟、交流研讨、案例分析、应急演练、对策研究等方式，提高学员学习的自主性、参与性，提高培训质量和效果。学习和借鉴国外先进的应急管理培训经验和技术，积极创造条件、开拓渠道，加强同国（境）外相关机构和组织的培训合作与交流。

（4）加强师资队伍建设

以有关大专院校、研究机构和安全生产培训机构为依托，重点培养一支熟悉安全生产应急管理、精通培训业务、热爱应急管理培训工作的教学骨干队伍。从具有较深理论功底和丰富实践经验的安全生产应急管理干部、科研院所和相关企事业单位的专家学者中选定一批兼职教师，建立安全生产应急管理培训师资库。开展安全生产应急管理应用技术与学术交流，提高安全生产应急管理培训师资水平。

（5）统筹安排使用培训经费

由国家应急指挥中心负责的培训按照财政部批准的应急管理培训经费预算执行，并做

到培训经费专款专用，加强经费管理，提高经费使用效果。各级安全监管部门、煤矿安全监察机构要将安全生产应急管理培训作为重要培训项目之一，在现有培训经费中统筹安排相关经费，确保安全生产应急管理培训工作的需要。生产经营单位应结合企业整体发展规划，明确管理机构和人员，制订年度培训计划，增加培训投入，保证企业安全生产应急管理培训工作落到实处。

（6）完善管理制度，保证培训质量

结合当前应急管理培训工作实际，确定培训质量考评方法，建立应急管理培训质量评估制度。国家应急指挥中心要从培训计划的制订、培训的教学设计、培训内容和方式的选择、培训师资的选聘、培训过程的管理、培训效果的评估等环节加强对培训机构应急管理培训质量的检查，确保培训质量和效果。

二、《生产安全事故应急演练指南》相关要点

2011 年 4 月 19 日，国家安全生产监督管理总局批准安全生产行业标准《生产安全事故应急演练指南》（AQ/T 9007—2011），自 2011 年 9 月 1 日起施行。

《生产安全事故应急演练指南》分为：适用范围、规范性引用文件、术语和定义、应急演练目的、应急演练原则、应急演练类型、应急演练内容、综合演练组织与实施、应急演练评估与总结、演练资料归档、持续改进等内容。主要内容如下：

（1）适用范围

《生产安全事故应急演练指南》规定了生产安全事故应急演练（以下简称应急演练）的目的、原则、类型、内容和综合应急演练的组织与实施。其他类型演练的组织与实施，可根据演练规模和复杂程度参照本标准进行。本标准适用于针对生产安全事故所开展的应急演练活动。

（2）应急演练目的

应急演练目的主要包括：

• 检验预案。发现应急预案中存在的问题，提高应急预案的科学性、实用性和可操作性；

• 锻炼队伍。熟悉应急预案，提高应急人员在紧急情况下妥善处置事故的能力；

• 磨合机制。完善应急管理相关部门、单位和人员的工作职责，提高协调配合能力；

• 宣传教育。普及应急管理知识，提高参演和观摩人员风险防范意识和自救互救能力；

• 完善准备。完善应急管理和应急处置技术，补充应急装备和物资，提高其适用性和可靠性。

（3）应急演练原则

应急演练应符合以下原则：

•符合相关规定。按照国家相关法律、法规、标准及有关规定组织开展演练。

•切合企业实际。结合企业生产安全事故特点和可能发生的事故类型组织开展演练。

•注重能力提高。以提高指挥协调能力、应急处置能力为主要出发点组织开展演练。

•确保安全有序。在保证参演人员及设备设施安全的条件下组织开展演练。

（4）应急演练类型

应急演练按照演练内容分为综合演练和单项演练，按照演练形式分为现场演练和桌面演练，不同类型的演练可相互组合。

（5）应急演练内容

•预警与报告。根据事故情景，向相关部门或人员发出预警信息，并向有关部门和人员报告事故信息。

•指挥协调。根据事故情景，成立应急指挥部，调集应急救援队伍等相关资源，开展应急救援行动。

•应急通信。根据事故情景，在应急救援相关部门或人员之间进行音频、视频信号或数据信息互通。

•事故监测。根据事故情景，对事故现场进行观察、分析或测定，确定事故严重程度、影响范围和变化趋势等。

•警戒管制。根据事故情景，建立应急处置现场警戒区域，实行交通管制，维护现场秩序。

•疏散安置。根据事故情景，对事故可能波及的范围内的相关人员进行疏散、转移和安置。

•医疗卫生。根据事故情景，调集医疗卫生专家和卫生应急队伍开展紧急医学救援，并开展卫生监测和防疫工作。

•现场处置。根据事故情景，按照相关应急预案和现场指挥部要求对事故现场进行控制和处理。

•社会沟通。根据事故情景，召开新闻发布会或事故情况通报会，通报事故有关情况。

•善后工作。根据事故情景应急处置结束后，开展事故损失评估、事故原因调查、事故现场清理和相关善后工作。

•其他。根据相关行业（领域）安全生产特点所包含的其他应急功能。

（6）综合演练组织与实施

•演练计划应包括演练目的、类型（形式）、时间、地点，演练主要内容，参加单位和经费预算等。

•综合演练通常成立演练领导小组，下设策划组、执行组、保障组、评估组等专业工作组。根据演练规模大小，其组织机构可进行调整。

• 演练工作方案内容主要包括：应急演练目的及要求、应急演练事故情景设计、应急演练规模及时间、参演单位和人员主要任务及职责、应急演练筹备工作内容、应急演练主要步骤、应急演练技术支撑及保障条件、应急演练评估与总结。

• 根据需要，可编制演练脚本。演练脚本是应急演练工作方案具体操作实施的文件，帮助参演人员全面掌握演练进程和内容。演练脚本一般采用表格形式，主要内容包括：演练模拟事故情景，处置行动与执行人员，指令与对白、步骤及时间安排，视频背景与字幕，演练解说词等。

• 评估方案。演练评估方案通常包括以下内容。演练信息：应急演练目的和目标、情景描述、应急行动与应对措施简介等。评估内容：应急演练准备、应急演练组织与实施、应急演练效果等。评估标准：应急演练各环节应达到的目标评判标准。评估程序：演练评估工作主要步骤及任务分工。附件：演练评估所需要用到的相关表格等。

• 保障。针对应急演练活动可能发生的意外情况制定演练保障方案或应急预案，并进行演练，做到相关人员应知应会，熟练掌握。演练保障方案应包括应急演练可能发生的意外情况、应急处置措施及责任部门、应急演练意外情况中止条件与程序等。

• 观摩手册。根据演练规模和观摩需要，可编制演练观摩手册。演练观摩手册通常包括应急演练时间、地点、情景描述、主要环节及演练内容、安全注意事项等。

（7）应急演练评估与总结

• 现场点应急演练结束后，评估人员或评估组负责人在演练现场对演练中发现的问题、不足及取得的成效进行口头点评。

• 书面评估人员针对演练中观察、记录以及收集的各种信息资料，依据评估标准对应急演练活动全过程进行科学分析和客观评价，并撰写书面评估报告。评估报告重点对演练活动的组织和实施、演练目标的实现、参演人员的表现以及演练中暴露的问题进行评估。

• 应急演练结束后，演练组织单位应根据演练记录、演练评估报告、应急预案、现场总结等材料，对演练进行全面总结，并形成演练书面总结报告。报告可对应急演练准备、策划等工作进行简要总结分析。参与单位也可对本单位的演练情况进行总结。演练总结报告的内容主要包括：演练基本概要；演练发现的问题，取得的经验和教训；应急管理工作建议。

（8）演练资料归档

• 应急演练活动结束后，演练组织单位应将应急演练工作方案、应急演练书面评估报告、应急演练总结报告等文字资料，以及记录演练实施过程的相关图片、视频、音频等资料归档保存。

• 对主管部门要求备案的应急演练资料，演练组织单位应及时将相关资料报主管部门备案。

（9）持续改进

•预案修订完善。根据演练评估报告中对应急预案的改进建议，由应急预案编制部门按程序对预案进行修订完善。

•应急管理工作改进。应急演练结束后，演练组织单位应根据应急演练评估报告、总结报告提出的问题和建议，对应急管理工作（包括应急演练工作）进行持续改进。演练组织单位应督促相关部门和人员，制订整改计划，明确整改目标，制定整改措施，落实整改资金，并跟踪督查整改情况。

第三节　企业进行应急救援演练的做法与经验

对于大多数生产企业来讲，组织应急救援演练是比较困难的一件事情，因为组织应急救援演练，不仅额外增加了麻烦，还会占用生产时间，影响生产进度。但是从许多事故经过、当事人感受来看，组织应急救援演练是非常重要的。许多事故发生后，很多时候只要处置得当，逃生方法正确，就能够减轻事故的损失，减少人员伤亡。许多企业员工虽然平时接受了相关知识培训，但面对突如其来的危险，多数员工会把相关知识忘记，无法从容应对。事实表明，组织应急救援演练是非常重要和必要的工作，对此千万不能马虎大意，掉以轻心。在此，介绍一些企业组织应急救援演练的做法，可以作为参考。

一、重庆天然气净化总厂天然气泄漏事故应急演练的做法

重庆天然气净化总厂隶属于中国石油西南油气田分公司，是西南油气田分公司下属的主要生产单位，下辖 8 个分厂，拥有天然气净化装置 12 套，具有日处理原料天然气 2 900 万 m^3、年处理原料天然气 100 亿 m^3 的生产能力，是综合配套齐全、技术先进的大型天然气净化厂。现有员工 2 000 多人。

1. 企业基本情况

重庆天然气净化总厂的主要生产任务是净化天然气，即脱除原料天然气中的硫化氢、有机硫等有害物质，输出洁净、优质的净化天然气，并利用脱除的含硫化合物生产硫黄。近年来，重庆天然气净化总厂经过重组改制，企业快速发展，生产规模不断扩大，已累计净化天然气 660 多亿 m^3，生产硫黄近 40 万 t，为西南地区社会经济发展做出了积极贡献。

该厂不仅为国家创造了巨大的物质财富，而且形成了一整套先进的天然气生产及管理理论，并先后编制了《天然气净化操作工职业标准》《天然气净化操作工培训教材》《天然气净化厂劳动定员》《天然气孔板流量计算机系统校验方法》等系列企业标准。

2. 天然气泄漏的危害与措施

天然气是一种清洁能源，但使用不当也会给人们带来灾害。通常情况下，天然气少量泄漏不会引起着火、爆燃等事故，但如果处理不及时，当室内泄漏的燃气慢慢聚集达到一定浓度，遇明火可能引发局部爆燃着火，造成人员和财产损失。当燃气泄漏量较大时，泄漏的燃气与空气混合达到爆炸极限，遇明火就会发生爆炸，造成人身伤亡和财产损失，严重的还会殃及附近建筑物的安全。

发现天然气泄漏后，应该保持冷静，采取以下措施：一是立即关闭天然气总阀门，阻断气源切断来源，不要轻易打开和关闭任何电气设备，如电闸、电扇、排气扇、空调等，因为打开或者关闭电气设备，都有可能产微小火花，引起燃气爆炸。二是疏散人员，尽可能地迅速疏散附近作业人员，阻止无关人员靠近。三是按照预定程序和要求迅速报警，讲清楚泄漏地点、状况等。天然气泄漏后弥漫在空气中，会使人窒息甚至中毒，室内应尽量不留人。如发现起火，可将湿布盖住着火点，或使用灭火器。

3. 应急救援演练的情况

2011 年 3 月 1 日 14 时，位于重庆市万州区高峰镇的重庆天然气净化总厂万州分厂警报声骤起，消防车、救护车、环境应急监测车等各种救援车辆呼啸而至，这是万州区近年来举行的规模最大、人员最多、装备最精良的危化品生产企业含硫天然气泄漏事故应急演练。

灾情假设为该厂 F-1101A 原料气过滤分离器阀门泄漏后发生闪爆，导致装置区着火，造成 2 名工作人员受伤并被困在脱硫装置区，由于装置阀门受损无法关闭，火势越来越猛烈，随时都有可能发生连锁性爆炸，被困人员生命危在旦夕，现场情况十分危急。

事故发生后，该厂义务消防队员立即切断了电源和所有带电设备，并进行紧急疏散。万州区政府和 119 指挥中心接到报警后，立即启动了《重大灾害事故应急处置预案》，迅速调派区综合应急救援支队和 9 辆消防车 60 余名官兵赶赴现场进行救援。

万州区危化品应急救援队 3 名专家以及万州区环保应急保障队、区气象应急服务队等救援力量也抵达现场，展开气象风向、环境污染检测工作。医疗救护车也赶到现场，及时将中毒人员送往医院。

经现场专家组分析和消防现场侦检，指挥部决定：一是立即抢救伤员、紧急疏散厂区非抢险人员和周边 300 m 内居民；二是由消防队员立即消灭火势并实施堵漏；三是对脱硫装置区进行全方位冷却，防止其他罐体因温度过高发生爆炸；四是采取隔离的方式，开辟隔离带，从装置区正面和侧面对泄露物质进行稀释。同一时间，消防指挥员带领攻坚组，佩戴空气呼吸器和全密封防化服，携带有毒气体检测仪进入泄露区进行检测，发现被困者并成功救出。15时20分，经现场检测，事故区域的有毒物质成功消除，现场空气质量达到正常范围，险情全部排除，整个演练全部结束。

此次演练全面检验了重庆天然气净化总厂和万州区综合应急救援支队在处置危险化学品突发事故时的快速反应、应急处置和协调作战能力，对进一步建立和完善科学、有效、运行良好的应急救援体系打下了坚实的基础。

二、上海石化公司组织综合性实战型应急救援演练的做法

中国石化上海石油化工股份有限公司位于上海市金山区金山卫，占地面积9.4 km^2，是目前中国规模最大的炼油化工一体化、高度综合的现代化石油化工企业之一，是中国发展现代石油化工工业的重要基地。

1. 企业基本情况

上海石化的前身是创建于1972年6月的上海石油化工总厂，1993年6月进行股份制规范化改制，改制为上海石油化工股份有限公司。上海石化现有炼油、化工、塑料、化纤等主要生产装置69套，以现代化、大型化、连续化为主要特征。目前，公司拥有年原油一次加工1 400万t，年产乙烯95万t、成品油及化工品510万t、合成树脂及塑料制品95万t、合纤原料及合成纤维138万t的生产能力；拥有独立的水、电、汽、气公用工程供应系统，独立的环保处理系统，以及海运、内河航运码头和铁路、公路运输等设施。公司总资产达到276亿元，员工总数达2.29万人。

2. 综合性应急救援演练过程

在国内外一些特大生产安全事故案例中，受限空间特别是密闭空间的中毒、燃烧、爆炸等事故风险，高处坠落风险，以及危险化学品相关风险等3种风险，给社会和人身安全带来的影响是非常严重、恶劣的。从发生频率、后果严重程度以及后续影响来看，位列重大生产安全事故风险的前3位。因此，在应急演练活动中，针对这三项风险的综合性演练就显得尤为必要。

2011年11月15日，梅思安（中国）安全设备有限公司（以下简称“梅思安”）联合上海石化举办了一场综合性的应急救援演练。此次演练综合了受限空间作业、高空救援、化学气体泄漏三项内容。

在演练准备阶段，上海石化与梅思安多次协商，最终选择了上海石化塑料部装置区域

一真实的工作场所作为此次演练的场地。梅思安公司也为此次演练派出了专业培训人员，并且提供了相关防护用品，确保此次演练成为一场实战型综合应急演练。

当日上午 10 时整，演练正式开始。

第一个科目是密闭空间应急救援，1 名工人进入上海石化塑料部装置区域 D-315 化学品储罐，进行大修期间的清洗检查。随后不久，外面监护人员发现进入罐内的作业人员晕倒，于是紧急呼叫企业应急中心前来救援。约 5 min 后，全副武装的救援小组赶到现场展开救援。4 名救援队员相互配合，快速安全地到达储罐顶部，做好自身的坠落防护之后，快速搭建好救援三脚架做好救援准备。其中 1 名配备了正压式长管供气呼吸器的队员在其他队友的协助下，通过营救单元的滑轮绳索，快速下降到罐底，迅速为被救者套上正压式紧急呼吸器的头罩，打开气阀，强制性为其供应新鲜空气。然后将救援绳索挂钩与被救者安全带挂钩连接，外面的 3 名队员拉动应急绳索，将被救者提升到罐顶。做好下滑准备工作之后，在地面人员的牵引协助下，3 名救援队员相互配合，利用营救单元的滑轮绳索，将被救者缓慢地从高达 4 m 多的罐顶安全放到地面早已备好的担架上。

第二个科目是救援技术展示及高空救援演练。首先由救援小组在“梅思安多功能模拟训练塔”上分解展示密闭空间的救援整个过程和关键环节，使大家充分理解了刚刚在密闭化学罐中的所有救援细节。紧接着，3 名队员表演了高空救援的救援技术。一位配备了全身式安全带的工人在高空作业时，失足踏空悬挂在高空中，此时能否尽快开展有效的救援尤为关键。梅思安公司的专业人员发现险情后，快速架设好营救设备，顺着滑轮绳索迅速接近了被救人员，将被救者身上安全带 D 型环与自身安全带挂钩连接，然后由其他救援队员拉动救援绳索，安全地将被施救者送到安全地点。

第三个科目是化学气体泄漏逃生及应急救援。演练模拟了某装置区域突发有毒气体泄漏，有人中毒晕倒的情况。事故发生后，气体监测报警声响起，装置区域内所有人员全部佩戴紧急逃生呼吸器撤往上风向。同时，配备了先进救援装备的应急救援中心队员利用先进的热成像仪进行搜索，发现了中毒者倒地的方位，利用佩戴的正压式呼吸器的“他救功能”，将被救者从危险区域紧急撤离到安全区域，并将中毒者移交给医护人员。此时救援还没有结束，救援队员又重新返回事故地点，进行紧急堵漏处置。演练中模拟了其中 1 名队员背上的气瓶气体余量不足的情况，两名队员立刻用梅思安新型呼吸器的 1 min 快充功能，在现场与救援队员相互充气。在此演练单元，救援队员还利用了新型呼吸器的 1 s 换气瓶功能，在现场立刻转换气瓶，待救援队员呼吸气体补充之后，立即重返事故现场进行应急处置。

通过此次演练，锻炼了应急救援人员的实战经验，同时还检验了救援装备的有效性及科学性。

三、中石化荆门分公司进行成品油罐区应急演练的做法

荆门石油化工总厂隶属于中国石化集团公司，位于湖北省中部的荆门市，有着优越的地理位置，南邻荆州临长江，北近襄樊依汉水，东达武汉通九衢，西处三峡连云贵，公路、铁路和水路交通均十分便利。

1. 企业基本情况

荆门石油化工总厂始建于1970年，是国有特大型企业，同时也是湖北省最大的石油化工企业，1997年11月一次通过ISO 9002质量体系认证。2000年，按照中国石化集团要求，完成整体重组改制，划分为中国石化集团荆门石油化工总厂和中国石油化工股份公司荆门分公司。总厂、分公司（以下合称荆门石化）曾先后被国家有关部委授予全国500家最优工业企业、全国行业十强企业、全国最佳信誉企业、全国最佳工业企业、全国最佳形象AAA级企业等荣誉称号。

目前，荆门石化拥有蒸馏、催化裂化、催化重整、延迟焦化、干气制氢、酮苯脱蜡、润滑油加氢、聚丙烯等39套炼油化工生产装置，是全国石油炼制加工手段最齐全的骨干企业之一，现加工能力为500万t/年，正向800万t/年～1 000万t/年迈进；可生产燃料油、润滑油、溶剂油、化工原料、石蜡、沥青、石油焦、液化气、聚丙烯9大类100多个品种、牌号的石油化工产品，年销售收入达150亿元左右，每年给国家创税7亿元左右。

2. 成品油罐区燃烧爆炸事故应急演练

2009年12月28日15时30分，随着“轰”的一声巨响后，中石化荆门分公司成品油罐区上空浓烟滚滚。

“消防大队吗？我是成品车间当班班长××，我们车间233号罐发生爆炸，火势很大，现场有多人受伤，请速来救援。”

“请安排专人到路口引导消防车，我们立即赶到。”

15时33分，中石化荆门分公司总经理闻讯赶到现场，组织指挥相关部门进行自救。

接到事故报告后，荆门市副市长率领安监、公安、环保、卫生、气象等部门及区政府负责人赶到事故现场。

“不好，与233号罐相邻的232号、234号油罐由于长时间受到烘烤，罐体变形，引起油品泄漏，发生二次闪爆，现场火势增大。”工作人员报告。

“最大限度控制火势蔓延，确保救援人员安全，等待增援。”副市长命令。

荆州、襄樊等周边地市消防队接警后，赶往事发地点增援。

在消防水龙的掩护下，4名抢修、堵漏人员带着专用工具冲进抢修地点实施堵漏抢修。经过全体救援人员的努力，救援工作顺利完成，最大限度减少了事故损失。

“‘维安—2009’湖北荆门重大危险化学品事故应急救援联合演练非常成功。我们的应急救援队伍到位快，进入状态快，投入抢险快；安监、公安、消防、卫生、环保等部门配合默契。”在应急救援演练结束后，湖北省安监局局长作出了这样的点评。

3. 面对事故临危不乱正确处置

2008年3月，中石化荆门分公司曾经发生过这样一起事故：因为管道检修时更换的垫圈型号不对，蒸馏车间的重油出现泄漏。泄漏的重油超过500℃，一遇到空气中的氧气就发生自燃，一路流淌一路燃烧，还产生浓黑的烟雾。值班人员及时发现了险情，在戴上防护用具后，立即向车间值班室报告。随后，这名工作人员冲上楼，找到了事发地点，很快将阀门关死。车间启动应急预案，仅用15 min就成功扑灭了大火。由于处理及时，此次事故没有造成人员伤亡，损失也不大。值班人员受到中石化总部的嘉奖。

值班人员面对事故临危不乱，能正确处置，这与中石化荆门分公司多年来重视安全生产工作，经常举办应急救援演练是分不开的。中石化荆门分公司规定，每名员工每季度至少要参加一次车间级的应急救援演练，每年至少要参加一次公司级的应急救援演练。

针对这次演练，中石化荆门分公司在预案编制、完善方面花了半年时间，做了大量的前期准备工作，修改上百次才最后定稿。比如，因为场地的原因，考虑到安全问题，参加观看演练的人员被控制在300人以内；为了使更多的人受到教育，对应急救援怎么防、怎么救，特别是对完整的应急救援程序有所了解，当地特别安排了电视台对这次演练全程现场直播。

出于实战的考虑，演练现场安排在中石化荆门分公司内的一个小山坡上。这里地势复杂，救援难度大，山坡上油罐林立，233号成品油罐就在油罐区的中间，相邻的还有232号和234号油罐，厂区内还有90座储罐。荆门市安监局副局长评价说：“这次演练的最大特点就是逼真，这也是这次演练预案编制的难点。我们在编制预案前就请来专家，做了大量的论证工作，考虑到中石化荆门分公司的应急救援队是一支能征善战的高素质救援队伍，参加演练的设备也是当前最先进的设备，就是万一真的出现险情，他们也能在第一时间内把险情控制住。”

在演练现场，最显眼的莫过于中石化荆门分公司那辆举高30多米的高喷车。这辆高喷车以泰山压顶之势喷出灭火剂，使火势得以迅速控制。据了解，这辆车是目前国内最先进的救援设备之一。近年来，中石化荆门分公司加强应急救援管理，使所有职工都成为义务消防员，还投入了大量的物力、财力，配备了国内最先进的救援装备，成立了一支专业的危险化学品应急救援队伍。

养兵千日，用在一时。中石化荆门分公司总经理讲，“这次演练花费将近百万元。我们每年至少要举办一次这样的大型演练，再加上车间级的演练、救援队的设备更新和添置等，一年下来不会少于千万元，但是这些投入还是很值得的。”

四、石家庄市公交二公司进行乘客被困应急救援演练的做法

石家庄市公共交通总公司是石家庄市属国有企业，始建于1956年。经过50多年的发展，到2010年企业已成为拥有营运车辆3 136部，其中天然气公交车2 000部，占总车数的64%；营运线路158条；日均运客量130多万人次，年运送乘客实现4.5亿多人次；有8 800多名职工的大型公交企业。

1. 企业基本情况

石家庄市公共交通总公司下辖6个营运公司、1个保修公司和8个直属单位，6个营运公司共有30个营运路队，分别担负着市内和市辖县客运工作，保修公司负责营运车辆大修及高保作业。8个直属单位分别是：物资供销公司、公交旅行社、生活服务公司、职工医院、教育培训中心、基建处、票结中心和公交派出所。目前拥有国家级青年文明号线路2条、国家级巾帼文明示范岗线路1条、省级青年文明号线路3条、省级工人先锋号线路2条。同时，拥有一大批国家级、省级、市级先进车组和先进个人。

企业连续多年被评为“市级文明单位”“省级文明单位”，2007年被授予河北省“五一奖状”“河北省AAA级劳动关系和谐企业”称号，2008年被中华全国总工会授予“全国五一劳动奖状”，2009年被中央精神文明办评为“全国精神文明建设工作先进单位”。

2. 积水造成乘客被困的应急救援演练

“各位乘客，别紧张，请听从救援人员指挥，协助做好救援工作……”防汛救援小分队一赶到，队长便立即向公交车上的乘客交代了逃生注意事项。

这是河北省石家庄市公交二公司正在进行防汛救援演练。据了解，该市市区有多处地下通道和路段容易发生积水，往年曾发生过机动车辆被淹和车上人员被困的情况，因此，该公司结合自身公交线路情况开展了这次防汛救援演练。

演练假设一处地下通道由于突降大雨积水过深，一辆公交车困在那里，车上乘客无法从车门正常下车逃生，并且积水还在继续上涨。这时，公交车司机拨打了该公司应急救援小分队的电话。

8名救援人员迅速赶到，用伸缩梯把公交车和慢车道高处栏杆连接起来。队长带着3名救援人员依次快速地爬到了公交车车顶。随后，队长和1名救援人员通过公交车天窗跳进

了公交车里，另外两名救援人员在车顶待命。

“大家不要急，一切听我指挥，你们的配合是成功救援的关键。”看着车内10多名乘客，队长向乘客演示起了如何通过天窗爬上车顶，“大家双手向上举起，与肩同宽，救援人员举起你的一刹那，一定要绷直身体，等臀部过了车顶，要迅速蜷身。”话音刚落，队长已经把其中1名乘客拉到了天窗下。

或许对这样的救援不太熟悉，或许是没有听清楚之前的讲解，这名乘客做起动作来显得有些笨拙。在队长的多次纠正下，该乘客顺利被举了起来，与此同时，车顶上的两名救援人员迅速将她拉了上去。有了这名乘客的示范，后面的乘客摆起姿势来也有模有样了，救援的速度快了许多。不一会儿，10多名乘客全部被救上了车顶。

而此时，救生圈也被绳索传到了车顶上，并被套在了1名乘客身上。“大家要注意，考虑到伸缩梯的承重力，爬伸缩梯时前后乘客之间的距离要拉开。”救援人员大声说。

这时，1名乘客已经踩到了伸缩梯上，她的后背刚被车顶上的救援人员松开，双手已经被站在高处接应的另外2名救援人员接住了。1名乘客救援成功了，2名、3名……几分钟后，10多名乘客一个不落地全被救到了高处的安全地带，救援结束了。

演练过后，队长表示，通过这次演练，发现了不少需要改进的地方。首先，紧急情况下乘客容易紧张，对救援人员讲的注意事项听不进去，以致耽误了救援时间；其次，乘客在救援中容易犯“自由主义”，不听从指挥，比如，爬天窗时不按正确姿势去做，不带救生圈等，对此，公司下一步要面向广大乘客加大这方面的宣传教育力度，让他们掌握一些公交车突发事件逃生本领。

五、北京熊猫烟花公司进行仓库防火防盗应急演练的做法

熊猫烟花集团股份有限公司从2005年收购上市企业“浏阳花炮”，到2010年收购东信烟花集团，逐步实现对中国优秀烟花企业的并购与重组，现在已经成为一家大型烟花爆竹生产企业。

1. 企业基本情况

熊猫烟花集团目前在湖南、江西拥有8家功能完备且标准化、现代化的烟花爆竹制作厂，总占用面积超过700万 m^2，员工超过3 000人。

熊猫烟花集团所生产和经营的烟花鞭炮产品品种齐全，涵盖消费类和专业类所有类别，共近3 000余个品种。从2006年起，熊猫烟花集团由专注外销转为国内外销售并举，同年10月，成立集团首家全资子公司——北京市熊猫烟花有限公司。在此后的五年中，熊猫烟花集团加快了布局全国的步伐，相继在山东、山西、河南、湖北、云南等地设立子公司，

并在江西成立了中国唯一的国家级烟花研究院，从事烟花技术与产品的研发及中华古老烟花文化的挖掘。

2. 烟花仓库防火防盗暨消防应急演练

这是2011年8月24日下午，北京市熊猫烟花有限公司在仓库举行防火防盗暨消防应急演练。

“呜，呜，呜……”一名值班人员发现1号库房冒出烟雾，立即通过中控室向值班领导汇报，并拉响警报启动应急预案。另一名值班人员奔向变电箱，及时切断电源。其他人员迅速跑向防火器材柜，取出灭火器和高压水枪，不超过1 min，两支高压水枪就将水喷向仓库屋顶。此时，有人捂着毛巾往外跑，有人把伤员扶出来。几分钟后，消防队赶到现场，仅用15 min就将大火扑灭。在应急演练现场，演练过程紧张有序，人员反应迅速，分工明确，配合默契。

“如果没有平时百次、千次对各项应急预案进行‘培训—演练—修订—培训—演练’，此次演练是达不到员工对自身扮演角色熟悉、相互之间配合默契这种程度的”。公司总经理讲。作为一家高危企业，该公司平时是如何开展应急演练的？除了应急演练外，在仓储安全管理方面还有哪些做法？

3. 举行演练为了实施自救

北京市熊猫烟花有限公司是经北京市政府批准在北京地区专营烟花爆竹批发和零售的企业。该公司仓库位于北京市房山区韩村河镇，占地面积达20 hm^2，有10栋现代化库房，周转储存能力达40万箱，是北京乃至全国最大规模的烟花爆竹仓储物流中心。仓库一旦发生事故，后果不堪设想。

公司总经理讲：“近期发生的多起烟花爆竹事故再次给我们敲响了警钟，我们不仅要落实好平时预防措施，更要考虑当事故发生时，在救援人员赶到之前，如何实施自救。举行演练就是出于这种考虑。”

该公司每年都要举行两次大型应急演练，每月至少举行一次小型应急演练。大型演练除了公司全体人员外，安监、消防、公安、卫生等相关部门也参与其中。大型演练针对仓库局部范围内发生火灾而实施的人员救护、财物转移、安全疏散等。小型演练针对盗窃、人为入库破坏、煤气泄漏、交通事故等。大型演练安排在7月或8月及销售旺季到来前的11月或12月。北京夏季高温、高湿、雷雨天气多，而每年11月、12月是烟花爆竹开始配送、销售的季节，时间短、工作量大、人员和车辆高度集中，容易出现险情，所以要举行演练，确保能够有效地实施自救。

4. 强化管理为了防范麻痹

该公司仓库目前有 62 名管理人员，其中包括两名安全主管、14 名专职安全员、16 名仓库守护人员等。仓库实行领导 24 小时轮流带班执勤制，每班至少两名人员。周六周日也是同样的安排，遇到节假日，值勤等级还会提高。在仓库中控室，配置有红外可视图像监控系统，仓库各个角落的情况在屏幕上一目了然。翻开桌上的“仓库守护人员值班情况登记表”，值班时段、值班人员、仓库前门后门、车辆，以及灭火器、门窗、消防栓、井盖等检查内容都有记录。值班人员讲，他们每隔 1 小时做一次记录，24 小时不间断，发现严重异常情况立即报警，同时报告仓库负责人，仓库负责人接到事故报告后，会迅速启动事故应急救援预案。

在仓库设置有“温度、湿度记录表”，库房每个时间段的温度、湿度都记录在案。此外，仓库还有“公司领导定期、不定期安全检查记录”“仓库专职安全员、仓库保管人员、仓库守护人员每日安全检查记录”“在职、新入职人员安全培训、考核、演练记录”等台账。

公司在安全管理上，淡季比旺季更为严格，淡季时人们思想容易麻痹。每年 5 月至 10 月，也就是所谓的淡季，公司会强化安全管理，增强安全防范意识，做好各个环节的培训，制定和修改各类事故应急预案，并举行演练。

公司还根据制定的安全教育培训和考核管理制度，定期或不定期地对仓库管理人员进行培训，并将培训记录和考核结果与员工绩效考核挂钩。培训内容包括安全生产知识、消防知识以及监控、测温测湿、车辆故障检查等操作知识。

六、郑州铁路局客运段未雨绸缪进行防火防爆演练的做法

郑州铁路局是国有特大型铁路运输企业，位于全国路网中心。与北京、武汉、西安、济南、兰州、成都、上海、南昌局相邻。目前全局管辖营业线路 38 条（包括支线），营业里程 6 634 km，线路总延展长度 15 928.3 km，其中正线 10 086.6 km。

1. 企业基本情况

郑州铁路局地处河南省省会郑州，是全国路网节点之一，也是国家综合交通枢纽之一，与北京铁路局、济南铁路局、西安铁路局、武汉铁路局、上海铁路局及太原铁路局相邻。所辖京广、陇海、焦柳、郑西高铁、京港高铁等营业线路和郑州等铁路枢纽纵横交织成网，构成东达沿海、南通两湖、西连秦晋、北接京津的铁路网络；线路贯通河南省，延伸至山西部分地区。

2011年年末，郑州铁路局有各类基层单位57个。其中：生产一线运输单位车站8个、车务段4个、客运段1个、机务段3个、供电段3个、车辆段3个、工务（工务机械、桥工）段5个、电务段3个、支线公司2个。年末职工总数为123 712人。

2. 客运段防火防爆演练

2009年5月15日，郑州铁路局客运段K154次列车17号车厢的列车员突然发现电茶炉间起火了！他立即拿起灭火器进行扑救。火势较大，他一边关闭车厢总电源，一边拉下紧急制动阀，并通过手机将情况告知列车长，与邻岗服务员一起对旅客进行疏散。

这是郑州铁路局客运段举行的防火防爆演练中的一幕。演练中，那凝重的表情与标准的动作，列车广播里急促的通报，各行动小组奔跑的脚步，使空气中充满了紧张的气氛。环环紧扣中，演练在有条不紊地进行。

列车长以最快的速度赶到现场。广播员在反复提醒，“列车工作人员请注意，17号车厢发生紧急情况，请带灭火器迅速到17号车厢集合。”她还不忘安慰全车旅客，“各位旅客，列车发生意外情况，现在是临时停车。列车工作人员已经采取措施，请您不要惊慌，听从列车工作人员的安排。”

广播就是命令！早已进行分工的乘务组全体人员，根据事先安排，从不同的车厢向17号车厢飞奔。乘警长带领的一组人员最先赶到。脚步刚刚停稳，他便立即向列车长报告，“报告，扑救组集合完毕，请指示。”列车长的声音洪亮而清晰，“请立即组织火灾扑救。”于是，乘警长作为扑救组组长将组员带到指定位置，迅速组织灭火。

很快，在一阵报告声中，救护组、联络组、防护组也全部到位，各小组都按照分工紧张而有条理地做着工作。救护组人员进行伤员救护，联络组人员负责各小组之间的信息联络，防护组人员进行列车防护。其中，防护组组长下发了三项通知，三项通知的要求是：运转车长负责列车尾部防护，机车乘务员负责列车头部防护，检车员负责列车运行方向右侧防护。

火势被控制住，伤员被抬下车。广播员悦耳的声音再次响起，“险情已经排除，请各位旅客回到自己的座位。为了您的安全，请不要把头或手伸出窗外，列车马上就要开车了。”

由于程序正确、行动迅速、处置到位，这次演练得到有关人员的肯定。郑州铁路局安监室主任评价，“演练说明了平时的培训是到位的，希望大家继续加强学习，对演练中的一些细节要知其然，还要知其所以然”。据安监室主任介绍，列车上对火灾的处理非常重要，尤其是客车的安全运行，其重中之重就是抓防火，抓住了防火，就成功了一半儿。

列车徐徐开动，路边的景物无限地在前方展开，仿佛旅途中那么多的未知——列车设备是否正常，前方道路状况如何。或许，这正是旅客运输过程中应急工作的特点：主动预想，被动接受。在主动预想中时刻做好准备，在被动接受中无怨无悔地付出。

第六章 应急救援自救与互救知识

在企业生产中，许多事故的发生往往是由于最初的应急处置失误造成的，例如，当管线出现泄漏时，本应该迅速关闭阀门阻止泄漏，但是由于麻痹大意或者心慌意乱，将阀门方向反转，结果导致人员中毒或者爆炸事故。因此，当事故突然发生，能否及时进行正确的处置，能否及时进行正确的自救与互救，直接关系到救援的成功与失败。在安全管理中，搞好安全生产教育培训是提高职工安全技能与知识、提高安全素质、保障生产安全的重要措施。在进行安全教育培训时，增加有关应急处置方面的内容，进行有关的应急处置训练，不仅有利于保障本人的安全，也有利于保障他人的安全，更有利于提高企业以及车间班组的安全水平。

第一节 应急救援自救与互救事例分析

在企业的生产、经营、储存、运输、使用过程中，不可避免地要接触到各种危险物质，例如汽油柴油、化工用品以及危险化学品，对于这些具有易燃易爆、有毒有害的危险物质，经常会发生急性中毒事故或火灾爆炸事故。当事故发生后，由于事出突然，情况紧急，救援人员往往只顾救人，而没有采取相应的防范措施，结果由于救援方法不当，反而扩大了人员的伤亡，这样的事故案例很多。因此，在发生事故进行救援时，既要有不怕牺牲的精神，更要有科学的态度，从而防止事故损失的扩大。

一、企业常见事故类型

1. 企业常见事故类型的种类

按事故性质划分，企业常见事故类型可分为以下几类：

（1）伤亡事故：指企业职工在生产领域中所发生的与生产有关的伤亡事故。

（2）设备事故：由于某种原因引起的机械、工艺、动力设备、管道、电线、建筑物、运输设备（包括附件）以及仪器仪表、工器具的非正常损坏，造成财产损失，影响生产的事故。

（3）火灾事故：由于火灾造成的伤亡或物质财产损失的事故。

（4）爆炸事故：在生产过程中，由于某种原因引起的爆炸，造成伤亡或物质财产损失的事故。

(5) 生产事故：凡违反工艺规程、岗位操作规程或由于指挥错误，造成生产工艺不正常、停电、停汽（气）或减产、跑料、串料、机器运转异常等事故，均称为生产事故。

(6) 质量事故：机械产品、炼油、化工产品（包括中间产品、半成品）、施工质量等不符合国家或行业标准，变成废品、返工或降低标准出厂而带来的经济损失，称为质量事故。

(7) 交通事故：凡企业的车辆在行车中所造成的车辆损坏、物资损失和人身伤亡的事故，称为交通事故。

(8) 污染事故：凡属“三废”处理装置停用，工业装置排放污染物，引起周围居民人员中毒、死亡、农作物减产、树木枯死和牲畜伤亡，影响污水处理装置正常运行，造成经济损失的事故，称为污染事故。

(9) 急性中毒事故：是指由于生产过程中存在的有毒物质，在短期内大量侵入人体，使职工立即中断工作并须进行急救的中毒事故。

(10) 重大未遂事故：是指虽然已经构成发生各类重大事故的条件，但处理及时得当，未造成伤亡和直接经济损失，但性质恶劣（如设备严重超温、超压、超负荷，安全装置失灵，高压气瓶高处跌落，起重机失控，检修中误送电、误启动，大量泄漏有毒有害气体，未造成重大事故），或生产操作严重不正常，给设备带来重大隐患或降低设备使用寿命的事故。

2. 工业毒物及职业中毒

在企业生产、经营、储存、运输、使用过程中，对人体有害的物质，称为工业毒物或生产性毒物。毒物在生产过程中以多种形式出现，同一种化学物质在不同生产过程中呈现的形式也不同。

毒物的来源主要有以下几个方面：

(1) 生产原料，如生产颜料、蓄电池使用的氧化铅、生产合成纤维、染料、涂料使用的苯等；

(2) 中间产品，如用苯和硝酸生产苯胺时，产生的硝基苯；

(3) 成品，如农药厂生产的各种农药；

(4) 辅助材料，如橡胶、印刷行业用做溶剂的苯和汽油；

(5) 副产品及废弃物，如炼焦时产生的煤焦油、沥青，冶炼金属时产生的二氧化硫；

(6) 夹杂物，如硫酸中混杂的砷等。

工业毒物在生产过程中常以气体、蒸汽、粉尘、烟和雾的形态存在并污染空气环境。如氯化氢、氰化氢、二氯化硫、氯气等在常温下呈气态的物质，以气体形态污染空气的。一些沸点低的物质以蒸汽形态污染空气，如喷漆作业中的苯、汽油、醋酸乙酯等。在喷洒农药时的药雾、喷漆时的漆雾、电镀时的铬酸雾、酸洗时的硫酸雾等，以雾的形态污染空气。冶炼铜时产生的氧化锌烟，焊接时的铅烟以烟的形态污染空气。弄清楚工业毒物以什么形态存在，了解毒物进入人体的途径，对于采取积极的预防控制措施有重要意义。

3. 职业中毒及其症状

职业中毒是指由于接触工业毒物引起的中毒。毒物一次或短时间内大量进入人体后可引起急性中毒；长期过量接触毒物可引起慢性中毒；短期内接触较高浓度的毒物可引起亚急性中毒。由于毒物作用特点不同，有些毒物在生产条件下只引起慢性中毒，如铅、锰中毒；而有些毒物常可引起急性中毒，如甲烷、一氧化碳、氯气等。

由于毒物种类繁多，各种毒物的毒作用特点不同，因此在表现上差异较大，主要有以下几个方面：

（1）神经系统

慢性中毒早期常见神经衰弱综合征和精神症状，一般为功能性改变，脱离接触后可逐渐恢复。铅、锰中毒可损伤运动神经、感觉神经，引起周围神经炎。震颤常见于锰中毒或急性一氧化碳中毒后遗症。重症中毒时可发生脑水肿。

（2）呼吸系统

一次吸入某些气体可引起窒息，长期吸入刺激性气体能引起慢性呼吸道炎症，可出现鼻炎、鼻中隔穿孔、咽炎、支气管炎等上呼吸道炎症。吸入大量刺激性气体可引起严重的呼吸道病变，如化学性肺水肿和肺炎。

（3）血液系统

许多毒物对血液系统能够造成损害，根据不同的毒性作用，常表现为贫血、出血、溶血、高铁血红蛋白以及白血病等。铅可引起低血色素贫血，苯及三硝基甲苯等毒物可抑制骨髓的造血功能，表现为白细胞和血小板减少，严重者会发展为再生障碍性贫血。一氧化碳与血液中的血红蛋白结合形成碳氧血红蛋白，使组织缺氧。

（4）消化系统

毒物对消化系统的作用多种多样。汞盐、砷等毒物大量经口进入时，出现腹痛、恶心、呕吐及出血性肠胃炎。铅及铊中毒时，可出现剧烈的持续性的腹绞痛，并有口腔溃疡、牙龈肿胀，牙齿松动等症状。长期吸入酸雾，会导致牙釉质破坏、脱落，称为酸蚀症。吸入大量氟气，牙齿上出现棕色斑点，牙质脆弱，称为氟斑牙。许多损害肝脏的毒物，如四氯竹碳、溴苯、三硝基甲苯等，引起急性或慢性肝病。

（5）泌尿系统

汞、铀、砷化氢、乙二醇等可引起中毒性肾病。如急性肾功能衰竭、肾病综合征和肾小管综合征等。

（6）其他

工业毒物还可引起皮肤、眼睛、骨骼病变，许多化学物质可引起接触性皮炎、毛囊炎。接触铬、铍的工人皮肤易发生溃疡，如长期接触焦油、沥青、砷等可引起皮肤黑变病，甚至诱发皮肤癌。酸、碱等腐蚀性化学物质可引起刺激性限炎，严重舌可引起化学性灼伤。溴甲烷、有机汞、甲醇等中毒，可发生视神经萎缩，以致失明。

二、应急救援自救与互救失误事例分析

1. 纸厂清洗浆池人员中毒盲目救援造成的事故

事情经过：

1995年5月，浙江省富阳市某白板纸厂第一车间因生产需要，进行浆池网布等改造，改造完成后，于5月29日准备投料试车。下午约1时10分，第一车间主任刘某，发现白浆池内浆液发黑发绿，决定排除浆液清洗浆池。当时在场的还有3位工人，他们拿铁棍在池底部通洞排液，由于铁棍受卡阻，捅不进去又拔不出，刘某就上池顶部开口处，顺着靠在口沿的一个木梯子下池。下到池底刚走出几步，即感到呼吸困难，浑身乏力，急忙捏着鼻子沿梯子爬出池口。上来后，刘某对其他人说，不要下去清理浆池底部。工人周某听后不信，不听劝阻下到池底，没走几步，就大叫一声倒下失去知觉。其余两名工人见状一起沿梯子下池去拉周某，随即也跌倒池底。闻讯而来的孙某也同样遭到不测。经抢救，除1人脱险外，其余3人均中毒死亡。

原因分析与事故教训：

造成事故的原因，一是在准备投料试生产前，池内残液没有及时排放清理，残液内含有纸浆和有机物，还有部分松香、硫酸铝、纯碱、增白剂、淀粉等化工原料，又逢这段时间多阴雨、气温高、气压低，致使残液中有机物日久腐烂发酵加上某种细菌的作用，产生大量硫化氢气体。据富阳市卫生防疫站于事故发生后当天下午4时左右在现场空气中取样分析，硫化氢含量仍高达54 mg/m^3（国家最高容许浓度为10 mg/m^3）。二是作业人员缺乏必要的安全防护知识，没有认识到在作业过程中可能存在的硫化氢对人体侵害的高度危险性，以致在作业过程中不听劝阻盲目蛮干，在没有采取任何防护措施的情况下进行池内清液作业，同时在没有采取任何防护措施的情况下，进入浆池救人，造成多人伤亡。

硫化氢是具有高度危害的窒息性气体，因硫化氢中毒致人死亡的恶性事故频繁发生，造纸企业发生硫化氢中毒，主要是清理、清洗纸浆池等有限空间作业，因此，积极稳妥地做好预防工作，避免硫化氢中毒十分必要。当事故发生后，救援人员一定要冷静沉着，采取相应的防范措施后再去救人，不能因救援方法不当，造成自身的伤亡。在这起事故中，周某不听劝阻进入浆洗池中毒身亡，是由于缺乏知识，其他人员不采取任何防护措施冒险

救人中毒身亡，同样也是缺乏知识。因此，企业、车间、班组应加强人员的安全教育，向职工讲解和传授防毒知识、救援知识，避免类似事故的重复发生。

2. 造纸厂盲目下纸浆井救人多人中毒事故

事情经过：

1996 年 7 月 5 日 11 时，信宜市某造纸厂在生产过程中，职工梁某在作业时，不慎将一蛇皮袋掉入 4 号纸浆井中。该纸浆井呈圆形，直径约 4 m，深约 3.8 m，底部留存有 20 cm 厚的纸浆液体。梁某下井捡蛇皮袋时，有 10 多 min 没上来，于是职工汪某下去查看情况，结果也昏倒在井内。这时，上面的人误认为是漏电造成的人员触电，赶快关掉电闸，接着先后又有 3 人下井进行救援，均晕倒在井内。待消防队员赶到，救出中毒者送医院抢救时，4 人因硫化氢中毒过深造成死亡，1 人重伤。

原因分析与事故教训：

这起事故发生的原因，最初是思想麻痹大意，不知道纸浆井中含有有毒有害物质；接着是缺乏知识，没有采取任何防护措施就下井；最后是判断错误，误认为是触电，错误的判断造成了严重的后果。

从这起事故发生发展的全过程来看，该厂在职工的安全教育和有关化工知识的教育上存在着严重的问题，或者说可能根本就没有进行过此类教育，如果职工有一定的知识，知道如何采取安全措施进行抢救，就会是另外一个结果，绝不会造成如此严重的伤亡。在安全防范措施上，企业应加强对职工的安全教育和有关救援知识的教育，提高职工的自我保护能力。此外，在生产或使用的产品、副产品、原材料，应有必要做好安全性能的鉴定与调查研究，掌握生产过程中可能会产生的有毒有害气体种类、性质，以便有针对性地采取有效安全、卫生、防火的措施，同时制定科学的安全管理制度，不断提高安全生产管理水平。对有中毒可能或缺氧的危险作业场所，应配置足量的劳动防护用品、用具，职工在进入作业场所时应按规定佩戴，或放置在明显、易取的生产现场，以备需要时能及时取用。

3. 造纸厂职工缺乏救助常识多人硫化氢中毒事故

事情经过：

1999 年 1 月 9 日，广东省东莞市某造纸厂处于正常生产中。按照生产作业惯例，工人于早上 7 时停机，并经过往浆渣池中灌水、排水的工序后，对浆池进行清扫。上午 8 时左右，有两名工人下池清扫浆池，当即晕倒在池中。在场工人在没有通知厂领导的情况下，擅自下池救人，先后有 6 人因救人相继晕倒在池中，另有两人在救人过程中突感不适被人救出。至此，已有 10 人中毒。厂领导闻讯赶到后，立即组织抢救，经过往池中灌氧、用风扇往池中送风后，才将中毒者用绳子从池中拉出来。

由于这起人员中毒事故发生快，中毒深，病情严重，10 名中毒人员在送往医院后，已有 6 人心跳和呼吸均停止，虽经多方努力抢救，至当日下午 4 时 20 分，已有 4 人死亡。

原因分析与事故教训：

发生事故浆池，外形像一个倒扣的半球状体，顶部设置了一个 40 cm×60 cm 洞口，工人利用竹梯从洞口进出清洗浆池。走近洞口，就能闻到一股较浓的臭味，事故发生后，在洞口处用快速检测管对洞口内 10 cm 处的气体进行检测：硫化氢为 55 mg/m^3（国家卫生标准为 10 mg/m^3），可以推断，在实施向池中通风、送氧之前，其浓度一定更高。根据中毒病人的发病及临床特征，将这起人员中毒诊断为急性重度硫化氢中毒。

浆池硫中化氢产生的原因，是在造纸的过程中，使用大量的含硫化学物质，通常的情况下，由硫化氢引起的职业危害多发生在蒸煮、制浆和洗涤漂白过程中。如果含硫的废渣、废水长时间存放在浆池中，再加上含硫有机物的腐败，就会释放出大量的硫化氢气体，由于相对密度较大而沉积于浆池的底部。作业人员在没有良好通风和个人防护的情况下就下池清洗，随后一连串的救人更是在没有任何通风和防护的情况下进行的。造成事故的一个重要原因，是缺乏必要的防毒急救安全知识教育。这次中毒的 10 位工人，均在该厂工作 1～5 年，却从未进行过有关安全卫生培训和教育，不知道制浆过程中存在哪些对人体有害的化学物质，对人体能造成哪些伤害，也不知预防措施，更不知发生紧急情况如何进行应急救援。

4. 腌制品厂清洗腌制池多人硫化氢中毒事故

事情经过：

1999 年 6 月 13 日上午，湖南省常德市武陵区某腌制品厂上班后，厂长派两名工人到已停用近 8 个月的腌制池（长 5 m、宽 4 m、深 4 m）进行清洗。池内有积存的废水约 50 cm 深，并有大量腐败残留物。这两名工人未进行任何防护，就匆匆忙忙下池作业，数分钟后，两名工人都晕倒在池内。有人发现后立刻喊叫救人，厂长和另外 3 名工人也未采取任何防护措施，便下池救人，结果都晕倒在池内。在厂长下池救人的同时，办公室工作人员迅速报警和叫救护车。“110”巡警队和“120”救护队先后赶到，3 名巡警戴上湿口罩并缠着湿毛巾下池救人，将池内 6 人救出后也中毒晕倒在池边。中毒的 9 人被送往医院后，其中 5 人由于中毒较深，抢救无效死亡，死亡人员中就包括厂长在内。

原因分析与事故教训：

事故发生后，在池面 1.5 m 处空气采样分析，硫化氢超标 63.5 倍，池内水样分析，硫化氢含量为 22.15 mg/L。事故发生后的第 3 天，对车间内所有腌制池中积水的采样分析，水中硫化氢含量最高达 58.7 mg/L，最低的也有 4.3 mg/L。因此，造成这起事故的主要原因是硫化氢中毒。

一般来讲，食品腌制厂主要使用盐和盐制品，发生化学品中毒事故的概率较低，主要职业危害是盐和盐制品对眼睛、面部、手的侵害。正是因为事故发生概率较低，对中毒事故的防范意识也就差，没有相应的安全防范措施，也不懂得如何进行救护。如果这起清洗作业放在大型化工企业，可能就不会发生事故，因为作业人员安全意识强，警惕性高，安全防范措施到位，人们如果时刻警惕事故的发生，事故就有可能不会发生。所以，为了防范事故的发生，企业需要采取积极的态度，克服麻痹大意思想，增强安全意识，加强安全教育，提高职工的自我保护能力和救援能力，防止类似事故的重复发生。

5. 淀粉公司清理中和池救援不当多人中毒事故

事情经过：

2000 年 7 月 20 日，河北省某淀粉有限公司生产菲酊的中和池排液输出口，因沉积的残渣阻塞，无法继续生产，当天放掉了池内的积液。21 日，3 名工人被派去中和池清理沉积的残渣，疏通管道，其中两名工人下池作业，另一名工人在上面辅助。这两名工人下池后瞬间倒在池内，另一名工人见状立即跑出车间呼救，厂区工人闻讯纷纷赶到现场。最先赶到的两名工人跳入池内进行救援，但是也瞬间倒在池内，随后赶到的工人才意识到可能是中毒，于是先后有 5 名工人用毛巾等捂住口鼻下池，用绳子救出 4 名晕倒工人。但为时已晚，4 人均已死亡。下池救援的 5 名工人也发生中毒现象，其中 3 人深度昏迷，两人轻度中毒。另外参与救援的 18 名工人中，有 3 人轻度中毒，15 人有刺激反应，经住院治疗才痊愈出院。

原因分析与事故教训：

该公司中和池车间面积约 20 m^2，高度 4.5 m，南北两侧共有 3 个不能打开的窗户，车间简陋低矮，通风不良。当日气温高达 36℃，天阴、气压低，加速了中和池内残渣腐败，在中和池上方可嗅到腐败臭鸡蛋味。因此，造成事故的原因是中和池车间设计不合理，通风不良，造成有毒有害气体不能及时散发，由此而导致作业人员以及救援人员硫化氢中毒。

该公司的主要生产原料是玉米，中和池是生产过程的一个环节，有毒物质来源于池内玉米残渣的腐败。这起事故的发生主要有三个原因：一是中和池车间设计不合理，通风不良，造成有毒有害气体不能及时散发，反过来，又会进一步加剧池内玉米残渣的腐败，积聚更多的有毒有害物质。二是安全管理存在严重问题，作业人员不懂安全防护知识，同时也没有紧急情况救援预案，当作业人员发生中毒事故时，没有防毒面具、防毒口罩等，扩大了事故伤亡范围。三是安全教育不够，工人普遍缺乏安全生产知识，也缺乏应急救援知识。从事故情况来看，站在池边就能嗅到腐败臭鸡蛋味，那么救援人员来到中和池后，如果有相应的应急救援知识，立刻就会意识到发生了中毒事故，就不会盲目地下池救人，而会采取一定的防护措施，就不会造成如此严重的伤亡。

6. 净水剂厂清理澄清池盲目抢救多人中毒事故

事情经过：

1995 年 10 月 24 日，广东省汕头市某净水剂厂按照计划，需要清理 1 号澄清池。24 日上午 8 时左右，管理人员夏某带领 5 名工人来到 1 号澄清池，准备进行清理。清理前，夏某用驳接的木条探查池中泥渣厚度，防止泥渣太深将人陷进去。探查时木条不慎掉落池中，这时潘某与詹某安放了竹梯，潘某下池捡木条，不料才下池 2 米多深就昏迷掉入池中，詹某见状立即下池救人，也掉落池中。夏某惊慌地高喊救人，另一管理人员闻声赶到，看到此情景，便跑去打电话报警并报告厂领导，之后也下池救人，同样晕倒在池中。闻讯赶到事故现场的 4 名工人又接二连三地下池抢救，结果又有一人倒入池中。昏倒池中的中毒者，经过人们前仆后继的拼命抢救，终于被救出池外并送医院抢救，但最终造成 3 人死亡、2 人重伤的重大伤亡事故。

原因分析与事故教训：

造成这起事故的原因是，在事故发生前 6 天，即 18 日，净水剂厂 1 号池用水浸泡沉渣，但未灌满池，池水离池面 1 米多无水，19 日往隔壁的 2 号池泵入粗产液，并加入硫化碱溶液，两者反应产生的有害气体飘溢沉积于 1 号池的空间，以致职工下池捡木条时中毒晕倒池内。

这起事故的发生，与该厂产品生产工艺流程和使用的原材料有关。在该厂生产过程中，使用了浓盐酸和 70%的硫酸，且在酸性条件下加入硫化碱溶液，溶液在沉淀反应时产生了氯化氢和硫化氢等混合有害气体。这些有害气体聚积在池中，而厂领导没有认真研究分析该产品性质特点及反应过程中造成的危害，因此没有采取必要的通风排毒设施和急救排险方法，导致伤亡范围的扩大和损失的加重。此外，在这起事故的救援过程中，救援人员明显缺乏有关化工知识，缺乏自身保护能力，这与工厂的安全教育不够有直接的关系。

7. 水厂清理蓄水池救护不当多人中毒事故

事情经过：

1999 年 5 月 1 日之前，上海某乡镇水厂厂长准备清扫水池，抽取蓄水池（深 5 m，长 12 m，宽 75 m）的液面残留水（池内有 5 个月的积水污泥），然后派人下池清理。5 月 1 日上班后，4 名工人未佩戴任何防毒用具就下池清理，约 1 min 后倒入池内。在池边看护的人发现后立刻喊叫起来，为了抢救这 4 名工人，又有 4 人也未佩戴任何防毒用具下池救助，也先后倒入池内（包括一名消防队员）。以后采取通风和佩戴防毒面具的方式，将倒在池中的人员全部救出，并送往医院。在送往医院途中死亡 2 人，入院后又死亡 1 人。这起事故由于安全防护措施不够，救护不当，共造成 8 人硫化氢中毒，其中 3 人死亡。

原因分析与事故教训：

事故发生后6小时进行检测，发现蓄水池东入口池内近液面处硫化氢浓度超标4倍，中毒人员为硫化氢中毒。造成这起事故的原因，主要是缺乏有关化学知识，缺乏安全防护意识，救护不当。

在这起事故中，硫化氢来自蓄水池的残留水。据了解，该厂自1992年以来，每年两次定时清理蓄水池，均未采取任何防护措施，现场也未配置急救防护用品和采取急救措施，同时也未发生较大的事故，因此而疏忽大意。应该说，以前没有发生中毒事故属于偶然，如果发生中毒事故应该属于必然，因为在没有任何防护措施的情况下清理存在有毒气体的蓄水池，或迟或早都要发生中毒事故。对此企业应该有清醒的认识，在清除蓄水池时一定要采取安全防护措施，并且加强紧急情况救护的训练。

8. 污水处理站清理水池贸然下池救人中毒事故

事情经过：

1998年9月28日，浙江省某集团公司技术发展部发出节日期间检修工作通知，其中一项任务就是要求污水处理站对清水池进行清理。

按照这一要求，污水处理站决定于10月1日至10月3日进行清水池清理，并明确由污水处理站站长宋某某全面负责监护。10月1日上午，宋某等三人清理完汽浮池后，下午1时左右就开始清理清水池。其中一名外来临时杂工徐某，头戴防毒面具（滤毒罐）下池清理。约在下午1时45分，一同作业的周某发现徐某没有上来，预感情况不好，当即喊叫"救命"。这时两名租用该集团公司厂房的个体业主施某、邵某闻声赶到现场。周某即下池营救，施某与邵某在洞口接应，与此同时，污水处理站站长宋某闻讯后赶到现场，听说周某下池后也没有上来，随即自己也下池营救，并嘱咐施某与邵某在洞口接应。宋某某下洞后，邵某也跟随下洞，站在下洞的梯子上，上身在洞外，下身在洞口内，当宋某某扶起周某某约离池底50 cm高处，叫上面的人接应时，因洞口直径小（0.6 m×0.6 m），邵某身体较胖，一时下不去，接不到，随即宋某也倒下，邵某闻到一股臭鸡蛋味，意识到可能有毒气。在洞口边的施某拉了邵某一把，将邵某拉了上来，说："宋某刚下去，又倒下，不好！快起来"。邵某当即起来，随后向"110"报警。刚赶到现场的公司保卫科长见状后即向"119"报警，请求营救，并吩咐带氧气呼吸器。4～5 min后，消防人员赶到，救出3名中毒人员，急送医院进行抢救。结果抢救无效，于当天下午2时50分3人全部死亡。

原因分析与事故教训：

造成事故的直接原因，是清水池内积聚大量超标的硫化氢气体，而作业前又未做排放处理的情况下，清理工没有采取有效的防护用具，贸然进入池内作业，引起硫化氢气体中毒。同时，职工缺乏救护知识。当第一个人下池后发生异常时，第二个人未采取有效的防护措施就贸然下池救人。更为突出的是，当两人已经倒在池内，并已闻到强烈的臭鸡蛋味时，作为从事多年清理工作的污水处理站站长宋某，竟然也未采取有效的防护措施，跟着盲目下池救人，使事态进一步扩大，造成3人死亡。

9. 建筑施工人员中毒抢救不当多人伤亡事故

事情经过：

2000年7月28日，福建省福州市某科技园内建筑工地，1名施工人员在孔桩下面收水样，突然倒在孔桩里，现场人员发现后立即赶往救援，3名施工人员在无任何防护的情况下相继下去救人，但不幸的是也中毒而昏倒。工地上其他人员急忙报警，附近的武警战士闻讯赶来，戴着非供氧式防毒面具在其他人监护下进行救人，但是很快也发生昏迷。最后由消防特警中队的武警战士，戴着供氧式防毒面具，穿着防化服，将孔桩内的4名遇难者救出。4名作业人员因中毒时间过长，均已死亡。进入孔桩救人的武警战士，经送医院抢救后脱险。

原因分析与事故教训：

事故发生后，经现场调查，孔桩的孔径约70 cm、深度8 m左右，其中积水有1 m左右，孔桩室内空气毒物浓度检测结果：离孔桩口下6 m左右，空气中甲烷含量高达39%，二氧化碳高达2.2%，氧含量仅为2.8%，同时还检出少量的其他有害气体。据此，证实这是一起因甲烷、二氧化碳等气体浓度增高，氧含量急剧降低，使作业人员发生急性突然发作性缺氧窒息导致死亡的事故。

据了解，该建筑工地原先为生活垃圾填埋场，生活垃圾长时间密封分解可产生甲烷。对企业来讲，在有中毒可能性或缺氧的作业场所，要装适量通风排毒设施，避免有害气体的聚积并减少其浓度。作业场所氧气浓度要达到18%以上，有毒有害气体要控制在安全指标内。

10. 救护员救人心切防护不当中毒死亡事故

事情经过：

1992年4月8日上午8时35分，唐山市迁西县某铁厂的7名维修和测试人员，正在长12 m、宽8 m、高6 m的煤气加压风机室内进行风机维修，突然听到“嘶嘶”的气流声。当时人们不知道是什么气体，有的人怀疑是煤气，马上取来了煤气测定器对现场作了测定，结果指标为3 000 mg/m^3，煤气大量超标，维修人员和测试人员均来不及撤离就中毒倒在现场。

厂救护站接到警报后迅速赶到现场，救护员万某等人在没有佩戴任何防护用品的情况下，就直接进入煤气加压风机室进行救援。救护队长发现救护队员们没戴氧气呼吸器，急忙叫人去取，但为时已晚，这时万某已经进入室内，想救出中毒的工人。由于室内煤气浓度高，万某自己也中毒昏迷在现场。经全力抢救，其他中毒人员经抢救脱离危险，而前去救人的万某则因中毒后又摔伤，抢救无效死亡。万某只有 27 岁，是从事救护工作五年的老救护队员。

原因分析与事故教训：

造成这起事故的主要原因，是煤气加压室内泄漏进煤气，一般来说，煤气加压室是不应该泄漏进煤气的。经调查发现，事故发生当天 8 时 30 分左右，竖炉需要烘炉，炉长给煤气加压站班长打电话，询问加压风机是否已经修好，能否送煤气。班长在没有详细了解并核实的情况下，仅凭估计说修好了，答应给竖炉送煤气。在给竖炉送气过程中，造成煤气从加压风机短节处泄漏约 10 min，导致维修、测试及救护人员中毒。

在这起事故中，救护队员万某违反救护规则，也缺乏基本知识，不带防护用品就进入有毒现场救人，结果造成中毒身亡。其精神可嘉，但是其做法却是错误的，对于专业救护人员来讲，实在不应该发生这样的事情，主要问题应是平时教育不够，演练不够。

三、应急救援自救与互救成功事例分析

1. 液氯充装意外泄漏应急处置排除险情事例

事情经过：

2002 年 10 月 9 日 9 时，青岛天元化工股份有限公司氯碱分厂液氯充装工段正在生产中。在液氯充装现场，操作工正在井然有序地抽空、充装、复称各个液氯钢瓶，突然从氯压机房内冒出大量氯气，现场人员立即戴上防毒面具，及时关闭各个正在充装的液氯钢瓶阀门，停止充装操作，然后向公司领导报告。公司分管安全的副经理和环安处接到报告后，迅速赶往现场，组织现场人员进行应急处置。应急救援人员首先使用 2 台氯气捕消器，对泄漏的氯气进行吸收，防止事故进一步蔓延扩大，然后组织 3 名应急人员身穿防护服、佩戴空气呼吸器进入泄漏现场，查明氯气泄漏的原因后，制定紧急措施对泄漏点进行堵漏，避免了事故的进一步恶化。

原因分析与经验教训：

事故之后，公司立即成立了事故调查小组，严格按照“四不放过”的原则对事故原因进行详细调查。经过调查发现，事故现场真空罐下部约有 50 kg 液氯并在罐体表面结霜，由此判定操作工没有关严阀门，致使部分液氯进入真空罐并汽化，造成泵前压力由负压变成正压，在管道薄弱处发生破裂泄漏氯气。

据此确认，造成这起事故的直接原因，是液氯充装工操作失误，没有将阀门关紧，造成液氯进入真空罐。造成事故的间接原因，是管道腐蚀减薄，在事故发生前没有及时发现

并采取措施。事故后，公司设备处对管道进行测厚检查，只有局部范围存在减薄现象，其他部位没有大的变化。造成减薄的原因主要是日常操作开关阀门，系统抽入含有水分的空气造成的。

2. 阀门出现裂缝液氨泄漏应急处置化解险情事例

事情经过：

2003年6月16日8时15分左右，无锡市大众化工有限责任公司冷冻工段在生产中，单级冷冻1#冷凝器排油阀连接丝口发生裂缝，液氨从裂缝处喷出。工段长接到报告后，立即带领操作工戴着防毒面具将1#冷凝器的阀门全部关闭。与此同时，主要职能科室的管理人员先后到达现场，在周围15 m处设立警戒，禁止机动车辆行驶，机修工场停止动火，启用消防设施对喷氨处进行喷淋，通知周围车间停止电器操作。

当天刮东风，氨气很快迷漫到冷冻机机房，用260型可燃气体报警仪测得机房氨气的浓度为爆炸下限（LEL）30%，进入爆炸报警区。

半小时后，裂缝处喷氨不见减少，冷凝器压力不见降低，显然进液、出液阀门有一处内漏点，最好的方法是停止冷冻机工作，关闭储氨桶。然而，此时的冷冻机机房已经充满了氨气，停车时可能会产生火花，十分危险。有关人员集中在操作室研究对策，决定增加一支消防水枪从东边顺风对泄漏口喷射，将浓氨赶向西面，再用另一支散射式水枪进行喷淋；打开机房的南面门窗通风。15 min后，当机房氨气的浓度降至（LEL）20%时，果断决定立即停冷冻机，关闭储氨桶。又过半个多小时，冷凝器压力降至0.35 MPa（原为1.5 MPa），一起突发性事故被化解。

原因分析与经验教训：

氨在高压状态下呈液态，减压之后在空气中能迅速气化为氨气。氨的理化特性是无色，具有刺激性气味，易溶于水。氨是可燃性气体，氨与空气混合后遇火能发生爆炸，遇热放出氨和氮氧化物的有毒烟雾。氨侵入人体的主要途径是通过呼吸道吸入和皮肤侵入。低浓度的氨对黏膜有刺激作用，高浓度的氨可造成组织溶解坏死。

这起液氨泄漏之后，能够迅速化解，没有造成人员伤亡和财产损失，是一个成功的应急救援案例。该公司认为处置类似事件，以下几点十分重要：一是判断正确、决策果断，当机房氨气的浓度略降时立即停车；二是方法措施得当，顺风用消防水枪将氨赶向西面是成功之举；三是设施齐全，冷冻工段周围3只消防栓及测试仪器等完好待用；四是参与抢险人员处惊不乱，外围人员各负其责。

3. 液氨泵垫片突然裂开液氨泄漏应急排险事例

事情经过：

2002年8月8日10时30分左右，湖北枣阳化学工业总公司尿素车间泵房岗位1＃液氨泵，因进口第二大阀压盖垫片突然裂开，致使管道内的液氨发生严重泄漏。由于当时系统压力高达1.7 MPa，霎时间，整个泵房便被翻滚着的白色氨雾所笼罩，而此刻泵房里有20多台机泵正在高速运转，若有一处出现丁星儿火花，将会导致不堪设想的灾难性后果。

面对危急险情，现场人员按照平时演练的事故应急救援预案步骤，果断采取疏散人员、切断动力电源、强行关闭液氨管线上总阀等措施。生产部主任、技监部副主任及安全值班室全体人员，也在第一时间赶到现场，协助指挥抢险应急。最后，公司两名安全员配合操作工打开消防水源，对毒区喷淋雾状水花以稀释氨气浓度，工段长和操作工戴上防毒面具关闭1＃液氨泵进口第一大阀，从而彻底止住了液氨泄漏。

原因分析与经验教训：

这起液氨泄漏事件的成功化解，与现场人员熟悉事故应急救援预案有直接的关系，面对险情沉着冷静，按照平时演练的步骤果断处置，最后避免了事故的发生。从这一事件中，应吸取的一个经验，就是制定事故应急救援预案之后，一定要经常进行演练，让实际操作人员熟悉预案，这样一旦发生突发事件，才能靠得住、用得上，使事故应急救援预案真正发挥作用。

4. 制定事故预想方案临危不乱及时处置险情事例

1997年9月2日，胜利油田炼油厂减底泵——3/1出口阀阀芯突然脱落，车间及时向上级领导和有关部门做了汇报，由副厂长亲自确定将泵——3/1出口到减底液控阀前加临时跨线的应急方案。在应急处置过程中，车间管理人员紧靠现场，争取主动，并根据施工进度及时地制定出了一系列事故预想方案，在操作室黑板上详细写出《在泵——3/1使用临时跨线预热情况下泵——3/2出现问题事故预想方案》。在这套方案制定出仅53个小时后，便发挥了应有的作用。

9月9日凌晨2时零5分，胜利炼油厂第三常减压车间四班班长在巡检时，发现减底渣油泵——3/2出口放空线与母管连接处开裂，温度375℃、压力2.0 MPa的热渣油迅速喷出。情况十分危急，他立即关闭泵的出入口阀门，然后快速跑回操作室，带领岗位人员迅速赶到现场进行紧急换泵处理，恰在此时，放空线焊口断裂，高温渣油喷出，遇空气后自燃着火。面对险情，当班人员临危不乱，一边用现有的消防设施控制火势，一边报火警并通知车间、分厂有关领导，根据当时生产实际情况和《事故预想方案》，果断地采取了一系列应急措施：原油降量、加热炉降温、关闭减底抽出阀、关闭减底液控前手阀、打开常底油去渣油系统连通阀、减压塔破坏真空、停各侧线、回流，一项项工作进行得有条不紊。火速赶到现场的车间主任、副主任、工艺组长、设备组长等人也迅速地进入了“角色”。大家在及时赶到的消防队员的帮助下，很快扑灭了火源。

2 时 50 分，车间主任指挥大家迅速恢复生产，到 4 时，减压回流已重新建立，生产恢复正常，将事故损失降到了最低限度。

原因分析与经验教训：

通过这次突发事故的紧急处理，充分体现了该车间“坚持深抓细管、严守各项制度、确保末期安全”的工作方针。假如巡检制度执行不严格，就不能及时发现事故，大火的后果将是不堪设想的；假如事先没有深入、详细的事故预想，事故没有得到合理的处理，那么损失将是惨重的；假如车间职工的技术素质和工作作风不过硬，在事故处理面前乱了方寸，那么造成的损失也将是巨大的。

5. 临危不惧煤矿安全员刘永抢救窒息工友事例

事情经过：

连日来，在湖南省白沙煤电集团马田矿区，传颂着一个英雄的名字：桐子山矿安全监察员刘永。在瓦斯突出后的第一时间内，他挺身而出，冒着瓦斯爆炸的危险，成功地将两名窒息的工友抢救生还，避免了一起重大死亡事故。为表彰他英勇无畏的壮举，白沙煤电集团公司决定重奖他 1 万元；马田公司也决定奖励他 6 000 元。对个人这样重奖，在白沙煤电集团还是第一次。

2004 年 8 月 11 日 16 时，刘永与平时一样，身背瓦斯检测仪来到井下采掘工作面。

18 时 50 分左右，一名电车司机向他报告：2361 当头所处的南部巷道有大量的煤尘随风飘来。凭着职业的敏感，刘永马上意识到情况不妙，有可能是瓦斯突出。他迅速戴好自救器，迎着越来越浓的煤尘向“2361”方向奔去。热浪扑面，煤尘飞扬，越往前走，能见度越低，快到南部巷道的一个石门工作面时，能见度已不到 1 m。

肯定是瓦斯突出！刘永立即想到这一带还有 6 名工人在作业。来不及多想，立即向掘进工作面奔去。

当他来到掘进工作面时，发现 3 名工人正蹲在一风门旁避难，见刘永到来，他们如遇救星，立即弯着腰跟着刘永撤到了 100 m 外的安全地点。

找到了 3 个人，可还有 3 名工人没出来。刘永顾不上歇口气，立即换上另一台自救器又向“2361”奔去。

此时，整个巷道已弥漫着浓浓的瓦斯，因为浓度太高，瓦斯检测仪已经无法检测出瓦斯的数据读数。井下仍在通电，设备仍在运转，此时只要什么地方冒出一点火花，就有可能引发瓦斯爆炸，后果是井毁人亡！是赶快撤出灾区？还是继续搜救工友？刘永根本顾不上细想，毅然奔向“2361”。

迎着随时可能吞噬人命的瓦斯和扑面而来的煤尘，刘永孤身一人在充满着死亡威胁的巷道中进行着艰难的搜索。

走出 200 多米，刘永在下山巷道中发现了灯光，急忙走近一看，正是另外 3 名矿工中的 1 人，他已倒在地上。刘永急忙检查其瞳孔，检测脉搏，遗憾的是，这名工友已停止呼吸。刘永换上一部自救器又加带了 3 部，开始了对另外两名矿工的搜救。当他往前又走了 100 m 后，终于见到了那两名矿工。走近一看，他们都已经窒息，倒在地上。

此时，刘永平时认真学习的专业知识在这关键时刻派上了用场：他迅速将风筒撕开一个口子，让新鲜风流直接对着这两名工人吹；先后对他们实施人工呼吸，如同即将枯死的禾苗遇到了甘霖，两名矿工很快就恢复了心跳，渐渐苏醒过来。来不及高兴，刘永还惦记着在下山巷道遇难的那名工人。他命令这两名工人在原地休息待命，马上又赶往下山巷道。

此时，矿领导和救护队员们也赶来了。在确认下山巷道中的那名工友已无法救活后，他们又立刻赶往“2361”，将另两名工友抢救出了矿井。

原因分析与经验教训：

事后经安全技术部门检测认定，此次瓦斯突出量达 1.2 万 m^3，突出煤 100 余吨。如果不是刘永在第一时间成功抢救，那两名工人生还的可能性极小。

从刘永认定瓦斯突出赶往灾区实施抢救，到两名工友被救活，再与矿区领导及救护队员会面，这段时间正好是整整 90 min。这 90 min，是刘永在时间与速度上与死神争夺生命的 90 min。

刘永在关键时刻勇于抢救、善于抢救的行为，至少说明了三点：一是有责任心，他平时当“有心人”，了解井下情况，了解井下人员情况，了解避灾线路，瓦斯超限了，果断撤人。二是精神高尚，发生灾情后，人家往后撤，他却往前闯，不顾自己的安危，冒着生命危险抢救工友，以自己的命去换他人的命，如果没有很高的精神境界，做不到这一点。三是有很强的业务素质，煤矿井下灾害发生后，他判断准确，抢救遇险人员，措施得力，“撕风筒”和“人工呼吸”，两项关键措施救了两条命。

6. 在特大火灾中沉着应对奇迹般的脱险事例

事情经过：

1997 年 12 月 12 日午夜，哈尔滨汇丰大酒店发生特大火灾，6 层楼全部被毁。当日播报的新闻称有 31 人或被火烧焦，或被毒烟熏死，或在跳楼逃生中毙命。但住在 4 楼 4100 房间的 5 人却丝毫无损，安然脱险。

事发于 13 日凌晨。火来得太快了。

事发前一天的下午，吉林教育出版社的曹某、陈某、董某和于某 4 人分乘两辆车从长春到哈尔滨去送书，卸完车，对完账，简单吃过饭，住进汇丰大酒店时已是晚上了。因为第二天就要返回，他们马上着手完成第二个任务，请中石书店来人对账催款。晚上 10 点多钟，他们接待了第三批来谈工作的郭某。

零时左右，靠门较近的董某闻到一股焦煳味，推门一看，不好，着火了！他猛地关上门。此时，黑烟从门缝中、墙缝中涌了进来。

“快穿衣。”十几秒的工夫，他们迅速穿好外衣。

于某尝试着摸到卫生间，沾湿毛巾。董某拿起水壶想砸开窗户，但马上放下了，他不知这种做法是否合适。

烟更大了，电闸被拉下。人被烟呛得咳嗽。年纪较大的曹某果断命令“开窗”。话一落，他一把将窗户上的不干胶带扯下，董某和于某拿起水壶和凳子砸开厚厚的玻璃。

用手把砸开的玻璃拔掉，5 个人有了两个窗口可供呼吸。他们把头伸到外面。

这期间，他们试图将床单和窗帘拉下来结成绳，溜下楼，但后面的热浪逼得他们回不了头，此举无功而返。

火更大了，烟从 3 楼同样被砸开的窗户中直直地涌上来。一位勇士在楼上顺着水斗爬下来，安全着陆。但后面效仿的人却在半空中掉到地面。5 楼、6 楼不断有人跳下地面。

他们做了最坏的打算。最年轻的于某匍匐着把床上的账本和公家的手提电话拿过来。

“太难受了。”黑暗中，有人提议跳楼。“不行！不能跳，坚持住，等待救援。”在目睹了一个个失败后，他们冷静下来。

他们没有像别人那样大喊大叫。5 个人两个窗口，有一个窗口不得不分上下两层才能趴得下。上面的人呛得受不了了，下面的人主动换过来。有一阵儿他们面临窒息，突然来了一股他们所称的“神风”，吹走了浓烟，给了他们换口气的机会。他们不断地互相招呼，互相鼓励。半小时后，他们眼前出现了消防云梯。他们让来访的郭某先下，然后是年纪较大的老曹，共产党员陈某留在了最后，秩序井然。

原因分析与经验教训：

事后，毫无损伤的 5 人总结了此次火灾的脱险经验：

如果不是有在单位养成的团结互助精神，他们就不可能生还。

如果没有采取正确的措施，他们也不可能生还。他们不敢设想，如果从门冲出去，他们可能要被呛倒在楼道内。该宾馆的工作人员就是在火起后，违背消防规则，乘电梯上楼救人，最后呛倒在电梯中。

如果他们躲在房间内也是死路一条，这次就有人倒在卫生间中。

如果他们晚间没谈工作，酒后睡觉，则必死无疑。一位出差者就是在凌晨 4 时被请喝酒的朋友送回房间醒酒而永远睡去。

如果他们不是互相鼓励，就会有人从楼上跳下，后果必伤或死。

在大难临头时冷静地采取措施，沉得住气，在相对安全的地方等待救援是逃生的上策。

第二节 企业事故应急处置与人员自救互救

2010年7月19日，国务院印发的《关于进一步加强企业安全生产工作的通知》，专门在第五部分建设更加高效的应急救援体系中，要求企业要建立完善安全生产动态监控及预警预报体系，每月进行一次安全生产风险分析。发现事故征兆要立即发布预警信息，落实防范和应急处置措施。企业在制定应急预案之后，不能束之高阁，不理不睬，而是应该加强对员工的应急救援知识的教育和培训，应急救援必须具备基本的科学素养。在许多失败的应急救援事例中，重要原因就是缺乏基本的科学常识，未佩戴任何防护器具便进入有毒有害的环境，不讲科学地蛮干，结果只能使应急工作雪上加霜。这样的教训必须认真吸取。

一、煤矿事故的应急处置与自救互救

从以往的煤矿重大、特大伤亡事故中可以看到，由于对伤亡事故及其灾害估计不足，对可能发生的事故没有健全的实用性强的应急处理方案，使得事故无法得到有效控制。发生事故后，一旦不能保证及时、恰当处理，就会导致事故变成灾难。因此，掌握正确的应急自救与互救方法，对于防止事故伤亡扩大，至关重要。

1. 事故报告

煤矿企业发生伤亡事故后，现场人员要立即将情况报告企业负责人或有关主管人员。煤矿负责人或有关主管人员接到事故信息后，必须向当地人民政府、煤炭管理部门和当地煤矿安全监察办事处（站）报告，并在24小时内写出事故快报报上述部门。

事故快报应当包括以下内容：矿井基本情况；事故发生的时间、地点、单位、伤亡人数、直接经济损失初步估计；事故简要经过；事故发生原因的初步判断；事故发生后采取的措施及事故控制情况。

2. 煤矿灾害自救装备和设施

（1）自救器

自救器是一种小型的供矿工随身携带的自救装备，按原理可分为过滤式自救器和隔离式自救器两种。入井人员必须随身携带自救器，具有煤与瓦斯突出危险的矿井的入井人员必须携带隔离式自救器。自救器要避免摔落、碰撞，禁止当坐凳使用。

(2) 压风自救系统和避难硐室

在有煤与瓦斯突出危险的煤层采掘工作面附近爆破时，撤离人员集中地点必须设置有供给压缩空气的避难硐室或压风自救系统。工作面回风系统中有人作业的地点，也应设置压风自救系统。

需要注意的是，煤矿企业要使每个井下作业人员必须熟知安全设施的具体位置、性能和使用方法，以及使用注意事项，避免佩戴自救器，却不知道如何使用的事情发生。

3. 矿井火灾事故的应急处理

(1) 井下火灾的应急自救

在井下，无论任何人发现了烟雾或明火，知道发生了火灾，要立即报告调度室。火灾初起时是灭火的最佳时机，如果火势不大，应立即进行直接灭火，切不可惊慌失措，四处奔跑。

灭火时应注意，要有充足的水量，应先从火源外围逐渐向火源中心喷射水流；要保持正常通风，并要有畅通的回风通道，以便及时将高温气体和蒸汽排除；用水灭电气设备火灾时，首先要切断电源；不宜用水扑灭油类火灾；灭火人员不准在火源的回风侧，以免烟气伤人。

如果火势较大无法扑灭，或者其他地区发生火灾接到撤退命令时，要组织避灾和进行自救。此时要迅速戴好自救器，有组织地撤退。处在火源上风侧的人员，应逆着风流撤退。处在火源下风侧的人员，如果火势小，越过火源没有危险时，可迅速穿过火区到火源上风侧；或顺风撤退，但必须找到捷径，尽快进入新鲜风流中撤退。撤退时应迅速果断，忙而不乱，同时要随时注意观察巷道和风流的变化情况，谨防火风压可能造成的风流逆转。

如果巷道已有烟雾但不大时，戴好自救器（无自救器或自救器已超过有效使用时间时，应用湿毛巾捂着口、鼻），尽量躬身弯腰，低头快速前进；烟雾大时，应贴着巷道底和巷道壁，摸着铁道或管道快速爬出，迅速撤离。一般情况下不要逆着烟流方向撤退。当有烟且视线不清的情况下，应摸着巷道壁、支架、管道或铁道前进，以免错过通往新风流的连通出口。

在高温浓烟巷道中撤退时，应将衣服、毛巾打湿或向身上淋水进行降温，利用随身物品遮挡头面部，防止高温烟气刺激等。万一无法撤离灾区时，应迅速进入避难硐室，或者就近找一个硐室或其他较安全地点进行避灾自救，等待救援。

如因灾害破坏了巷道中的避灾路线指示牌、迷失了行进的方向时，撤退人员应朝着有风流通过的巷道方向撤退。在撤退沿途和所经过的巷道交叉口，应留设指示行进方向的明显标志，以提示救援人员的注意。

当唯一的出口被封堵无法撤退时，应在现场管理人员或有经验的老工人的带领下进行灾区避灾，以等待救援人员的营救。进入避难室前，应在硐室外留设文字、衣物、矿灯等明显标识，以便于救援人员及时发现，方便营救。入硐室后，开启压风自救系统，可采取有规律地敲击金属物、顶帮岩石等方法，发出呼救联络信号，以引起救援人员的注意，指示避难人员所在的位置。积极开展互救，及时处理受伤和窒息人员。

（2）矿井火灾事故的现场救护

矿山救护队处理井下火灾应遵循以下原则：控制烟雾的蔓延，不致危及井下人员安全；防止火灾扩大；防止引起瓦斯或煤尘爆炸，防止因火风压引起风流逆转而造成危害；保证救灾人员安全，并有利于抢救遇险人员；创造有利的灭火条件。

进风井口、井筒、井底车场、主要进风道和硐室发生火灾时，为抢救井下人员，应反风或风流短路。反风前，必须将原进风侧的人员撤出，并采取阻止火灾蔓延的措施。采取风流短路措施时，必须将受影响区域内的人员全部撤离。多台主要通风机联合通风的矿井反风时，抽出式矿井要保证非事故区域的主要通风机先反风，事故区域的主要通风机后反风。压入式矿井正好相反。瓦斯矿井应采取正常通风，如必须反风或风流短路时，指挥部应分析反风或风流短路后风流中瓦斯变化情况，防止引起瓦斯爆炸。

进风的下山巷道着火时，必须采取防止火风压造成风流紊乱和风流逆转的措施。改变通风系统和通风方式时，必须有利于控制火风压。灭火中只有在不致使瓦斯很快积聚到爆炸危险浓度，且能使人员迅速退出危险区时，才能采取停止通风的方法。

用水或注浆的方法灭火时，应将回风侧人员撤出。向火源大量灌水或从上部灌浆时，严禁靠近火源地点作业。用水快速淹没火区时，密闭附近不得有人。

处理火灾事故时，如积聚的瓦斯可能涌入火区，应加强巷道通风。如果瓦斯浓度超过限定值时，矿山救护队指挥员必须立即将全体人员撤到安全地点，采取措施排除瓦斯。如果不能将瓦斯排除，应会同指挥部，研究保证使用安全的新的灭火方法。充满烟雾且能见度为零的巷道，严禁救护队进入侦察或作业，待采取措施，消除危险后方可作业。

为使遇险人员能够在火灾紧急条件下迅速脱离危险，煤矿企业都须做好以下准备：编制井下各工作点火灾逃生路线图，并组织井下职工学习井下火灾逃生路线和方案；井下工作人员必须携带自救器，并掌握其佩戴方法；井下每隔一定距离配备一定的突发性火灾灭火设备、通风和通信联络装备；调度室工作人员应掌握火灾应急逃生、救灾知识，以便接到火灾求助电话时能在第一时间向遇险人员提供正确的逃生方案指导。

4. 矿井瓦斯爆炸事故的应急处理

瓦斯爆炸必须同时具备三个条件：瓦斯浓度在5%～16%范围内；氧气浓度在12%以上；存在引爆热源，且温度在650～750℃。在煤矿井下，预防瓦斯爆炸的措施主要是防止瓦斯积聚和限制高温热源。

较容易引起瓦斯积聚的常见场所包括：井下采煤工作面的上（下）隅角；高瓦斯煤层的煤巷掘进工作面；井下工作面的采空区；高瓦斯煤层工作面的冒落区；发生瓦斯突出后的瓦斯积聚区；井下独头掘进煤巷工作面；通风不良的井下其他场所；出现逆温气候条件时的深凹露天采煤工作面。

(1) 瓦斯爆炸的应急自救

井下一旦发生瓦斯爆炸事故，现场班队长、跟班干部要立即组织人员正确佩戴好自救器，引领人员按避灾路线到达最近新鲜空气中，第一时间向矿调度室报告事故地点、现场灾难情况，同时向所在单位值班员报告。

安全撤离时要正确佩戴好自救器，快速撤离，但不能慌乱，尽量低行。如因灾难破坏了巷道中的避灾路线指示牌、迷失了行进的方向时，撤退人员应朝着有风流通过的巷道方向撤退。

在撤退沿途和所经过的巷道交叉口，应留设指示行进方向的明显标识，以提示救援人员的注意。

在撤退途中听到或感觉到有爆炸声或空气振动冲击波时，应立即背向声音和气浪传来的方向，脸向下，双手置于身体下面，闭上眼睛，迅速卧倒，头部要尽量放低，有水沟的地方最好躲在水沟边上或坚固的掩体后面，用衣服遮盖身体的裸露部分，以防火焰和高温气体灼伤皮肤。

当唯一的出口被封堵无法撤退时，应有组织地进行灾区避灾，以等待救援人员的营救。

在瓦斯爆炸事故中，永久避难硐室是遇险人员无法撤出或一时难以撤出灾区时，供遇险人员暂时避难待救的场所。永久避难硐室避灾法在瓦斯爆炸时能够起到较好的避灾效果，但由于避难硐室空间比较狭小，容纳人员有限，且随着工作面的不断向前推进，避难硐室距离工作面也越来越远，因此，遇险人员在碰到瓦斯爆炸事故时很难及时到达避难硐室。

临时避难硐室是在瓦斯爆炸事故后，遇险人员一时难以沿着避灾路线撤出灾区或难以迅速到达避难硐室时，应立即佩戴自救器，到附近的、掘进长度较长的、有压风管路且瓦斯爆炸前正常通风但事故时断电停风的掘进独头巷道内避灾，等待矿山救护队救援。临时避难硐室避灾法同样具有较好的井下避灾作用，能够给众多遇险人员提供避难场所，有利于瓦斯爆炸事故应急救援工作的展开。

进入避难硐室前，应在硐室外留设文字、衣物、矿灯等明显标志，以便于救援人员实施救援。入硐室后，开启压风自救系统，可有规律地间断地敲击金属物、顶帮岩石等，发出呼救联络信号，以引起救援人员的注意，指示避难人员所在的位置。

(2) 处理瓦斯爆炸事故的注意事项

遇险人员要知道，佩戴自救器呼吸时会感到稍有烫嘴，这是正常现象，不得取下口具和鼻夹，以防中毒；

救援队员救援时必须佩戴呼吸器，必须侦查灾区有无火源，避免再次引发爆炸的危险；

救援队员进入灾区探险或救人时要时刻检查氧气消耗量，以保证有足够的氧气返回；

抢险救援期间不得停止井下压风，以供灾区人员呼吸；

掘进工作面发生爆炸或火灾时，正在运转的局部通风机不可随意停止，对已停运的局部通风机不得随意启动。

（3）瓦斯爆炸事故的现场救护

处理爆炸事故时，矿山救护队的主要任务是：抢救遇险人员；对充满爆炸烟气的巷道恢复通风；扑灭爆炸产生的火灾。

首先到达事故矿井的小队应对灾区进行全面侦察，查清遇险遇难人员数量及分布地点，对现场情况进行细致描述，发现幸存者立即佩戴自救器将其救出灾区，发现火源要立即扑灭。

井筒、井底车场或石门发生爆炸时，应派1个小队救人，1个小队恢复通风。如果通风设施损坏不能恢复，应全部去救人。爆炸事故发生在采掘工作面时，派1个小队沿回风侧、另1个小队沿进风侧进入救人。

为了排除爆炸产生的有毒有害气体，抢救人员要在查清确定无火源的基础上，尽快安全撤退的情况下，采取区域反风或局部反风。这时，矿山救护队应进入原回风侧引导人员撤离灾区。

矿山救护队在侦察中遇到冒顶无法通过时，侦察小队要迅速退出，寻找其他通道进入灾区。在独头巷道较长、有害气体浓度大、支架损坏严重的情况下，确知无火源、人员已经牺牲时，恢复通风、维护支架方可进入。

小队进入灾区必须遵守下列规定：进入前切断灾区电源；注意检查灾区内各种有害气体的浓度，检查温度及通风设施的破坏情况；穿过支架破坏的巷道时，要架好临时支架，以保证退路安全；通过支护不好的地点时，队员要保持一定距离按顺序通过，不要推拉支架；进入灾区行动要谨慎，防止碰撞产生火花，引起爆炸。

煤尘爆炸事故的救护原则与瓦斯爆炸事故类似，可参照以上方法进行。

5. 矿井透水事故的应急处理

造成矿井透水事故的水源主要有大气降水、地表水、地下水和采空区积水。

（1）矿井透水事故征兆

◆一般征兆。煤层变潮湿、松软；煤帮出现滴水、淋水现象，且淋水由小变大；煤帮出现铁锈红水迹；工作面气温降低或出现雾气及硫化氢气味；听到水的“嘶嘶”（俗称“水叫”）声；矿压增大，发生片帮冒顶及底鼓。

◆工作面底板灰岩含水层透水征兆。工作面压力增大，底板鼓起，底鼓量较大；工作面底板产生裂隙并逐渐增大；沿裂隙或煤帮向外渗水；底板破裂，沿裂缝有高压水喷出并伴有水啸声；底板发生“底爆”，带有巨响，并有大量水涌出，水色乳白或呈黄色。

◆冲积层水的透水征兆。透水部位发潮，滴水并逐渐增大，水中有少量细砂；发生局部冒顶，水量突增并出现流砂；流砂呈间隙性，水色时清时混；发生大量溃水、溃砂，并可能影响到地表，使地表出现塌陷。

(2) 井下透水事故应急处置

井下一旦发生透水事故，应以最快的速度通知附近地区工作人员一起按照规定的避灾路线撤出。现场班队长、跟班干部要立即组织人员按避水路线安全撤离到新鲜风流中。撤离前，应设法将撤退的行动路线和目的地告知调度室，到达目的地后再报调度室。

要特别注意“人往高处走”，切不可进入低于透水点附近下方的独头巷道。由于透水时，来势很猛，冲力很大，现场人员应立即避开出水口和泄水流，躲避到硐室内、巷道拐弯处或其他安全地点。如果情况紧急，来不及躲避时，可抓牢棚梁、棚腿或其他固定物，防止被水打倒或冲走。在存在有毒、有害气体危害的情况下，一定要佩戴自救器。

人员撤出透水区域后，应立即将防水闸门紧紧关死，以隔断水流。在撤退行进中，应靠巷道一侧，抓牢支架或其他固定物，尽量避开压力水头和泄水主流，要防止被流动的矸石、木料撞伤。如巷道中照明和路标被破坏，迷失了前进方向，应朝有风流的上山方向撤退。在撤退沿途和所经过的巷道交叉口，应留设指示行进方向的明显标志。从立井梯子向上爬时，应有序进行，手要抓牢，脚要蹬稳。撤退中，如因冒顶或积水已造成巷道堵塞，可找其他通道撤出。

撤退中，如因冒顶或积水造成巷道堵塞，可寻找其他安全通道撤出。在唯一的出口被封堵无法撤退时，应在现场管理人员或有经验的人员带领下进行避灾，等待救援人员的营救，严禁盲目潜水等冒险行为。

当避灾处低于外部水位时，不得打开水管、压风管供风，以免水位上升。必要时，可设置挡墙或防护板，阻止涌水、煤矸和有害气体的侵入。避灾处外口应留衣物、矿灯等为标志，以便营救人员发现。

重大水害的避难时间一般较长，应节约使用矿灯，合理安排随身携带的食物，保持安静，尽量避免不必要的体力消耗和氧气消耗，采用各种方法与外部联系。长时间避难时，避难人员要轮流担任岗哨，注意观察外部情况，定期测量气体浓度，其余人员均静卧保持精力。避难人员较多时，硐室内可留一盏矿灯照明，其余矿灯应关闭备用。在硐室内，可有规律、间断地敲击金属物、顶帮岩石等方法，发出呼救联络信号，以引起救援人员的注意，指示避难人员所在的位置。在任何情况下，所有避难人员都要坚定信心，互相鼓励，保持镇定的情绪。被困期间断绝食物后，即使在饥渴难忍的情况下，也应努力克制自己，不嚼食杂物充饥，尽量少饮或不饮不洁净的水。需要饮用井下水时，应选择适宜的水源，并用纱布或衣服过滤，以免造成身体损伤。

长时间避难后得救时，不可吃硬质和过量的食物，要避开强烈的光线，以免刺伤眼睛。

(3) 透水事故现场抢救注意事项

在可能的情况下，迅速观察和判断透水地点、透水种类及涌水程度。加强对气体的检测，如是老空水涌出，使所在地点的有毒有害气体浓度增高时，救援人员应立即佩戴好自救装备。在未确定所在地点的空气成分能否保证人员的生命安全时，禁止任何人随意摘掉自救器的口具和鼻夹。

透水初期，在保证自身安全的前提下，利用现有的人力和物力，迅速组织抢救工作。如透水地点周围围岩坚硬、涌水量不大时，可组织力量就地取材，加固工作面，尽快堵住出水点。

在涌水凶猛、顶帮松散的情况下，绝不可强行封堵出水口，以免引起工作面大面积突水，造成人员伤亡，扩大灾情。

井下发生透水事故后，绝不允许任何人以任何借口在不佩戴防护器具的情况下冒险进入灾区，严防有毒有害气体中毒和污染物伤害身体。

(4) 矿井水灾救护

井巷发生透水事故时，矿山救护队的任务是抢救受淹和被困人员，防止井巷进一步被淹及恢复井巷通风。

矿山救护队到达事故矿井后，要了解灾区情况、水源、事故前人员分布、矿井有生存条件的地点及进入该地点的通道等，并计算被堵人员所在地点容积、氧气、瓦斯浓度，计算出被困人员应救出的时间。根据受灾面积水量和涌水速度，及时增大排水设备的排水能力，尽快抢救被困人员。

救护队在侦察中，应判定遇险人员位置，涌水通道、水量、水的流动线路，巷道及水泵设施受水淹程度，巷道冲坏和堵塞情况，有害气体浓度及在巷道分布情况和通风情况等。当水深达到膝部时，侦察队停止前进，并及时向指挥部请示报告。

采掘工作面发生透水时、矿山救护队第 1 个小队一般应进入下部水平救人，第 2 小队应进入上部水平救人。

对于被困在井下的人员，如果其所在地点高于透水后水位时，可利用打钻、掘小巷等方法供给新鲜空气、水及食物；如果其所在地点低于透水后水位时，则禁止打钻，防止泄压扩大灾情。

矿井透水量超过排水能力，有全矿和水平被淹危险时，在下部水平人员救出后，可向下部水平或采空区放水，如果下部水平人员尚未撤出，主要排水设备受到被淹威胁时，可用装有黏土、砂子的麻袋构筑临时防水墙，堵住泵房口和通往下部水平的巷道。

透水如果威胁水泵安全，当人员撤往安全地点后，矿山救护小队的主要任务是保护泵房不被淹。

救护小队逆水流方向前往上部没有出口的巷道时，要与在基地监视水情的待机小队保持联系，当巷道有很快被淹危险时，要立即返回基地。

排水过程中，要保持通风，加强对有毒有害气体的检测。排水后进行侦察，抢救人员时要注意观察巷道情况，防止冒顶和掉底。

矿山救护队员通过局部积水巷道，在积水水位不高、距离不长时，要用探棍探测前进，防止堕落。

救护队员佩戴氧气呼吸器通过局部积水巷道步行时水深不得过膝，爬行时水深不得超过 152.4 mm。

处理上山巷道透水时要注意：检查并加固巷道支护，防止二次透水、积水和淤泥的冲击；透水点下方要有能存水及存沉积物的有效空间，否则人员要撤到安全地点；保证人员在作业中的通信联系和安全退路。

6. 矿井冒顶事故的应急处理

局部冒顶事故是最常见的矿山事故。在煤矿中多发生于掘进工作面和采掘工作面的上下两出口之间或老塘回柱放顶、漏顶、掉渣等危险场合下。对已松动的浮石、三角石、锅底石、屋脊石等情况未敲帮问顶，支护不及时，空顶作业、支护不牢固、个别断梁折柱、作业时动作不利索、行动迟缓、不敏捷、粗心、甚至违章指挥，违章作业，放炮装药量过多等原因均可造成局部冒顶。

(1) 冒顶事故应急处置

冒顶事故一般是有预兆的。井下人员发现冒顶预兆，应立即进入安全地点避灾。如来不及进入安全地点，要靠煤壁贴身站立（但应防止片帮），或到木垛处避灾。

现场班队长、跟班干部要根据现场情况，判断冒顶事故发生地点、灾情、原因及影响区域，进行现场处置。如无第二次大面积顶板动力现象时，立即组织对受困人员进行施救，防止事故扩大。

现场救援人员必须在首先保证巷道通风、后路畅通、现场顶帮维护好的情况下方可施救，施救过程中必须安排专人进行顶板观察、监护。当出现大面积来压等异常情况或通风不良、瓦斯浓度急剧上升存在瓦斯爆炸危险时，必须立即撤离到安全地点，等待救援。

在巷道掘进施工时，应经常检查巷道支架、顶板情况，做好维护工作防止前面施工，后边“关门”的堵人事故。一旦被堵，则应沉着冷静，同时维护好冒落处和避灾处的支护，防止冒顶事故进一步扩大，并有规律地向外发出呼救信号，但不能敲打威胁自身安全的物料和岩石，更不能在条件不允许的情况下强行挣扎脱险。若被困时间较长，则应减少体力消耗，节水、节食和节约矿灯用电。若有压风管，应用压风管供风，做好长时间避灾的准备。

抢救被煤和矸石埋压的人员时，要首先加固冒顶地点周围的支架，确保抢救中不再次冒落，并预留好安全退路，保证营救人员自身安全，然后采取措施，对冒顶处进行支护，在确保煤、矸不再垮塌的安全条件下，将遇险人员救出。扒人时，要首先清理遇险人员的口鼻堵塞物，畅通呼吸系统。禁止用镐刨煤、矸，小块用手搬，大块应采用千斤顶、液压起重气垫等工具，绝不允许用锤砸。

对现场受伤人员应根据实际情况开展救助工作，对于轻伤者应现场对其进行包扎，并抬放到安全地带；对于骨折人员不要轻易挪动，要先采取固定措施；对出血伤员要先止血，等待救助人员的到来。

除救人和处理险情紧急需要外，一般不得破坏现场。

（2）冒顶事故的救护

发生冒顶事故后，矿山救护队应配合现场人员一起救助遇险人员。如果通风系统遭到破坏，应迅速恢复通风。当瓦斯和其他有害气体威胁到抢救人员的安全时，救护队应担负起抢救人员和恢复通风的工作。

在处理冒顶事故以前，矿山救护队应向在事故附近地区工作的干部和工人了解事故发生原因、冒顶地区顶板特性、事故前人员分布位置、瓦斯浓度等，并实地查看周围支架和顶板情况，在危及救援人员安全时，首先加固附近支架，保证退路安全畅通。

抢救人员时，用呼喊、敲击或采用生命探测仪探测等方法，判断遇险人员位置，与遇险人员保持联系，鼓励他们配合抢救工作。在支护好顶板的情况下，用掘小巷、绕道通过垮落区或使用矿山救护轻便支架穿越垮落区的方法接近被埋、被堵人员。一时无法接近时，应设法利用压风管路等提供新鲜空气、水和食物。

处理冒顶事故中，应指定专人检查瓦斯和观察顶板情况，发现异常，立即撤出人员。

二、危险化学品事故的应急处置与自救互救

危险化学品事故具有突发性、群体性、紧迫性、复杂性、快速性和高度致命性的特点，事故作用时间长，所造成的危害极大，给民众带来的心理恐怖大，远期效应明显，因此危险化学品事故急救十分重要。危险化学品事故现场急救的目的是挽救生命、稳定病情、减少伤残和减轻痛苦。

1. 现场急救的原则与要点

（1）一般救治原则

事故现场救治的基本原则是立即解除致病原因，脱离事故现场。将伤员安置于空气新

鲜的环境中。如系严重中毒，要立即在现场实施治疗；一般中毒伤员要平坐或平卧休息，密切观察监护，随时注意病情变化。

对于神志不清的伤员应使其侧卧位，防止气道梗阻，缺氧者给氧气吸入，呼吸停止者立即施行人工呼吸，心跳停止者立即施行人工心肺复苏。

对于皮肤烧伤者，应尽快清洁创面，并用清洁或已消毒的纱布保护好创面，酸、碱及其他化学物质烧伤者用大量流动清水冲洗 20 min 后再进一步处置，禁止在创面上涂敷消炎粉、油膏类。头面部灼伤时，要注意眼、耳、鼻、口腔的清洗，眼睛灼伤后要优先彻底冲洗。避免创面污染，不要把水疱弄破。

当伤员发生冻伤时，应迅速复温，复温的方法是采用 40～42℃恒温热水浸泡，使其温度提高至接近正常，在对冻伤的部位进行轻柔按摩时，应注意不要将伤处的皮肤擦破，以防感染。

对于骨折的伤员，特别是脊柱骨折时，在没有正确固定的情况下，除止血外应尽量少动伤员，以免加重损伤。

切勿随意给伤员饮食，以免呕吐物误入气管内。

(2) 急性化学中毒的现场救治要点

对于急性化学中毒的人员，应立即将伤员移离中毒现场，至空气新鲜场所并给予吸氧，脱除污染的衣物。

保持呼吸道通畅，防止梗阻。密切观察伤员意识、瞳孔、血压、呼吸、脉搏等生命体征，发现异常立即处理。

经口中毒，毒物为非腐蚀性者，立即用催吐、洗胃和导泻等办法使毒物尽快排出体外。但腐蚀性毒物中毒时，一般不提倡用催吐与洗胃的方法，可通过输液、利尿来加快代谢，使用排毒剂和解毒剂清除已吸收入体内的毒物。

保护重要器官功能，维持酸碱平衡，防止水电解质紊乱，防止继发感染、并发症和后遗症。

2. 现场急救的注意事项

(1) 染毒区人员撤离现场的注意事项

染毒区人员撤离前，应自行或相互帮助戴好防毒面罩或用湿毛巾捂住口鼻，同时穿好防毒衣或雨衣，把暴露的皮肤保护起来，免受损害。

利用旗帜、树枝、手帕来辨明风向，尽可能利用交通工具向上风向做快速转移。撤离时，应选择安全的撤离路线，避免横穿毒源中心区域或危险地带，防止发生继发伤害。

遇呼吸心跳骤停的伤员应立即将其运离开染毒区，就地立即实施人工心肺复苏，并通知其他医务人员前来抢救，或者边做人工心肺复苏边就近转送医院。

（2）救援人员进入染毒区域的注意事项

救援人员进入染毒区域必须事先了解染毒区域的地形，建筑物分布，有无爆炸及燃烧的危险，毒物种类及大致浓度，选择合适的防毒用品，必要时穿好防护衣。

应至少 2～3 人为一组集体行动，以便互相监护照应。所用的救援装备需具备防爆功能。

进入染毒区的人员必须明确一位负责人，指挥协调在染毒区域的救援行动，最好配备一部对讲机随时与现场指挥部及其他救援队伍联系。

（3）开展现场急救工作时的注意事项

要备好防毒面罩和防护服，在现场急救过程中要注意风向的变化，一旦发现急救医疗点处于下风向遭受到污染时，立即做好自身及伤员的防护，并迅速向安全区域转移，重新设置现场急救医疗点。

在事故现场特别是有大批伤员的情况下，现场救援人员应重点搜寻和帮助危重伤员和老、弱、幼、妇群众迅速撤离。

在现场安全区域集中设置洗消站，采用脱除污染的衣物、用流动清水冲洗皮肤等方法，及时对被污染的撤出群众进行消毒，防止发生继发伤害。

在为伤员作医疗处置的过程中，应尽可能地保护好伤员的眼睛，切记不要遗漏对眼睛的检查和处理。还要注意对伤员污染衣物的处理，防止发生继发性损害。特别是对某些毒物中毒（如氰化物、硫化氢）的伤员，做人工呼吸会引起救援人员中毒，因此不宜进行口对口人工呼吸。

3. 火灾事故的应急处置要领

（1）扑救危化品火灾的一般对策

◆扑救初期火灾在火灾尚未扩大到不可控制之前，应尽快用灭火器来控制火灾。迅速关闭火灾部位的上下游阀门，切断进入火灾事故地点的一切物料，然后立即启用现有各种消防装备扑灭初期火灾和控制火源。

◆对周围设施采取保护措施。为防止火灾危及相邻设施，必须及时采取冷却保护措施，并迅速疏散受火势威胁的物资。有的火灾可能造成易燃液体外流，这时可用沙袋或其他材料筑堤拦截流淌的液体或挖沟导流，将物料导向安全地点。必要时用毛毡、湿草帘堵住下水井、阴井口等处，防止火焰蔓延。

◆扑救危险化学品火灾绝不可盲目行动。应针对每一类化学品，选择正确的灭火剂和灭火方法。必要时采取堵漏或隔离措施，预防次生灾害扩大。当火势被控制以后，仍然要派人监护，清理现场，消灭余火。

（2）几种特殊物品的火灾扑救注意事项

◆扑救液化气体类火灾，切忌盲目扑灭火势，在没有采取堵漏措施的情况下，必须保持稳定燃烧。否则，大量可燃气体泄漏出来与空气混合，遇着火源就会发生爆炸，后果将不堪设想。

◆对于爆炸物品火灾，切忌用沙土盖压，以免增强爆炸物品爆炸时的威力；扑救爆炸物品堆垛火灾时，水流应采用吊射，避免强力水流直接冲击堆垛，以免造成堆垛倒塌引起再次爆炸。

◆对于遇湿易燃物品火灾，绝对禁止用水、泡沫、酸碱等湿性灭火剂扑救。

◆氧化剂和有机过氧化物的灭火比较复杂，应针对具体物质具体分析。

◆扑救毒害品和腐蚀品的火灾时，应尽量使用低压水流或雾状水，避免腐蚀品、毒害品溅出；遇酸类或碱类腐蚀品，最好调制相应的中和剂稀释进行中和。

◆易燃固体、自燃物品一般都可用水和泡沫扑救，只要控制住燃烧范围，逐步扑灭即可。但有少数易燃固体、自燃物品的扑救方法比较特殊。如2，4-二硝基苯甲醚、二硝基萘、萘等是易升华的易燃固体，受热放出易燃蒸气，能与空气形成爆炸性混合物，尤其在室内，易发生爆燃，在扑救过程中应不时向燃烧区域上空及周围喷射雾状水，并消除周围一切火源。

注意：发生化学品火灾时，灭火人员不应单独灭火，出口应始终保持清洁和畅通，要选择正确的灭火剂，灭火时还应考虑人员的安全。

4. 爆炸事故的应急处置要领

发生危险化学品爆炸事故时，一般应采取以下应急处置对策：

(1) 迅速判断和查明再次发生爆炸的可能性和危险性，抓住爆炸后和再次发生爆炸之前的有利时机，采取一切可能的措施，全力制止再次爆炸的发生。

(2) 切忌用沙土盖压，以免增强爆炸物品爆炸时的威力。

(3) 如果有疏散可能，人身安全确有可靠保障，应立即组织力量及时疏散着火区域周围的爆炸物品，使着火区周围形成一个隔离带。

(4) 扑救爆炸物品堆垛时，水流应采用吊射，避免强力水流直接冲击堆垛，以免堆垛倒塌引起再次爆炸。

(5) 灭火人员应尽量利用现场现成的掩蔽体或尽量采用卧姿等低姿射水，尽可能地采取自我保护措施。消防车辆不要停靠离爆炸物品太近的水源。

(6) 灭火人员发现有发生再次爆炸的危险时，应立即向现场指挥报告，现场指挥应迅速作出准确判断，确有发生再次爆炸征兆或危险时，应立即下达撤退命令。灭火人员看到或听到撤退信号后，应迅速撤至安全地带，来不及撤退时，应就地卧倒。

5. 泄漏事故的应急处置要领

（1）进入泄漏现场

进入泄漏现场进行应急处理时，一定要注意安全防护：

◆进入现场救援人员必须佩戴必要的个人防护器具。

◆如果泄漏物是易燃易爆的，事故中心区应严禁火种，切断电源，禁止车辆进入，立即在边界设置警戒线。

◆如果泄漏物是有毒的，应使用专用防护服、隔绝式空气面具，并立即在事故中心区边界设置警戒线。

◆应急处理时严禁单独行动，要有监护人，必要时用水枪、水炮掩护。

（2）确保人员安全

在确保人员安全的前提下，尽快关阀堵漏。根据实际情况，可以采取关闭阀门、停止作业或改变工艺流程、物料走副线、局部停车、打循环、减负荷运行等，采用合适的材料和技术手段堵住泄漏处。

（3）泄漏物处理

处理泄漏物，通常有以下几种办法：

◆围堤堵截。筑堤堵截泄漏液体或者引流到安全地点。储罐区发生液体泄漏时，要及时关闭雨水阀，防止物料沿明沟外流。

◆稀释与覆盖。向有害物蒸气云喷射雾状水，加速气体向高空扩散。对于可燃物，也可以在现场施放大量水蒸气或氮气，破坏燃烧条件。对于液体泄漏，为降低物料向大气中的蒸发速度，可用泡沫或其他覆盖物品覆盖外泄的物料，在其表面形成覆盖层，抑制其蒸发。

◆收集。对于大型泄漏，可选择用隔膜泵将泄漏出的物料抽入容器内或槽车内；当泄漏量小时，可用沙子、吸附材料、中和材料等吸收中和。

◆废弃。将收集的泄漏物运至废物处理场所处置。用消防水冲洗剩下的少量物料，冲洗水排入污水系统处理。

（4）努力减轻泄漏危险化学品的毒害

参加危险化学品泄漏事故处置的车辆应停于上风方向，消防车、洗消车、洒水车应在保障供水的前提下，从上风方向喷射开花或喷雾水流对泄漏出的有毒有害气体进行稀释、驱散；对泄漏的液体有害物质可用沙袋或泥土筑堤拦截，或开挖沟坑导流、蓄积，还可向沟、坑内投入中和（消毒）剂，使其与有毒物直接起氧化、氯化作用，从而使有毒物改变性质，成为低毒或无毒的物质。对某些毒性很大的物质，还可以在消防车、洗消车、洒水车水罐中加入中和剂（浓度比为5%左右），则驱散、稀释、中和的效果更好。

（5）搞好现场检测

应不间断地对泄漏区域进行定点与不定点的检测，以及时掌握泄漏物质的种类、浓度和扩散范围，恰当地划定警戒区。

（6）把握好灭火时机

当危险化学品大量泄漏，并在泄漏处稳定燃烧，在没有制止泄漏绝对把握的情况下，不能盲目灭火，一般应在制止泄漏成功后再灭火。否则，极易引起再次爆炸、起火，将造成更严重的后果。

6. 中毒事故的应急处置要领

（1）中毒事故现场应急处置的一般原则

发生毒物泄漏事故时，现场人员应分头采取以下措施：

按报送程序向有关部门领导报告；通知停止周围一切可能危及安全的动火、产生火花的作业，消除一切火源；通知附近无关人员迅速离开现场，严禁闲人进入毒区等。

进行现场急救的人员应遵守以下规定：

◆参加抢救人员必须听从指挥，抢救时必须分组有序进行，不能慌乱。

◆救护者应戴好防毒面具或氧气呼吸器、穿好防毒服后，从上风向快速进入事故现场。

◆迅速将伤员从上风向转移到空气新鲜的安全地方。

◆救护人员在工作时，应注意检查个人危险化学品应急救援防护装备的使用情况，如发现异常或感到身体不适时要迅速离开染毒区。

◆假如有多个中毒或受伤的人员被送到救护点，应按照“先救命、后治病，先重后轻、先急后缓”的原则分类对伤员进行救护。

（2）窒息性气体中毒的现场急救

一氧化碳、硫化氢、氮气、光气、双光气、二氧化碳及氰化物气体等统称为窒息性气体，它们引起急性中毒事故的共同特点是具有突发性、快速性和高度致命性，常来不及抢救。因此，一旦发现此类窒息性气体的现场有人中毒晕倒，单凭勇敢精神和搭救愿望贸然进入毒源区，非但救不了他人，反而会危害自己。应当采取“一戴二隔三救出”的急救措施。

◆“一戴”。施救者应立即佩戴好输氧或送风式防毒面具；无条件可佩戴简型防毒口罩，但需注意口罩型号要与毒物防护种类相符，腰间系好安全带或绳索，方可进入高浓度毒源区域施救。由于防毒口罩对毒气滤过率有限，故佩戴者不宜在毒源地区时间过久，必要时可轮流或重复进入。毒源区外人员应严密观察、监护，并拉好安全带（或绳索）的另一端，一旦发现危情迅速令其撤出或将其牵拉出。

◆“二隔”。由施救人员携带送风式防毒面具或防毒口罩，并尽快将其戴在中毒者口鼻上，紧急情况下也可用便携式供氧装置（如氧气袋、瓶等）为其吸氧。此外，毒源区域迅速通风或用鼓风机向中毒者方向送风也有明显效果。

◆“三救出”。抢救人员在“一戴、二隔”的基础上，争分夺秒地将中毒者移离出毒源区，进一步做医疗急救。一般以两名施救人员抢救一名中毒者为宜，可缩短救出时间。

7. 化学灼伤的应急处置要领

发生化学灼伤，由于化学物质的腐蚀作用，如不及时将其除掉，就会继续腐蚀下去，从而急剧灼伤的严重程度，某些化学物质如氢氟酸的灼伤初期无明显的疼痛，往往不受重视而贻误处理时机，加剧了灼伤程度。一旦发生化学灼伤，应当立即进行现场急救和处理。

（1）迅速脱去衣物，清洗创面

当化学物质接触人体组织时，应迅速脱去衣服，立即用大量清水冲洗创面，不应延误，冲洗时间不得少于 20 min，以利于将渗入毛孔或黏膜内的物质清洗出去。清洗时要遍及各受害部位，尤其要注意眼、耳、鼻、口腔等处。对眼睛的冲洗一般用生理盐水或用清洁的自来水，冲洗时水流不宜正对角膜方向，不要揉搓眼睛，也可将面部浸入在清洁的水盆里，用手把上下眼皮撑开，用力睁大两眼，头部在水中左右摆动。

（2）进行现场急救

抢救时必须考虑现场具体情况，在有严重危险的情况下，应首先使伤员脱离现场，送到空气新鲜和流通处，迅速脱除污染的衣着及佩戴的防护用品等。

小面积化学灼伤创面经冲洗后，如确实致伤物已消除，可根据灼伤部位及灼伤深度采取包扎疗法或暴露疗法；中、大面积化学灼伤，经现场抢救处理后应送往医院处理。

三、烟花爆竹事故的应急处置与自救互救

1. 烟花爆竹事故应急救援程序

针对烟花爆竹事故的特点，事故发生单位和现场应急救援指挥部应按照以下程序进行紧急救援。

（1）发生烟花爆竹事故，现场人员要尽快撤离现场，并采取一切办法把事故信息传送到应急救援指挥员中心。

（2）单位主要负责人应当按照本单位制定的应急预案，立即组织救援，并报告当地安全生产监督管理局和公安、消防、交警、环境保护、质监、气象等部门，各部门要立即赶赴事故现场。

（3）区县人民政府接到事故报告后，立即按照本区县的烟花爆竹事故应急预案，做好指挥、领导工作。区县负责烟花爆竹安全监督管理综合工作的部门和环境保护、公安、卫

生等有关部门，按照当地应急预案要求组织实施救援，不得拖延、推诿。区县人民政府及有关部门应当立即采取必要措施，减少事故损失，防止事故蔓延、扩大。

（4）当区县人民政府确定烟花爆竹事故不能很快得到有效控制或已造成重大人员伤亡时，立即向市政府办公室报告，请求市烟花爆竹应急救援指挥部给予支援。指挥部各成员单位接到通知后立即赶赴事故现场，开展救援工作。

2. 事故现场处置程序

（1）隔离、疏散

◆建立警戒区域。事故发生后，应根据烟花爆竹火焰热辐射、爆炸所涉及的范围建立警戒区，并在通往事故现场的主要干道上实施交通管制。

◆紧急疏散。迅速将警戒区及污染区内与事故应急处理无关的人员撤离，以减少不必要的人员伤亡。

（2）防护

根据事故划定的危险区域，确定相应的防护等级，并根据防护等级标准配备相应的防护器具。

（3）询情和侦检

◆询问遇险人员情况，周边单位、居民、地形、电源、火源等情况，消防设施、工艺措施、到场人员处置意见。

◆使用检测仪器测定燃烧残物的浓度、扩散范围。

◆确认设施、建（构）筑物险情及可能引发爆炸燃烧的各种危险源，确认消防设施运行情况。

（4）烟花爆竹烧伤的现场急救。

3. 现场急救措施

烟火药引起的爆炸、燃烧事故，必须及时、科学地进行现场自救、互救和抢救。首先应消除继发性爆炸和燃烧的基本条件，然后对伤病员进行临时性的紧急救护，抢救伤病员的生命。

现场救护实际应用的基本方法：一是迅速将火源附近可燃物质转移到安全处；二是切断电源，使用各种工具和灭火物质进行灭火；三是迅速将伤员从危险区抢救到安全地点，并进行临时急救。

发生事故的现场，往往围观人多，影响抢救工作的正常开展，延误抢救时间，甚至造成抢救人员不必要的伤亡。因此有正确统一的现场指挥和维护秩序的治安人员，疏散围观者，让开通道，协助救护人员迅速有效地开展工作。

（1）现场急救注意事项

◆选择有利地形设置急救点。

◆做好自身及伤病员的个体防护。

◆防止发生继发性损害。

◆应至少 2～3 人为一组集体行动，以便相互照应。

◆所用的救援器材需具备防爆功能。

（2）现场处理

烟花爆竹具有易燃、易爆、有毒等特点，在生产、储存、运输、燃放过程中容易发生燃烧、爆炸等事故。出于热力作用，化学刺激或腐蚀造成皮肤、眼的烧伤；有的化学物质还可以从创面吸收甚至引起全身中毒。所以对烟花爆竹烧伤比开水烫伤或火焰烧伤更要重视。抢救伤员到安全处后第一任务是对受伤处进行初步处理，包括清创、无菌敷盖、止血、初步包扎，这项工作对后续治疗有很大的作用，企业应成立兼职医疗小组。

4. 扑救烟花爆竹爆炸、火灾的注意事项

由于烟花爆竹内部结构含有爆炸性物质，受摩擦、撞击、振动、高温等外界因素诱发，极易发生连环爆炸，遇明火则更危险。发生烟花爆竹火灾时，一般应采取以下基本方法。

（1）迅速判断和查明再次发生爆炸的可能性和危险性，紧紧抓住爆炸后和再次发生爆炸之前的有利时机，采取一切可能的措施，全力制止再次爆炸的发生。

（2）含镁铝合金粉等烟火药及其产品不能用水灭火。宜选用干砂和不用压力喷射的干粉扑救。

（3）如果有疏散可能，人身安全上确有可靠保障，应迅速组织力量及时疏散着火区域周围的爆炸物品，使着火区周围形成一个隔离带。

（4）扑救爆炸物品堆垛时，水流应采用吊射，避免强力水流直接冲击堆垛，以免堆垛倒塌引起再次爆炸。

（5）灭火人员应积极采取自我保护措施，尽量利用现场的地形、地物作为掩蔽体或尽量采用卧姿等低姿射水；消防车辆不要停靠离爆炸物品太近的水源。

（6）灭火人员发现有发生再次爆炸的危险时，应立即向现场指挥报告，现场指挥应迅即作出准确判断，确有发生再次爆炸征兆或危险时，应立即下达撤退命令。灭火人员看到或听到撤退信号后，应迅速撤至安全地带，来不及撤退时，应就地卧倒。

四、冶金事故的应急处置与自救互救

冶金生产过程中的主要事故类型为煤气中毒、火灾和爆炸，高温液体喷溅、溢出和泄

漏，电缆隧道火灾，煤粉爆炸等。

1. 煤气泄漏事故应急处置

钢铁冶炼过程中煤占总能源的70%，副产品煤气占总能耗的32.2%。炼焦副产品焦炉煤气，炼铁副产品高炉煤气，炼钢副产品转炉煤气，生产铁合金副产品铁合金炉煤气。焦炉煤气、高炉煤气、转炉煤气和铁合金炉煤气等回收后可作为焦炉、热风炉、加热炉和发电锅炉的燃料，焦炉煤气还可作为民用燃气。由于煤气中含有大量的CO、H_2和CH_4成分，在生产、运输、储存和使用过程中存在中毒、火灾和爆炸危险性。

(1) 发生煤气泄漏时应采取的应急措施

◆关闭送气阀。事发单位发现煤气泄漏，立即报告，操作人员按规程关闭送气阀门，打开紧急放散阀门进行减压。

◆空气稀释。强制向泄漏区排风，将泄漏区煤气疏散。

◆检查抢修。工程抢险人员必须佩戴好防毒面罩，进入现场详细检查，找出原因；抢险抢修人员在安全的前提下，迅速开展对泄漏点的抢修堵漏工作。

◆煤气泄漏较严重时，应迅速划分危险单元，组织治安队在目标单元周围200 m范围内设立警戒线，严禁无关人员及车辆通过，查禁所有明暗火源。

◆现场应急指挥根据情况及时报告当地政府相关管理部门，请求外部支援，对处在危险区域内的所有人员进行紧急疏散。

(2) 发生煤气中毒时应采取的应急措施

◆进入泄漏区的人员必须佩戴CO报警仪、氧气呼吸器。

◆设置隔离区并进行监护，防止其他人员进入煤气泄漏的区域。

◆抢救人员要尽快让中毒人员离开中毒环境，并尽量让中毒人员静躺，避免活动后加重心、肺负担及增加氧的消耗量。

◆事故现场杜绝任何火源。

◆搜索后，要对在岗人员及参加抢险的人员进行人数清点，在人数不符的情况下搜救工作不能终止，直到人员全部点清。

◆对泄漏点周围的逐个地点进行搜索，特别是死角、夹道等不易引起注意的地方进行全面搜索。

◆应对警戒区域内的煤气含量进行检测，超过规定标准时警戒区不能撤销。

(3) 煤气泄漏引发火灾、爆炸时应采取的应急措施

◆煤气轻微泄漏引起着火，可用湿泥、湿麻袋堵住着火部位，进行扑救和灭火，火焰熄灭后再按有关规定，补好泄漏处。

◆直径小于100 mm的煤气管道着火时，可直接关闭阀门，切断气源灭火。

◆直径大于 100 mm 的煤气管道或煤气设备着火时，应向管道或设备内通入大量蒸汽或氮气，同时降低煤气压力，缓慢关小阀门但压力不得小于 100 Pa，以防止回火引起爆炸，导致事故扩大，待火焰熄灭后再彻底关闭阀门。

◆煤气管道或设备被烧红，不得用水骤然冷却，以防管道或设备变形断裂。

◆当管道法兰、补偿器、阀门等处着火时，如果火势较小，戴好呼吸器可用就近备用灭火器灭火；如果火势较大，灭火器不能使火熄灭，可用消防车、消防水冷却设备，同时向系统内通入蒸汽或氮气，逐渐关闭阀门，待火焰熄灭后彻底切断气源灭火。

◆当火灾发生时，目标单元事发危险区域要将警戒线扩大至 300～500 m 范围，防止他人误入危险区，事故隐患未彻底消除，安全警戒不得解除。

◆当发生煤气爆炸事故，在未查明事故原因和采取必要安全措施前，不得向煤气设施复送煤气。

2. 高温液体喷溅、溢出爆炸事故应急处置

冶金生产过程中的高温液体具有温度高、热辐射很强的特性，如铁水、钢水、钢渣、铁渣的温度在 1 250～1 670℃。高温液体易喷溅，对危险范围内的作业人员，极易造成灼伤，据有关资料统计，灼伤约占炼钢厂总伤害的 1/4，居各种伤害的第 2 位。

高温液体发生喷溅、溢出或泄漏时除了可能直接对人员造成灼烫伤害外，还潜藏着发生爆炸的严重危害，还有可能诱发其他二次伤害或事故，给企业造成巨大伤害。

(1) 发生高温液体喷溅时采取的应急措施

◆人员身上着火，严禁奔跑，相邻人员要帮助灭火。

◆心跳、呼吸停止者，应立即进行心肺复苏。

◆面部、颈部深度烧伤及出现呼吸困难者，应迅速送往医院设法作气管切开手术。

◆非化学物质的烧伤创面，不可用水淋，创面水泡不要弄破，以免创面感染。

◆用清洁纱布等盖住创面，以免感染。

◆如伤员口渴，可饮用盐开水，不可喝生水及大量白开水，以免引起脑水肿及肺水肿。

◆严重灼伤者，争取在休克出现之前，迅速送医院医治。

◆送伤员前，尽可能提前通知医院做好抢救准备事宜。

(2) 发生高温液体溢出、爆炸可采取的应急措施

◆凡发生高温液体溢流，应立即停止作业。危险区内严禁有人。

◆发生漏铁、漏钢事故时，要将剩余铁、钢水，倒入备用罐内。

◆高温液体溢流地面遇有乙炔瓶、氧气瓶等易燃易爆物品时，如不能及时搬走，要采取降温措施。

◆溢流、泄漏地面的铁水、钢水在未冷却之前，不能用水扑救。防止水出现分解，引

起爆炸。

◆高温液体溢出或泄漏诱发火灾时，不能用水来扑救，一般采用干粉灭火器。

◆一旦诱发了火灾爆炸等二次事故时应立即设置警戒区，禁止人员进入。

3. 煤粉制备、输送与喷吹过程中火灾、爆炸事故应急处置

煤粉制备、输送与喷吹过程中可能产生火灾、爆炸、中毒、窒息、建筑物坍塌等事故。密闭生产设备中发生的煤粉爆炸事故可能发展成为系统爆炸，摧毁整个烟煤喷吹系统，甚至危及高炉；抛射到密闭生产设备以外的煤粉可能导致二次粉尘爆炸和次生火灾，扩大事故危害。

一旦发生火灾为防止事故进一步扩大，现场可采取以下应急措施：

(1) 指定专人维护事故现场秩序，阻止无关人员进入事故现场，严防二次伤害，指导救援人员进入事故现场。

(2) 认真保护事故现场，凡与事故有关的物体、痕迹、状态，不得破坏，为抢救受伤者需要移动某些物体时，必须做好标记。

(3) 受伤人员根据实际需要，立即实施现场救护，如心肺复苏、外伤包扎等，同时应迅速联系专业救护。

(4) 及时收集现场人员位置、数量信息，准确统计伤亡情况，防止其他人员受困或被遗漏。

(5) 要根据火灾现场实际情况正确分析可能产生的有毒气体，要严格保证救援人员个体防护设施供给，严防二次伤害。

(6) 及时切断与运行设备的联系，保证其他设备的安全运行。如果是在有压力容器的部位发生火灾，要及时隔离，严防引发压力容器爆炸事故。

(7) 确定事故状态对周边相关动力管网的影响情况，采取安全防范措施。

(8) 转移易燃、易爆等危险品，运用隔离设施严防烧、摔、砸、炸、窒息、中毒、高温、辐射等原因导致对救援人员造成伤害。

4. 灼烫事故应急处置

当发生热物体灼烫伤害事故时，事发单位首先了解情况，及时抢修设备，进行堵漏，并使伤者迅速脱离热源，然后对烫伤部位用自来水冲洗或浸泡。但不要给烫伤创面涂有颜色的药物如紫药水，以免影响对烫伤深度的观察和判断，也不要将牙膏、油膏等涂于烫伤创面，以减少创面感染的机会，减少就医时处理的难度。如果出现水泡，不要将泡皮撕去，避免感染。简单救治后应及时送医院救治。

5. 高温中暑事故应急处置

高温中暑，在冶炼、热处理、露天作业等高温、日晒环境下都有可能导致人员虚脱中暑。

一旦发生中暑，可以采取以下方法急救：

（1）脱离高温环境至阴凉通风处，并解开衣服，平卧，多饮盐水。

（2）先兆中暑者，自然恢复；重症中暑者应立即送医院救治。中暑者体温过高时，用凉水（酒精）擦身，可以用冰袋放在头部、腋下等处；此外用力按摩四肢，还可进行凉水淋浴。同时，服用人丹和其他降温药物。

五、非煤矿山事故的应急处置与自救互救

非煤矿山是指除煤矿以外的所有金属和非金属矿山。非煤矿山一直是事故多发领域，安全生产形势十分严峻。非煤矿山生产安全事故应急处置是迅速控制事态发展、降低事故损失的重要手段，需要根据事故的性质、事故类型、事故发生地点、周围环境、现有救援能力以及事故危害大小、严重程度、波及范围等实际情况，决定采取不同的处置方案、方法。

1. 破坏性地震事故应急处置

破坏性地震事故发生后，非煤矿山企业应迅速成立抗震救灾指挥部，根据地震破坏情况，适时下达停产、停电、停水令。要恢复与井下各中段的无线通信联系，发生人员伤亡或联系无应答，要适时组织救援人员携带起重工具、呼吸器、绳索等，下井寻找，全力营救受困人员。要组织井下人员躲避危险，在保证安全的条件下组织井下人员升井返回地面。企业抗震救灾指挥部设24小时值班，随时观察、通报余震情况。地震灾害过后，立即组织专业、技术、工程等方面人员，对全矿建筑物、井塔、空压机站、水电站等生产设施、作业场所进行检查，对受到严重破坏的地方，设明显标识，组织人员生产自救，尽快恢复生产。

2. 破坏性岩爆事故应急处置

破坏性岩爆事故发生后，事故现场应立即报告企业负责人。要迅速成立现场救援指挥部，设法通过各种通信方式联络井下各中段，弄清事故发生地点、损害情况，制定具体应急方案，组织应急人员深入事故发生地点，实施救援。

在供电系统正常的条件下，组织电气抢修组对各供电设备、线路进行检查，保证井下

提升、通风、排水、照明等系统正常工作。

组织救护队人员，到灾害严重的采场、部位，在确认无继发危险后，方可开展伤员救助和抢险活动，发现伤势特别严重人员，医疗救护小组人员应赶到井下实施救护，在抢救处理过程中，要有专人检查与监视周围顶板变化，防止再次发生冒顶事故。

对周围环境、部位组织人员进行检查，清点作业人员。尽快探明冒顶区范围和被埋、压、截堵人员的人数及可能所在的位置，并分析抢救、处理条件，制定救援方案。

在供电系统遭受破坏的情况下，应迅速恢复提升通风、供电、排水系统，保证冒顶区域的正常送风，遇险人员所在区域通风不良必须加强通风，如一时不能恢复，则必须利用压风管、水管或打钻孔等方法向埋压或堵截区内的遇险人员输送新鲜空气。

在应急处置过程中，可由外向里加强支护，清理出抢救人员的通道，必要时可以向遇险人员处开掘专用小巷道。在抢救中如遇有大块岩石，不许用爆破法进行处理，应尽量绕开，如果威胁到遇难人员，则可用千斤顶等工具移动石块，救出遇难人员。

3. 井下火灾爆炸事故应急处置

井下发生火灾、爆炸事故，应立即采取以下措施进行应急处置：迅速组织作业人员沿规定路线及时撤离火场，组织升井；如撤退路线已被火烟隔断时，应尽快构筑临时避难室；查清事故发生的地点、后果严重程度，清点人员及伤亡情况；派遣救援人员戴好自救器，深入井下事发地点进行灭火，封锁相关区域和通道；立即解决井下送风和控制风流问题；在井下通风条件有所改善，有毒有害气体减少的情况下，组织救援人员下井，抢救受伤人员；采用正确有效的救火方法进行井下灭火；确认火灾已经熄灭才可以考虑重开火区，恢复火区的生产；重开火区要上级主管部门批准，由矿山专业救护队执行。

4. 井下透水事故的应急处置

进行井下透水事故的应急处置时，首先要寻找渗水源，查清进水点，采取紧急措施，堵截地下水。判断井下被困人员可能躲避的地点，有序组织井下人员撤离、升井、避难。

根据涌水量计算，采用临时水泵，将大量井下积水排向地表，采取一切措施，早日使井下被困人员脱险。

当遇险人员躲避地点比外部水位高时，应尽快排水救人。如果排水时间较长，应采取打钻或掘进一段巷道或救护队员潜水进入灾区送氧气和食品，以维持遇险人员起码的生存条件。当遇险人员低于透水后的水位时，严禁向这些地点打钻，防止空气外泄，水位上升，淹没遇险人员，而应加速排水。

遇险人员应积极开展自救互救，如所处位置比外部水位高，应积极寻找脱险路线，如所处位置比外部水位低，应心情平静、适量喝水、躺卧待救。

当下部中段被淹时，应尽快关闭巷道防水闸门，人员撤至井底车场后，再关闭井底车场的防水闸门，以保护水泵房。

在井筒内安装排水管或进行其他作业的应急救援人员，必须佩戴安全带和自救器。

5. 井下炮烟中毒事故应急处置

井下炮烟的主要成分为硫化氢、一氧化碳、氮氧化物等，若发现因突发性爆炸或掘进爆破、机械通风不良等造成人员接触炮烟，引起急性中毒，应立即采取应急处置措施。

保证通风系统运行，并进行局部强制通风，改善炮烟区空气质量。尽快转移中毒人员，离开中毒环境。施救人员必须佩戴呼吸防护设备，避免施救过程中再次中毒。

中毒人员应尽量休息，避免活动后加重心、肺负担及增加氧的消耗量，有自主呼吸的，供给氧气吸入。及时检查中毒人员呼吸、脉搏、血压情况及中毒症状，按硫化氢、一氧化碳、氮氧化物中毒急救方法正确施救。如果伤员不能直接返回地面，医护人员应在伤员最先到达的水平井口处实施医疗救护。

6. 提升系统事故应急处置

机械人员检查是否有机械故障，检查电动机电流、电压、液压站油压、可调闸电流以及提升机速度、深度，各水平信号是否有异常情况，液压系统、盘形制动器系统工作是否正常，提升首尾绳有无破股、断丝、弯曲变形损坏现象。

电气人员判断是否有电气故障，从主回路和控制回路两方面进行检查。根据故障报表、各动态画面所反映的情况检查相关的变流器、PLC 各模块、井筒磁开关等工作是否正常，安全回路中的相关继电器是否有损坏，接点是否松动、烧坏，可调闸回路、速度给定回路是否正常。

根据检查结果进行判断，若系统故障处理时间小于等于 2 小时，维修人员负责抢修并由信号工通知乘罐人员不要惊慌乱动，若系统故障处理时间大于 2 小时，维修人员应上报车间调度，按有关制度解救被困人员。

较短时间可以修复时，安排人员和罐内人员联系，并告知情况，使其保持稳定。用细绳和吊篮将食物、水及对讲机送入罐笼，及时了解罐内情况，保持罐内人员心情稳定。

设备长时间无法修复，但罐笼距井口位置较近时，安排人员和罐内人员联系，并组织罐内人员采取措施，有序撤离。视情况采取木板敷设形式，安排罐内人员系好安全带，从梯子间撤出。或采取强制溜车形式将罐笼提至井口，将人员救出。如发生机械故障，罐笼无法移动，且罐笼停滞位置距井口较远时，利用井口卷扬卸吊罐将人员救出。

如发生坠罐，则应考虑采取以下措施：发生坠罐后，信号工应立即发出紧急停罐信号，提升机司机紧急停车；坠罐急停后，乘罐人员不得乱动，罐内未受伤人员应了解伤亡情况，尽可能通知抢险人员；坠罐造成人员受伤时，应急抢险方案应首先考虑抢救伤员，抢险人员应在医疗救护专家的指导下开展工作，尽快使受伤人员返回地面接受医疗救治，抢险方案还应考虑如何使受伤人员在返回地面过程中少受影响；如果伤员不能直接返回地面，医护人员应在伤员最先到达的水平井口处对伤员实施医疗救护，应在医护专家的指导下确定伤员返回地面的路线和方式。

7. 尾矿库事故应急处置

(1) 洪水漫顶事故应急处置

用锤子砸开溢流井旁格子，增加溢流井排水流量。根据下游情况，组织人员在库区旁边开挖导流渠泄洪。遇有特大暴雨，发生排水井圈梁泄水孔排洪能力不足时，要迅速停止尾矿输送，分别采取乘船强行拆除圈梁降低排洪高度，降低库区水位和水泵抽水，或从库外引山体排水沟泄洪等措施。

(2) 坝体裂缝、管涌、渗漏事故应急处置

坝体裂缝用山皮土填满并予以夯实。坝体管涌、渗漏，要查明坝内渗水口位置，用山皮土、尾砂填充，并将渗水口周围 10 m^2范围内逐层予以夯实，直到无渗漏现象。

坝体发生位移、产生较大裂缝、出现较大管涌等现象时，应迅速停止尾矿输送，并采取相应措施：优先加大降低库区水位，增大沉积滩长度，增加排渗设施，降低浸润线；产生较大裂缝时拉运尾砂或砂石充填和夯实；在渗漏水部位铺设土工布或天然反滤料，其上堆石料碾压夯实；设置垂直排渗井、辐射式排渗井。

(3) 尾矿库溃坝事的应急处置

尾矿库是选矿处理后的尾砂堆积区，一般依山或选择山谷建库，库容和坝高超过一定规模则构成重大危险源。尾矿库垮坝事故是灾难类事故，具有高势能的人造泥石流一旦失事，将会给下游人民生命财产造成的巨大损失。

尾矿库一旦发生溃坝事故，要立即停止尾矿输送，并启动报警装置，尾矿坝现场值班人员、下游所有居民和施工人员及时撤离到安全地带。抢险人员在保证安全的情况下，优先加大库区排水速度，降低库区水位，降低坝体浸润线，在下游坡坡脚增设土石料压坡。

(4) 赤泥坝溃坝事故应急处置

一旦发生赤泥坝溃坝事故，应立即停止向尾矿库排料，迅速组织抢险人员堵住缺口，加大厂内回水量，同时对尾矿库下游人员进行紧急疏散。

六、机械制造企业事故的应急处置与自救互救

机械制造企业常见事故类型包括机械伤害、起重伤害、车辆伤害、触电伤害、锅炉压

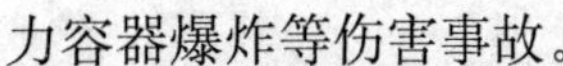

力容器爆炸等伤害事故。

1. 机械伤害的风险控制及应急处置

(1) 机械伤害危险因素辨识

常见机械伤害主要有：

◆挤压。如压力机的冲头下落时，对手部造成挤压伤害；人手也可能在螺旋输送机、塑料注射成型机中受到挤压伤害。

◆咬入（咬合）。典型的咬入点是啮合的齿轮、传送带与带轮、链与链轮、两个相反方向转动的轧辊。

◆碰撞和撞击。一种是人受到运动着的刨床部件的碰撞；另一种是飞来物撞击造成的伤害。

◆剪切。机械设备将手指、手掌切断。这种事故常发生在剪板机、切纸机上。

◆卡住或缠住。运动部件上的凸出物、传动带接头、车床的转轴、加工件等都能将人的手套、衣袖、头发、辫子甚至工作服口袋中擦拭机械用的棉纱缠住而使人造成严重伤害。

一种机械可能同时存在几种危险，即可同时造成几种形式的伤害。

(2) 机械伤害风险控制

◆控制切屑的形状。带状、块状及尖角的切屑危害性较大，因此，从工艺上要求尽量使带状切屑断成小段的卷状或管状切屑，以防缠绕伤人。

◆控制切屑流向。根据不同机床加工的实际情况，在刀具附近安排排屑器，以控制切屑流向，使切屑排向预定的储屑装置内而不飞溅伤人。

◆碎屑预防。碎屑是切削脆性材料（如铸铁、青铜等）或带状切屑折断后产生的。高速切屑时的碎屑温度可达 600～700℃，极易飞溅后烫伤、割伤工人。因此，在机床上设防护罩不仅可以防止切屑飞溅伤人，还能降低粉尘的扩散。

◆切屑清理。及时清理切屑是安全上的要求。清理切屑要用适宜的工具，最常用的是刷子和铁钩。铁钩应有木柄和护手挡板，清理时切忌用手直接抓取切屑。清理缠绕在旋转的卡盘、刀架上或铣刀下面的切屑时，一定要停车后再清理。

◆安全操作。违章操作设备是造成机械伤害事故的直接原因之一，因此，严格按设备操作规程的要求操作设备，是控制机械伤害事故的有效措施。

(3) 机械伤害应急处置

◆伤害事故发生后，要立即停止现场活动，将伤员放置于平坦的地方，现场有救护经验的人员应立即对伤员的伤势进行检查，然后有针对性地进行紧急救护。

◆在进行上述现场处理后，应根据伤员的伤情和现场条件迅速转送伤员。转送伤员非常重要，搬运不当，可能使伤情加重，严重时还能造成神经、血管损伤，甚至瘫痪，以后将难以治疗，并给受伤者带来终身的痛苦。

◆转送伤员时要十分注意：如果受伤人伤势不重，可采用背、抱、扶的方法将伤员运走。如果受伤人伤势较重，有大腿或脊柱骨折、大出血或休克等情况时，就不能用以上方法转送伤员，一定要把伤员小心地放在担架或木板上抬送。把伤员放置在担架上转送时动作要平稳。上、下坡或楼梯时，担架要保持平衡，不能一头高，一头低。伤员应头在后，这样便于观察伤员情况。若事故现场没有担架，可以用椅子、长凳、衣服、竹子、绳子、被单、门板等制成简易担架使用。对于脊柱骨折的伤员，一定要用硬木板做的担架抬送。将伤员放在担架上以后，要让其平卧，腰部垫一个软物，然后用东西把伤员固定在木板上，以免在转送的过程中滚动或跌落，否则极易造成脊柱移位或扭转，刺激血管和神经，使其下肢瘫痪。

◆现场应急总指挥立即联系救护中心，要求紧急救护并向上级汇报，保护事故现场。

2. 起重伤害的风险控制及应急处置

(1) 起重伤害危险因素辨识

起重伤害主要有以下几种：

◆吊重、吊具等重物从空中坠落所造成的人身伤亡和设备毁坏的事故。

◆作业人员被挤压在两个物体之间所造成的挤伤、压伤、击伤等人身伤害事故。

◆从事起重机检修、维护的作业人员不慎从机体摔下或被正在运转的起重机机体撞击摔落至地面的坠落事故。

◆从事起重机械操作人员或检修、维护人员因触电而造成的电击伤亡事故。

◆起重机机体因失去整体稳定性而发生倾翻事故，造成起重机机体严重损坏以及人员伤亡的机毁事故。

此外，还有误操作事故、起重机等之间的相互碰撞事故、安全装置失效事故以及野蛮操作等事故。

(2) 起重伤害风险控制

作业人员要严格遵守起重设备的安全操作，减少起重作业风险。

◆司机交接班时应对制动器、吊钩、钢丝绳和安全装置进行检查，发现性能不正常时，应在操作前排除。

◆开车前必须鸣铃或报警，操作中接近人时，亦应给予断续铃声或报警。

◆操作应按指挥信号进行，对紧急停车信号，不论任何人发出都应立即执行。

◆当起重机上或其周围确认无人时，才闭合主电源。如电源断路装置上加锁或有标牌时，应由有关人员除掉后才可闭合主电源。

◆闭合主电源前，应将所有的控制器手柄置于零位。

◆工作中突然断电时，应将所有的控制器手柄扳回零位，在重新工作前，应检查起重机动作是否正常。

◆在露天轨道作业的起重机，当工作结束时，应将起重机锚定住。当风力大于6级时，一般应停止工作，并将起重机锚定住。对于门座起重机等在沿海工作的起重机，当风力大于7级时，应停止工作，并将起重机锚定住。

◆司机进行维护、保养时，应切断电源并挂上标识牌或加锁。如未消除的故障，应通知接班司机。

(3) 起重伤害应急处置

◆发现有人受伤后，必须立即停止起重作业，向周围人员呼救，同时通知现场急救中心，以及拨打“120”等急救电话。报警时，应注意说明受伤者的受伤部位和受伤情况，发生事件的区域或场所，以便让救护人员事先做好急救准备。

◆组织进行急抢救的同时，应立即上报项目安全生产应急领导小组，启动应急预案和现场处置方案，最大限度地减少人员伤害和财产。

◆现场医护人员进行现场包扎、止血等措施，防止受伤人员流血过多造成死亡事故发生。创伤出血者迅速包扎止血，送往医院救治。

◆发生断手、断指等严重情况时，对伤者伤口要进行包扎、止血、止痛、进行半握拳状的功能固定。对断手、断指应用消毒或清洁敷料包扎，忌将断指浸入酒精等消毒液中，以防细胞变质。将包好的断手、断指放在无泄漏的塑料袋内，扎紧好袋口，在袋周围放冰块，或用冰棍代替，速随伤者送医院抢救。

◆受伤人员出现肢体骨折时，应尽量保持受伤的体位，由现场医务人员对伤肢进行固定，并在其指导下采用正确的方式进行抬运，防止因救助方法不当导致伤情进一步加重。

◆受伤人员出现呼吸、心跳停止症状后，必须立即进行心脏按压或人工呼吸。

◆事件有可能进一步扩大，或造成群体性事件时，必须立即上报当地政府有关部门，并请求必要的支持和救援。

在做好事故紧急救助的同时，应注意保护事故现场，对相关信息和证据进行收集和整理，配合上级和当地政府部门做好事故调查工作。

3. 触电伤害的风险控制及应急处置

(1) 触电伤害危险因素辨识

在机械制造企业中，触电伤害事故多发生在潮湿、高温、导电粉尘等导电危险性较大的场所。触电伤害事故多发生在配电设备、架空线路、电缆、刀开关、配电盘、熔断器、照明设备、手持照明灯、手持式电动工具和移动式电气设备等设备和设施上。另外，施工现场临时用电，由于临时拉线不符合规定，不装漏电保护器，私接电气设备，一闸控制两机等现象都易引起触电伤害事故。

（2）触电伤害风险控制

触电伤害事故风险的防护控制技术可分为直接触电的防护控制技术和间接触电的防护控制技术。直接触电的防护控制技术包括绝缘、屏护和安全间距；间接触电的防护控制技术包括绝缘、屏护、安全间距、安全电压和漏电保护器等。

◆绝缘。绝缘是用绝缘物把带电体隔离起来。电气设备和线路的绝缘应与采用的电压相符合。

◆屏护。采取遮栏、围栏、屏障、护罩、护盖、闸箱等将带电体同外界隔离开来，这种措施称为屏护。

◆安全间距。为了防止人体或器具触及或接近带电体造成触电事故，在带电体与地面之间、带电体与其他设备之间、带电体与带电体之间均应保持一定安全距离，这种安全距离称为间距。间距的大小取决于电压的高低、设备的类型和安装的方式等因素。

◆安全电压。安全电压是指为了防止触电事故而采用的有特定电源供电的电压系列。安全电压额定值的等级为 42 V、36 V、24 V、12 V、6 V，此系列安全电压不适用于水下等特殊场所，电气设备采用 24 V 以上的安全电压时，必须采用预防直接接触带电体的防护措施，其电路必须与大地绝缘。

◆漏电保护器。漏电保护器是种类众多的电气安全装置之一，因其具有足够的灵敏度和快速性，当漏电电流达到一定值时，自动切断电路，在低压配置电线路上是安全用电的有效措施。它不但可保护人身、设备安全，而且可以监督电气线路和设备的绝缘情况。

◆做到保护接地和保护接零。

◆手持电动工具的安全使用。使用手提电钻、冲击钻、电锤，手提电动砂轮机，手提电锯、电刨等手持电动工具时，要注意：工具的金属外壳要有可靠接地或接零保护；要装有漏电保护器；电源线不准有接头；插头应完好无损；外壳、手柄要完好无损；操作时要戴绝缘手套。在易燃易爆场所，应选用防爆型、隔爆型和增安型工具；在潮湿场所应选用防潮型工具；在多尘场所，应选用封闭型工具。

（3）触电伤害应急处置

◆对于低压触电事故，应迅速使触电者脱离电源，以下方法可以脱离电源：一是立即拉掉开关或拔出插销，切断电源。二是如果找不到电源开关，可用有绝缘把的钳子或用木柄的斧子断开电源线；或用木板等绝缘物插入触电者身下，以隔断流经人体的电流。三是当电线搭在触电者身上或被压在身下时，可用干燥的衣服、手套、绳索、木板等绝缘物作为工具，拉开触电者或挑开电线。四是如果触电者的衣服是干燥的，又没有紧缠在身上，可以用一只手抓住他的衣服脱离电源，但不得接触带电者的皮肤和鞋。

◆对于高压触电者，可采用下列方法使其脱离电源：立即通知有关部门停电。戴上绝缘手套，穿上绝缘鞋用相应电压等级的绝缘工具断开开关。抛掷裸金属线使线路接地，迫使保护装置动作，断开电源。注意抛掷金属线时先将金属线的一端可靠接地，然后抛掷另一端，注意抛掷的一端不可触及触电者和其他人。

◆在实践过程中，要遵循下列注意事项：一是救护人必须使用适当的绝缘工具。二是救护人要用一只手操作，以防自己触电。三是当触电者在高处的情况下，应防止触电者脱离电源后可能的摔伤。

4. 锅炉及压力容器爆炸的风险控制及应急处置

（1）锅炉与压力容器爆炸危险因素辨识

由于安全防护装置失效或承压元件的失效，会使锅炉压力容器内的工作介质失控，从而导致事故的发生。常见的锅炉压力容器失效有泄漏和爆炸。如果泄漏出的物质是易燃、易爆、有毒物质，不仅可以造成冷（热）伤害，还可能引发火灾、爆炸、中毒、腐蚀或环境污染。

（2）锅炉风险控制

◆为防止锅炉发生爆炸事故，运行中应注意：防止超压；防止负荷骤然降低，导致气压上升。防止安全阀失灵，定期排查，及时修复。定期校核压力表，发现不准确或动作不正常时，及时调换。

◆防止过热。应重点注意防止缺水和防止积垢。要防止缺水。操作工每班都要冲洗水位表，检查水位是否正常，防止旋塞及连通管堵塞，定期维护检查水位警报器或超温警报设备。一旦发生严重缺水，禁止向锅炉内进水。要定期清除水垢，防止锅炉内积垢。

◆防止腐蚀。停炉时要注意防腐保养，防止金属腐蚀减薄。停炉时防止腐蚀的办法，一是使锅内无水分，二是使水中无氧气，或者氧气无法与金属发生化学反应。对于长期停用的锅炉，可以采取将炉内烘干之后放干燥剂并密封的办法，保持炉内表面长期干燥状态，防止腐蚀。

◆防止裂纹和起槽。避免锅炉骤冷骤热，加强对应力集中部位的检查，如封头扳边，一旦出现裂纹和起槽应及时处理。

（3）压力容器风险控制

操作压力容器时应注意以下事项：

◆加载和卸载介质时应缓慢操作。

◆不得随意改变压力、温度、液位等操作条件，严禁超温、超压运行。

◆各连接部位没有跑、冒、滴、漏现象。

◆安全阀、爆破片等安全附件保持完好。

◆容器及其连接道没有振动、磨损等现象。

◆如果重要受压元件发生裂缝、鼓包、变形、焊缝或可拆连接处泄漏等现象，或安全装置失效、紧固件损坏等，应立即停止运行。

◆压力容器内部有压力时，不得进行任何修理或紧固工作。

◆停用的压力容器，必须将内部介质排放、置换、清洗干净。

(4) 压力容器事故的应急处理

压力容器发生下列异常现象之一时，操作人员应立即采取紧急措施，并按规定程序报告本单位有关部门。这些现象主要有：

◆工作压力、介质急剧变化、介质温度或壁温超过许用值，采取措施仍不能得到有效控制。

◆主要受压元件发生裂缝、鼓包、变形、泄漏等危及安全的缺陷。

◆安全附件失效。

◆接管、紧固件损坏，难以保证安全运行。

◆发生火灾直接威胁到压力容器安全运行。

◆过量充装。

◆液位失去控制。

◆压力容器与管道严重振动，危及安全运行等。

七、建筑施工事故的应急处置与自救互救

建筑行业的特点是高处作业工作量大，作业环境复杂多变，手工操作劳动强度大，多工种交叉作业危险因素多，极易发生事故。长期以来，建筑业一直是我国生产事故多发的行业之一。事故发生率仅次于交通和矿山行业，居第三位。建筑业最常见的事故类型包括高处坠落、坍塌、物体打击。因此，对建筑业这三类伤害事故及其应急救援方法进行科学的分析，从中找出事故的成因，并正确的实施救援对策是非常必要的。

1. 高处坠落事故的应急处置

根据近年来所发生在建筑业三类伤害事故中，高处坠落事故的发生率最高。因此，减少和避免高处坠落事故的发生，是降低建筑业伤亡事故的关键；同时正确及时地应急救援工作也是减少事故伤亡的有效途径。

(1) 高处坠落事故的分类

了解高处作业坠落事故的分类情况，对于在工作中对高处业坠落事故进行原因分析及采取预防措施是有帮助的。

根据高处作业者工作时所处的部位不同，高处作业坠落事故可分为：临边作业高处坠

落事故；洞口作业高处坠落事故；攀登作业高处坠落事故；悬空作业高处坠落事故；操作平台作业高处坠落事故；交叉作业高处坠落事故等。

（2）高处坠落事故的应急自救

当发生高处坠落事故后，抢救的重点应放在对休克、骨折和出血的处理上。

◆颌面部伤员。首先应保持呼吸道畅通，摘除义齿，清除移位的组织碎片、血凝块、口腔分泌物等，同时松解伤员的颈、胸部纽扣。若舌已后坠或口腔内异物无法清除时，可用12号粗针头穿刺环甲膜，维持呼吸，尽可能早作气管切开。

◆脊椎受伤者。创伤处用消毒的纱布或清洁布等覆盖伤口，用绷带或布条包扎。搬运时，将伤者平卧放在帆布担架或硬板上，以免受伤的脊椎移位、断裂造成截瘫，招致死亡。抢救脊椎受伤者，搬运过程严禁只抬伤者的两肩与两腿或单肩背运。

◆手足骨折者。不要盲目搬动伤者。应在骨折部位用夹板把受伤位置临时固定，使断端不再移位或刺伤肌肉、神经或血管。固定方法：以固定骨折处上下关节为原则，可就地取材，用木板、竹片等。

◆复合伤者。要求平仰卧位，保持呼吸道畅通，解开衣领扣。

◆周围血管受伤。压迫伤部以上动脉干至骨骼。直接在伤口上放置厚敷料，绷带加压包扎以不出血和不影响肢体血循环为宜。

2. 施工坍塌事故的应急处置

施工坍塌事故一般发生突然，征兆又不明显，易造成人员的重大伤亡。施工坍塌发生后，人们一时难以从倒塌的惊吓中恢复过来，被埋压的人众多、现场混乱失去控制、火灾和二次倒塌危险处处存在，容易给现场的抢险救援工作带来极大的困难。

（1）施工坍塌事故的特点

◆突发性强，人员逃生难。受自然或人为因素影响，建筑可能发生倒塌，事故前兆很不明显，允许人员逃生的时间极短。

◆设施损坏，易引发次生灾害。突发性建筑倒塌事故，可能造成建筑内部燃气、供电等设施毁坏，导致火灾的发生，尤其是化工装置等构筑物倒塌事故，极易形成联锁反应，引发有毒气（液）体泄漏和爆炸燃烧事故的发生。

◆人员伤亡重，社会影响大。建筑发生毁灭性倒塌事故，人员伤亡惨重，社会负面影响极大。

◆救援难度大，作战时间长。建筑物整体坍塌的现场，其废墟堆内建筑构件纵横交错，将遇难人员深深地埋压在废墟里面，给人员救助和现场清理带来极大的困难；建筑物局部坍塌的现场，虽然遇难人员数量较少，但由于楼内通道的破损和建筑结构的松垮，对灭火救援工作的顺利进行也造成一定的困难。

（2）施工坍塌抢险救援的程序

◆迅速建立现场临时指挥机构。倒塌发生后，应及时了解、掌握现场的整体情况，并向上级领导报告。同时，根据现场实际情况，拟定倒塌救援实施方案，实施现场的统一指挥和管理。

◆现场询情，设立警戒，疏散人员。及时划定警戒区域，设置警戒线，封锁事故路段的交通，隔离围观群众，严禁无关车辆及人员进入事故现场。

◆现场指挥在派遣搜救小组进入倒塌区域实施被埋压人员搜救之前，必须对如下几个重要问题进行询问和侦查：倒塌部位和范围，可能涉及的受害人数；可能受害人或现场失踪人在倒塌前被人最后看到时所处的位置；受害人存活的可能性；展开现场施救需要的人力和物力方面的帮助，何时何处能获得这些帮助；倒塌现场的火情状况；现场二次倒塌的危险性；现场可能存在的爆炸危险性；现场施救过程中其他方面潜在的危险性。

◆切断气、电和自来水源，并控制火灾或爆炸。建筑物倒塌现场到处可能缠绕着带电且拉断的电线电缆，这些随时会威胁被埋压人员和即将施救的人员；断裂的燃气管道泄露的气体既能形成爆炸性气体混合物，又能增强现场火灾的火势；从断裂的供水管道流出的水能很快将地下室或现场低洼的坍塌空间淹没。此外，这些电、气、水的现场控制开关也都可能被埋压在倒塌的废墟堆里，一时难以实施关断。因此，要及时责令当地的供电、供气、供水部分的检修人员立即赶赴现场，通过关断现场附近的局部总阀或开关，消除这些危险。

◆现场清障，开辟进出通道。迅速清理进入现场的通道，在现场附近开辟救援人员和车辆集聚空地，确保现场拥有一个急救场所和一条供救援车辆进出的通道。

◆搜寻倒塌废墟内部空隙存活者。在倒塌废墟表面受害人被救后，就应该立即实施倒塌废墟内部受害人的搜寻，因为有火灾的倒塌现场，烟火同样会很快蔓延到各个生存空间。搜寻人员最好要携带一支水枪，以便及时驱烟和灭火。

◆清除局部倒塌物，实施局部挖掘救人。现场废墟上的倒塌物清除可能触动那些承重的不稳构件引起现场的二次倒塌，使被压埋人再次受伤，因此清理局部倒塌物之前，要制定初步的方案，行动要极其细致谨慎，要尽可能地选派有经验或受过专门训练的人员承担此项工作。

◆倒塌废墟的全面清理。在确定倒塌现场再无被埋压的生存者后，才允许进行倒塌废墟的全面清理工作。

（3）抢救行动中注意的事项

◆调派救援力量及装备要一次性到位，及时要求公安、医疗救护等部门到场协助救援。成立现场救援指挥部，实施统一指挥，严密制定救助方案，相关部门各司其职，做好协同作战。

◆当伴随有火灾发生时，救人、灭火应同时进行。

◆在现场快速开辟出一块空阔地和进出通道，确保现场拥有一个急救平台和一条供救援车辆进出的通道。

◆救援人员要加强行动安全，不应进入建筑结构已经明显松动的建筑内部；不得登上已受力不均匀的阳台、楼板、房屋等部位；不准冒险钻入非稳固支撑的建筑废墟下面。实施倒塌现场的监护，严防倒塌事故的再次发生。

◆为尽可能抢救遇险人员的生命，抢救行动应本着先易后难，先救人后救物，先伤员后尸体，先重伤员后轻伤员的原则进行。救援初期，不得直接使用大型铲车、吊车、推土机等施工机械车辆清除现场。对身处险境、精神几乎崩溃、情绪显露恐惧者，要进行鼓励、劝导和抚慰，增强其生存的信心。在切割被救者上面的构件时，防止火花飞溅伤人，减轻振动伤痛。对于一时难以施救出来的人员，视情喂水、供氧、清洗、撑顶等，以减轻被救者的痛苦，改善险恶环境，提高其生存条件。

◆对于可能存在毒气泄漏的现场，救援人员必须佩戴空气呼吸器、防化服；使用切割装备破拆时，必须确认现场无易燃易爆物品。

3. 物体打击事故的应急处置

施工周期短，劳动力、施工机具、物料投入较多，交叉作业时常会发生物体打击事故。这就要求在高处作业的人员对机械运行、物料传接、工具的存放过程中，都必须确保安全，防止物体坠落伤人的事故发生。

（1）常见的物体打击事故

◆工具零件、砖瓦、木块等物从高处掉落伤人。

◆人为乱扔废物、杂物伤人。

◆起重吊装物品掉落伤人。

◆设备带病运转伤人。

◆设备运转中违章操作。

◆压力容器爆炸的飞出物伤人。

（2）物体打击事故的应急预案

◆日常备有应急物资、如简易担架、跌打损伤药品、纱布等。

◆建立健全应急预案组织机构，做好人员分工，在事故发生时做好应急抢救，如现场包扎、止血等措施，防止伤者因流血过多而死亡。

◆一旦有事故发生，首先要高声呼喊，通知现场安全员，马上拨打急救电话，并向上级领导及有关部门汇报。

◆事故发生后，马上组织抢救伤者，首先观察伤者受伤情况、部位，让工地卫生员先做临时治疗。

◆重伤人员应马上送往医院救治，一般伤员在等待救护车的过程中，门卫要在大门口迎接救护车，有程序地处理事故，最大限度地减少人员和财产损失。

(3) 物体打击事故的应急处置

当发生物体打击事故后，尽可能不要移动患者，尽量当场施救。抢救的重点放在颅脑损伤、胸部骨折和出血上进行处理。

◆发生物体打击事故后，应马上组织抢救伤者，首先观察伤者的受伤情况、部位、伤害性质，如伤员发生休克，应先处理。遇呼吸、心跳停止者，应立即进行人工呼吸，胸外心脏挤压。处于休克状态的伤员要让其安静、保暖、平卧、少动，并将下肢抬高约 20°，尽快送医院抢救治疗。

◆出现颅脑损伤必须维持呼吸道通畅，昏迷者应平卧，面部转向一侧，以防舌根下坠或有分泌物、呕吐物吸入，发生喉阻塞。有骨折者，应初步固定后再搬运。遇有凹陷骨折、严重的颅底骨折及严重的脑损伤症状出现，创伤处用消毒的纱布或清洁布等覆盖伤口，用绷带或布条包扎后，及时送就近有条件的医院治疗。

◆搬运伤者注意事项：如果处在不宜施工的场所时必须将伤者搬运到能够安全施救的地方，搬运时应尽量多人搬运，观察伤者呼吸和脸色的变化，如果是脊柱骨折，不要弯曲、扭动伤者的颈部和身体，不要接触伤者的伤口，要使伤者身体放松，尽量将伤者放到担架或平板上进行搬运。

八、道路交通事故的应急处置与自救互救

道路运输是综合运输体系中的一个组成部分，随着道路运输产业的迅速发展，作用和地位已经越来越重要。道路运输属于服务性行业，也是高风险的行业，每年死伤人数惊人，目前道路运输已经是死伤人数最多的行业，安全问题日益突出。2009 年，我国共发生道路交通事故 23 万 8 351 起，造成 6 万 7 759 人死亡、27 万 5 125 人受伤。平均每 2 min 发生一起道路交通事故，每 8 min 死亡 1 人，每 2 min 受伤 1 人。面对频发的交通事故，掌握科学的急救方法可以有效地降低伤亡人数。

1. 车辆伤害的风险控制及应急处置

(1) 车辆伤害危险因素辨识

车辆伤害事故的类型主要有：

◆碰撞和碾轧。车辆在行驶过程中，由于错误驾驶、机械故障等原因，造成车辆之间相互碰撞，或者车辆碰撞辗压行人。

◆车辆失稳倾翻。车辆失稳倾翻事故主要包括：行驶中的车辆由于转弯过急、速度过快导致侧翻车；叉车、起重机装卸货物超载、举升过高、臂架变幅或旋转过快，使车辆丧失稳定性发生倾覆；进行边坡施工作业、坡路行驶、卸货或停放时，由于坡角过大、未采取稳固措施等原因，导致滑坡引起车辆倾翻。

◆重物坠落打击。重物坠落打击事故主要包括：装载货物超高、未捆绑或捆扎不牢固，在行车过程中由于车辆震摆导致重物坠落；两叉车联合共同叉载同一个货物，由于起升、运行不同步造成坠物；装卸物料野蛮作业、随意抛扔物件、失手或接收不准确等造成物体打击伤害。

◆其他伤害。其他伤害事故主要包括：检修车辆时，人体与车辆试运转的机械零部件接触引起的绞、碾、戳等机械伤害；液压工程车辆的液压元件破坏造成高压液体的喷射伤害；弹性元件弹射及飞出物的打击伤害。

(2) 车辆伤害风险控制

机动车驾驶的一般安全要求如下：

◆机动车不得违章超速行驶。俗话说：十次事故九次快，许多事故的发生，都是由于违章超速行驶造成的。

◆恶劣天气能见度在 5 m 以内或能见度在 10 m 以内、道路最大纵坡在 6%以上时，应停止行驶。

◆机动车通过道口时必须遵守下列规定：提前减速；通过道口时，要做到“一慢、二看、三通过”；遇道口栏杆放下或发出停车信号时，须依次停车于停车线以外；无停车线的，应停在距最外钢轨 5 m 以外，严禁抢道通过。

◆机动车不得在平行铁路装卸线钢轨外侧 2 m 以内行驶。

◆机动车在冰雪、泥泞道路上行驶时，轮胎上应装有防滑链，避免紧急制动，对于同向行驶的车辆，两车辆之间的距离应保持在 50 m 以上。

◆进入易燃易爆区的机动车辆必须装设阻火器。

◆下列地点不得停放车辆：距加油站、消防车库门口和消火栓 20 m 以内的地段；距交叉口、路口、转弯处、隧道、桥梁、危险地段、厂房、仓库、职工医院门口 15 m 以内地段；纵坡大于 5%的地段。

(3) 车辆伤害应急处置

◆发生厂内机动车倾翻事故时，应及时通知有关部门和维修单位维保人员到达现场，进行施救。当有人员被压埋在倾倒机动车下面或驾驶室内时，应立即采取千斤顶、起吊设备、切割等措施，将被压人员救出，在实施处置时，必须指定 1 名有经验的人员进行现场指挥，并采取警戒措施，防止机动车倾倒、挤压事故的再次发生。发生汽油、柴油等易燃易爆品和有毒物质泄漏时，应采取措施堵塞泄漏和冲释爆炸性物质或有毒物质混合浓度，避免发生爆炸或中毒事故。

◆发生火灾时，应采取措施施救被困在车厢内或驾驶室内无法逃生的人员，并应立即使机车熄火，防止电气火灾的蔓延扩大。灭火时，应防止二氧化碳等中毒窒息事故的发生，发生汽油、柴油等易燃易爆品和有毒物质泄漏时，应采取措施堵塞泄漏和冲释爆炸性物质或有毒物质混合浓度，避免发生爆炸或中毒事故。

◆事故现场取证救助行动中，安排人员同时做好事故调查取证工作，以利于事故处理，防止证据遗失。

◆在救助行动中，救助人员应严格执行安全操作规程，配齐安全设施和防护工具，加强自我保护，确保抢救行动过程中的人身安全和财产安全。

◆厂内机动车辆发生事件后，采取厂内机动车辆专业维修人员的一般救援措施，通过厂内机动车辆专业维修对于起重机械的人工操作，完成救援活动。

2. 行路遇险的应急自救

行人与机动车发生事故后，应立即报警，并记下肇事车辆的车牌号，等候交通警察前来处理；遇到撞人后驾车逃逸的情况，应及时追上肇事者或求助周围群众拦住肇事者。

机动车与行人发生事故后，肇事者应及时了解伤者的伤势，保护事故现场并报警；如伤者伤势较重，在征得伤者同意的情况下，迅速求助他人将伤者及时送往医院救治。

3. 乘车遇险的应急自救

(1) 在公共汽车上遇到火灾事故，乘客应迅速撤离着火车辆，不要围观；遇到险情时，双手紧紧抓住前排座位或扶杆、把手，低下头，利用前排座椅靠背或手臂保护头部；镇定，不要大声喊叫，不要指挥司机，不要在高车速时跳车；出现伤亡情况及时施救并拨打急救电话。

(2) 在出租车上遇到险情时，双手紧紧抓住前排座位或扶杆、把手，低下头，利用前排座椅靠背或手臂保护头部。

(3) 搭乘出租车时，上车后，注意车门及车窗开关是否正常，若发现有异常或司机有喝酒、衣着不整、言语不正常等情形时，应尽可能想办法下车；遇到状况时应尽量留下求救信号、个人物品等，为解救提供重要线索。

4. 驾车遇险的应急自救

驾车出行如果遇到以下紧急情况，应该掌握相应的应急方法。

(1) 迎面碰撞时，若碰撞的主要方位不在司机一侧，撞车瞬间应紧握转向盘，两腿尽量伸直，两脚踏实，身体后倾，保持平衡；若碰撞的主要方位临近司机座位或冲击力较大，应迅速躲离转向盘，将两脚抬起。

（2）中途爆胎时，不能紧急制动；若后胎爆裂，反复轻踩制动；若前胎爆裂，双手用力控制转向盘，并缓缓松开油门踏板，使车利用转动阻力自行停下。

（3）制动失灵时，应迅速换低挡，加拉手刹，同时打开警示灯；若车速始终无法控制，试着冲向柔软的障碍物以减慢车速。

（4）翻车时，脚钩踏板随车翻转，紧握转向盘使身体固定。驾车外出旅游时，如果车辆侧翻在路沟、山崖边时，应让靠近悬崖外侧的人先下车，从外到里依次离开；车辆翻向深沟时，所有车上人员要迅速趴在座椅上，抓住车内的固定物，让身体夹在座椅中稳住身体，随车旋转。

5. 高速公路遇险的应急自救

（1）在高速公路上发生事故后，应立即停车，保护现场（标记现场位置，标记伤员倒卧的位置，保全现场痕迹物证，协助公安机关寻找证明人等），拨打报警电话，清楚表述案发时间、方位、后果等，并协助交通警察调查；

（2）有死伤人员的交通事故，应先救人，并立即拨打120或999；

（3）开启危险报警闪光灯，并在来车方向150 m以外设置警示标识；

（4）车上人员应迅速转移到右侧路肩上或者应急车道内；能够移动的机动车应移至不妨碍交通的应急车道或服务区停放。

九、遭遇火灾的应急处置与自救互救

近几年，随着经济的迅速发展和科技进步，以及人们物质文化生活水平的逐步提高，生产生活用火、用电、用油、用气量也随之增加。与此同时，由于使用不当或者防范不周，各种火灾事故也不断发生，因此，加强对火灾爆炸事故的预防，是所有生产企业以及相关单位的重要任务。

1. 火灾成因与类别特点

导致火灾发生的原因很多，大致可以将火灾原因分为以下类别。

（1）电气火灾

电气火灾是指违反电气安装和使用规定以及因伪劣电气产品引起的火灾。这类火灾发生率较高，约占火灾起数的25%。从20世纪80年代末起，电气火灾所占的比例升至第一位，而且其火灾损失也占有最大的比率。从发展的角度看，随着我国电力工业的发展，城乡生产、生活用电量的增加，电气火灾仍将保持相当大的比率。造成电气火灾的主要原因，是在电气使用中存在较多问题，如乱拉乱接电线，不按使用要求随意加大负荷，电线绝缘老化，不按时更换电线，长时间超负荷用电温度失控等。因此，加强安全用电教育和电气安全管理，经常进行电气设备设施的安全检查，对所有企业事业单位都是十分必要的。

（2）生活用火火灾

生活用火火灾是指生活或涉及生活的用火，包括炉灶（炉具）设置、使用不当，余火复燃，明火照明、生火取暖、熏蚊不当，敬神祭祖焚纸烧香等所导致的火灾。这类火灾约占火灾起数的20%。生活用火火灾的特点，是点多面广、发生频繁，一旦疏于管理、失去警惕，则易发生火灾。近几年随着居住条件的改善，炊事燃料的变化和用火设备的改进，防火宣传教育的加强和普及，生活用火引起火灾的起数开始呈现明显的下降趋势。

（3）违章操作火灾

违章操作火灾是指在生产、储存、运输等过程中违反安全规定和操作规程造成的火灾，如违章指挥，冒险作业，违章动火，焊接切割中违反操作规程等。这类火灾约占火灾起数的12%。目前在中小企业火灾中，这种原因造成的火灾损失往往最大。出现这种情况的原因，大多是由于企业领导单纯追求经济效益而忽视消防安全，职工思想麻痹，劳动纪律松弛，缺乏安全规程，安全制度执行不严而造成的。此外，新职工多，未经培训上岗，缺乏专业生产技术知识和安全技术知识，发生事故后不知如何处理，也是重要的成灾因素。因此中小企业应加强防火防爆安全管理。

（4）吸烟火灾

吸烟火灾是指由于吸烟入睡、醉酒吸烟、随地乱扔烟头、火柴梗以及在有爆炸危险场所违章吸烟等而引起的火灾，这类火灾约占火灾总数的10%。吸烟引起的火灾一直是造成火灾的重要原因，尤其是我国吸烟人数多，由吸烟引起的火灾一直居高不下。在吸烟人员中，年轻人吸烟时往往不分场合，忽视防火要求，随地扔烟蒂和火柴梗，往往造成火灾。因此加强对吸烟人员的安全教育，是今后消防宣传教育中的一项重要内容。

（5）玩火火灾

玩火火灾是指由于乱放鞭炮、玩火取乐、小孩玩火等原因引起的火灾，这类火灾约占火灾总数的8.75%。近几年，由于社会、学校普遍开展“119”宣传日活动，消防教育进学校以及社会各种媒体的广泛宣传教育，取得一定成效，这类火灾开始呈现下降趋势，说明加强宣传教育对儿童和青少年是有成效的。但是，从统计分析看，玩火成灾的情况仍然占有一定的比例，不能放松警惕，还应继续加强防范。

（6）放火火灾

放火火灾是指刑事放火、报私仇放火、精神病人放火和自焚等。这类火灾的特点是农村多、私营企业多、晚间（20时至次日4时）多。造成这类火灾的主要原因，多是由于经济、民事纠纷引起的。由于放火是一种犯罪行为，对社会秩序影响不好，社会和单位应从不同角度去加强防范工作，以最大限度地减少放火犯罪活动。

(7) 自燃火灾

自燃火灾包括易燃易爆危险化学品自燃，以及煤、稻草麦秸、涂油物、鱼粉等自燃引起的火灾。这类火灾所占的比例约为1.7%。从统计分析看，自燃火灾多集中在第二、第三季度，因此只要有针对性地对存放有自燃物质的单位或部位加强防范，就可减少此类火灾。

2. 火灾发生规律

(1) 火灾的一般规律

火灾在本质上虽然是一种自然现象，与一些自然因素有关，如地域、气候、气象等因素，但同时它还与社会因素有关，许多火灾事故的发生更多是由于社会因素的原因造成的，如电气火灾、违章操作火灾、吸烟火灾、玩火火灾等。所以说，火灾是一种自然现象，同时也是一种社会现象。人们可以通过对火灾的分析，找出火灾发生发展的规律，从而采取积极对策，有效地预防火灾和战胜火灾。

(2) 火灾的季节变化规律

我国地域广阔，各地经济发展、风土人情均有所差异，但就火灾随季节的变化而言，有着基本共同的规律：冬季（12月至次年2月）火灾起数最多，春季（3—5月）次之，秋季（9—11月）又次之，夏季（6—8月）火灾起数最少。

冬天气温低，生产、生活取暖用火、用电增多，夜晚照明时间加长，这是火灾多发的原因之一。春节期间正常秩序被打乱，以及燃放烟花爆竹，是火灾多发的原因之二。20世纪90年代，全国春节期间火灾年平均约占冬季总数的1/4，仅烟花爆竹引起火灾年平均占冬季总数近15%。

春季风大，加上气温回升快，土壤水分蒸发量大，水气散失极快，形成风高物燥的气候。在这个季节人们还有春游踏青、清明祭扫的习惯，野外火源增多。据统计，春季是森林火灾最多的时期，东北地区四五月间，是森林火灾最频繁季节；在南方，西南和西北的南部地区，二三月份为森林火险最严重季节。

秋季气温、湿度与春季相近，风力比春、冬季小。中秋之后，北方庄稼开始成熟，禾秆渐趋枯萎，收获、打场用火、用电量增加，柴草堆垛林立。特别是进入晚秋，寒潮频袭，气温下降，风力上升，时有火灾发生。

夏季气温高，雨水多，日照时间长，用火量和用火时间减少，物质燃烧难度增加，因此火灾起数夏季最少。然而需要注意的是夏季自燃火灾占全年之首，同时雷电火灾也明显高于其他季节。更为重要的是夏季气温高，闪点低的易燃物品的燃烧及危险物品的爆炸可能性增加，一旦发生火灾，损失往往惨重。

(3) 火灾昼夜变化规律

火灾在一日 24 小时内的发生规律是：10 时至 22 时为起火高峰期；22 时至次日上午 8 时为起火低峰期，其中凌晨 4 时至 8 时起火风险最小；20 时至早晨 6 时火灾成灾率较高，损失较大。而且白天起火风险大，尤以下午最大；夜间起火风险小，尤以后半夜最小。成灾率是白天低夜间高。这个规律的形成，与人们的生活和生产经营活动规律密切相关。白天是人们从事生产和经营活动最集中、最频繁的时间，也是用火用电和使用易燃易爆物品最多的时间，如果疏于防范，容易失火。特别是下午，人们的精力、体力处于疲劳、困倦状态，易放松警惕，更容易发生火灾。但由于人们都在岗位上，即使失火也能早发现、快报警，扑救及时，故成灾率较低。而夜间，虽然停止或减少了生产经营活动，用火用电量减少，失火机会少，但一旦起火，不易发现，或者发现较晚，由于得不到及时扑救，往往小火酿成大火，故成灾率高、火灾损失大。

3. 火灾引起伤亡的主要原因

(1) 烟尘

燃烧时产生的烟尘，影响视力，降低能见度，引起心理紧张，并会伤害人的呼吸道和肺部。

(2) 高温

火灾发生时，周围温度迅速升高，人很快就会丧失逃生能力，严重者会死亡。

(3) 毒气

可燃物燃烧时，会产生一氧化碳等毒气，危害人的生命。

(4) 缺氧

燃烧消耗大量氧气，造成人体缺氧、昏迷和窒息。

4. 初期火灾的扑救

(1) 干粉灭火器的使用

撕去灭火器的铅封，拔去保险销，一手握住胶管，将喷嘴对准火焰的根部；另一手按下鸭嘴阀或提起拉环，向前平推，左右横扫，不使火焰蹿回。

(2) 二氧化碳灭火器的使用

手提式二氧化碳灭火器有两种，使用手动开启式（即鸭嘴式）灭火器时，先拔去保险销，一手持喷筒把手，另一手紧压压把，二氧化碳即自行喷出，不用时将手放松即可关闭；使用螺旋开启式（即手轮式）灭火器时，先将铅封去掉，翘起喷筒，一手提把，另一手将手轮沿顺时针方向旋转开启，高压气体即自行喷出。

(3) 消防栓的使用

先打碎消防栓箱玻璃，接好接口，然后打开水带，连接水枪，再打开阀门开关，用水枪对准火焰根部喷射。

5. 火灾应急自救方法

一旦发生火灾事故，掌握以下逃生方法可大大降低伤亡率。

（1）毛巾捂鼻法：用湿毛巾捂住口鼻，匍匐前行，防止吸入高温、有毒的烟气。

（2）棉被护身法：将浸湿的棉被、毛毯、棉大衣盖在身上，在确定逃生路线后，快速钻进火场，并冲到安全区域。

（3）匍匐前进法：逃生过程中尽量将身体贴近地面匍匐或弯腰前进，以躲避上层空间的烟尘。

（4）逆风疏散法：根据风向来确定疏散方向，逃至火场上风处躲避火焰和烟气。

（5）绳索自救法：将绳索一端固定在门、窗框或重物上后顺绳爬下，注意手脚并用并采用手套、毛巾等保护手部。

（6）被单拧结法：把床单、被罩或窗帘等撕成条扎紧并拧成麻花状，可连接几条床单当作绳索使用。

（7）管线下滑法：可顺建筑外墙或阳台边的落水管、电线杆、避雷针引线等竖直管线滑下地面。

（8）竹竿插地法：被火困在房间时，可将结实的晾衣竿、竹竿直接从阳台或窗户口斜插到室外地面或下层平台，固定好顺杆滑下。

（9）楼梯转移法：火势蔓延将楼梯封死时，可通过天窗迅速爬到屋顶转移到另一户人家或另一单元的楼梯疏散。

（10）攀爬避火法：屋内着火的，可以攀爬到阳台、窗台的脚手架、雨篷等突出物以躲避火势。

（11）搭桥过度法：高层居民在阳台、窗台、屋顶平台处用木板、竹竿等较坚固的物体搭至相邻单元或建筑，以此作为跳板转移至相关安全区域。

（12）毛毯隔水法：将毛毯等织物钉或夹在门上并不断浇水冷却，防止外部火焰及烟尘侵入，抑制火势蔓延速度，延长逃生时间。

（13）卫生间避难法：用毛巾塞紧门缝把水泼在地上降温，也可以躺在放满水的浴缸中躲避，不可钻到床底、橱柜里避难。

（14）火场求救法：在窗口、阳台或屋顶处向外大声呼救，敲击金属物品或投掷软质物品，白天挥动鲜艳布条，夜间挥动手电或白布引起救援人员注意。

（15）跳楼求生法：火场上切勿轻易跳楼！在万不得已的情况下，住在低楼层的居民可采取跳楼的方法逃生。但首先要根据周围地形选择高度差较小的地面作为落地点，然后将床垫、沙发垫、厚棉被等抛下做缓冲物，并使身体重心尽量放低，做好准备以后再跳。

十、中毒、烧伤事故的应急处置与自救互救

1. 食物中毒的应急处置

食物中毒通常指吃了含有有毒物质或变质的肉类、水产品、蔬菜、植物或化学品后，感觉肠胃不舒服，出现恶心、呕吐、腹痛，腹泻等症状，共同进餐的人常常出现相同的症状。

出现食物中毒症状或者误食化学品时，应及时用筷子或手指伸向喉咙深处刺激咽后壁、舌根进行催吐。在中毒者意识不清时，需由他人帮助催吐，并及时就医。

了解与病人一同进餐的人有无异常，并告知医生。

不吃不新鲜或有异味的食物。不要自行采摘蘑菇、鲜黄花或不认识的植物食用。扁豆一定要炒熟后再吃，不吃发芽的土豆。

从正规渠道购买食用盐、水产品以及肉类食品。生熟食物要分开存放，水产品以及肉类食品应做熟后再吃。

不要用饮料瓶盛装化学品。存放化学品的瓶子应该有明显的标识，并放在隐蔽处。以免儿童辨别不清而饮用。

发生食物中毒后应尽可能留取食物样本，或者保留呕吐物和排泄物，供化验使用。

抢救食物中毒病人，时间是最宝贵的。从时间上判断，化学性食物中毒和有毒的动植物毒素中毒，自进食到发病是以分钟计算的；生物性（细菌、真菌）食物中毒，自进食到发病是以小时计算的。必须立即送往医院抢救，不要自行乱服药物。

2. 农药中毒的应急处置

大量接触或误服农药，人会出现头晕、头痛、全身乏力、多汗、恶心、呕吐、腹痛、腹泻、胸闷、呼吸困难等症状。还会出现特殊症状，如瞳孔明显缩小、嗜睡、肢体震颤抖动、肌肉纤维颤动、肌肉痉挛或癫痫样大抽搐、口中有金属味、有出血倾向等。

立即切断毒源，脱离中毒现场。脱去被污染的衣裤，用微温的肥皂水、稀释碱水反复冲洗体表 10 min 以上（注意：敌百虫中毒时，不能使用碱性液体）。

对昏迷的病人，应立即送医院由医务人员为其洗胃。对神志清楚的中毒病人，需用筷子或手指刺激咽喉催吐。

昏迷病人出现频繁呕吐时，救护者要将他的头放低，使其口部偏向一侧，以防止呕吐物阻塞呼吸道引起窒息。

病人呼吸、心跳停止时，应立即实施长时间的心肺复苏法抢救，待生命体征稳定后，再送医院治疗。

在农药生产车间等人员聚集的地方发生毒气中毒事故，救助者应戴好防毒面具后才能

够进入现场。即使抢时间救人，救助者也必须屏住呼吸冲进现场，快速把病人抱出来。

病人或周围人应尽可能向医务人员提供引起中毒的农药的名称、剂型、浓度等，以便争取时间进行抢救。

施洒农药时，人应站在上风处进行。

3. 烧烫伤的应急处置

(1) 轻微烧烫伤急救

万一被火或开水烧烫伤，应当迅速脱下烧烫部位的衣服，对烧烫部位用凉水冲淋或直接浸泡在水中。患处冷却后，用灭菌纱布或干净布覆盖包扎。不要用紫药水、红药水、消炎粉等药物处理。

自救时切忌乱跑，也不要用手扑打火焰，以免引起面部、呼吸道和双手烧伤。如果眼睛被烧伤，应将面部浸入冷水中，并做睁眼、闭眼活动，浸泡 10 min 以上。如果呼吸道被烧伤，应用冰袋冷敷颈部，口内也可含冰块，目的是收缩局部血管，减轻呼吸道梗阻，并立即转送医院做进一步抢救。

(2) 化学烧伤的现场急救

万一被强碱、强酸等化学物品烧伤，应该立即脱下浸有强碱、强酸液的衣服，用大量冷水冲洗烧伤部位，反复冲洗至少 20 min，直至干净。

切忌在不冲洗的情况下用酸性（或碱性）液中和。如果是被生石灰、电石灰等烧伤，应先将局部擦拭干净，然后再用大量清水冲洗，切忌在未清除干净前就直接用水冲洗。

如果眼睛被溅入酸液或碱液，千万不要揉眼睛，应立即用大量清水冲洗，或将眼部浸入水中，双眼睁开，摆动头部或转动眼球。如果颗粒状化学物质进入眼睛内，应立即除去，然后用水反复冲洗眼睛。需要注意，眼部受到烧烫伤应立即冲洗，越快越好，越彻底越好。

第七章　安全生产应急救援事例分析

对于企业来说，做好应急救援工作是控制事故发展、减少事故损失的重要环节。许多企业对事故应急救援工作十分重视，并制定了相应的规章制度，建立了应急救援组织，制定了各级各类应急预案，经常进行人员培训和应急演练。应急救援工作的成果最终要体现在实战上，这方面我们有许多成功的事例，但是在应急救援中不科学、不规范、不专业的应急救援事例也很多，这样做的结果是，不仅没有减少人员伤亡和财产损失，反而使事态扩大，造成更严重的后果，教训极为深刻。因此，我们一定要认真吸取教训，不断总结经验，从而促进应急救援水平的提高。

第一节　矿山企业事故应急救援事例分析

我国煤矿以及非煤矿山，大多属于地下开采的井工矿，井工矿危险性较高，这主要与井下作业的特殊性有关。煤矿以及非煤矿山井下作业工作场所潮湿、阴暗而且狭窄，地质条件、开采技术复杂，生产环节较多，受水、火、瓦斯、煤尘、顶板等多种自然灾害的威胁，不安全因素多。并且由于煤层赋存不稳定，地质构造复杂多样，伴随产生各种各样的地质灾害，例如具有煤尘爆炸危险的矿井，高瓦斯和煤与瓦斯突出矿井，自然发火危险矿井，具有水害危险的矿井，某些矿井还有冲击地压、岩爆、高温危害等。因此，做好矿山事故的应急救援工作十分重要。

一、江西丰城上塘镇榨里一号井透水事故救援事例分析

2007 年 8 月 16 日 4 时 50 分，丰城矿务局上塘镇榨里一号井北大巷档头发生透水事故，造成矿井南翼作业的 14 名矿工被困。事故发生后，江西省委省政府高度重视，发出紧急救援令，丰城矿务局救护大队和江西煤矿抢险排水站先后紧急出动，各级各部门密切配合，实施紧急救援。经过 33 个小时的抢险救灾，14 名被困矿工成功救出，安全升井。

1. 事故经过

8 月 15 日 15 时 40 分左右，上塘镇安监科根据上级要求，电话通知上塘镇所有煤矿全面停产整顿。榨里一号井中班（16 时班）没有人员下井。吴矿长考虑到不知要停多久，

时间长了井下设备容易损坏、有些巷道也要及时维修，于是由矿井值班员鄢某通知中班人员与晚班人员一起上晚班（晚上0时班）。当时井下作业人员29人，加上跟班井长共30人。

8月16日凌晨4时50分，主井井底信号工胡某升井报告，主井北大巷透水，水流迅速蹿到主井井底车场，另一名信号工聂某已迅速到副井南轨道下山报信。鄢某接到报信后，立即安排井长吴某，李某到副井轨道下山撤人，并向吴矿长汇报，吴矿长立即向上塘镇分管镇长汇报。

5时左右，井长吴某和李某到副井轨道下山撤人，5时30分左右，付井轨道下山14名矿工安全撤到地面，此时主井马头门口已被水淹没，水位线为观察点巷道斜长30 m，标高约为－27 m。井下水泵电气设备被淹，不能运行排水。14名矿工被困井下。

2. 紧急救援过程

（1）及时成立救援指挥部，保证了救援工作组织有序

上塘镇领导接到报告，立即向丰城矿务局和江西煤矿安全监察局赣中监察分局报告，同时立即通知安排镇安监科所有人员赶赴现场，并成立了临时指挥部组织抢救。随后，省市级相关领导接到事故报告后，立即赶赴现场指挥抢险救灾工作，并立即成立了以省煤炭集团公司总经理为总指挥的救灾指挥部，指挥部下设事故抢救组、现场侦察救护组、稳定工作组、事故善后组、医疗救护组。在组织上保证了救灾工作的有序进行。

指挥部经过认真分析，认为被困人员并没有被淹，可能撤离到了地势相对较高巷道内，存在生还的可能，必须尽一切力量实施救援。

（2）及时组织抢排水

先期成立的临时指挥部立即组织人员安装小水泵，并请求江西煤矿抢险排水站调大泵增援。在等待水泵期间，指挥部从丰城矿务局的建新煤矿调集了电工、钳工、电缆、开关等人员和设备，做好了安装水泵的准备工作。12时50分从江西煤矿抢险排水站调配的深井泵终于运到了矿井现场。经过紧张的安装，18时48分在主井将水泵安装完毕，一次性试排水成功，开始排水。19时30分水位垂直下降了0.7 m。至20时48分，水位共下降了1.3 m。至17日12时，累计排水3 100余立方米。有效的抢排水，使井下水位快速下降，井下部分巷道露出顶部，提供了搜救条件。

（3）组织人员寻找救援通道

在组织抢排水的同时，16日10时左右，指挥部派上塘镇安全科熊某等人，到副井下山，试图从1号巷道搜救被困人员。到达下部，发现低洼处被淹没，无法通行，施救失败。经过多次这样的搜救，都没有成功。

17日9时30分井筒水位下降到86.37 m处（井筒到井底长度为88.2 m），仍然无法从

北翼大巷救人。通过分析，利用北边大巷进去救人时间很长，因井底南风巷已有微风，说明南翼有通道，要考虑开辟南翼通道救人。

指挥部考虑被困的矿工时间太长，可能有生命危险，为了争取时间，查明被困人员的情况，指挥部再次派矿井井长、镇安全科长、赣中监察分局和救护队书记、队员共 6 人，从副井下去进行侦查，开辟南翼通道并在可能的情况下排除障碍物，跨过大巷搜救人员。11 时 45 分上述人员快速下井，到达 3 号巷道后侦察发现了 2 号巷道（废异巷道，图纸上没有标的巷道），大约 12 时到达预定位置。通过敲打发声、喊话发现被困人员。立即派人向地面报告，并要求送食物下井恢复被困人员体力。救援人员在露出水面 0.3 m 的大巷涉水与被困人员见面，发现 14 名被困人员状况良好。12 时 50 分救护人员向被困人员输送食物，13 时 55 分第一批人员在救护人员的带领下从副井废旧巷升井，14 时 10 分被困人员全部升井，送往医院观察。

3. 事故救援成功的经验

（1）事故报告及时，反应迅速，为救援工作赢得了宝贵的时间

丰城矿务局救护大队接到事故报告后 7 min 赶到事故现场，不断地观察水情和灾情的变化，及时为救灾提供了第一手现场信息，经过侦察及时发现了被困人员并安全护送上井。江西煤矿抢险排水站反应迅速，接到事故报告后及时装运设备，快速安装，设备维护保养好，一次性安装试排水成功，并一直保持正常运转，对成功救援起到关键作用。省内外多次抢险排水救灾证明，江西煤矿抢险排水站是一支经得起考验的救援队伍。

（2）领导高度重视、指挥科学决策是救援成功的前提

救援指挥部科学决策，寻找了一条救灾通道，使被困人员至少提前两天获救。16 日晚上，指挥部领导从该矿一位有经验的骨干职工和上塘镇安监员了解到，南翼有废旧巷道原来可以行人。17 日早上得知井底南风巷有微风通过后，建议开辟南翼通道救人，找到了被困人员。至 8 月 18 日，煤矿大巷的水仍然没有排干，如果不从副井废旧巷通过 2 号巷道救人，救援时间还得延长，后果难以预料。

（3）煤矿安全培训使矿工掌握了自救互救常识

被困矿工发现被水围困后，立即自动撤离到相对高的巷道内等待救援，没有 1 人溺水。为了保存体力，被困矿工自觉捡到井下的苹果皮、花生壳等食物和水食用；保持了一盏矿灯照明，其余矿灯关闭，保证需要时有矿灯应急；保持安静，保存体力。当发现水位迅速下降时，判断地面在组织救援，增强了信心。被困矿工掌握的这些自救互救常识，是安全培训学习的收获。

二、郑煤集团超化矿煤矿透水事故后应急救援事例分析

2004 年 4 月 11 日 16 时 32 分，郑煤集团超化矿发生一起煤矿透水事故，12 名矿工下落不明。河南省、郑州市有关部门和郑煤集团负责人立即赶赴现场指挥救援，迅速启动煤矿安全事故应急预案，制定 4 项营救方案，互补互动，加紧抢险。每天出动 700 多人力，不惜一切代价全力营救。

16 日上午 9 时 30 分最后一名被因人员获救回到地面，郑州煤炭集团公司超化矿困在井下 109 小时的 12 名人员全部生还。有关专家称，此次救援创造了煤矿事故救援史上罕见的奇迹。

1. 制定合适的应急救援方案

救护人员在 12 日早 6 时半左右通过第一淤积区，进入巷道侦察，在距迎头约 300 m 处发现巷道冒顶，侦察工作受阻。指挥部针对冒顶、淤煤等新情况，立即采取了多项预案，多管齐下，分头救援。一是尽量加快上副巷加固悬空支架、清出巷道淤积物进度，保证抢险人员进出畅通；工作完成后，从上副巷开掘绕巷，绕过冒落区，实施救援。二是利用下副巷现有的运输系统，从下副巷开掘巷道，从被困人员可能所在地点贯通救人。三是为保证及时向被困人员输送氧气和食物，采用快速冲击钻进技术，从地面向遇险人员被困地点垂直打钻。四是查清小煤窑补给水源和越界开采的情况，由当地政府安排启动小煤窑所有排水设备，实施强力排水，减少小煤窑向超化矿涌水量。

事实证明，从上副巷开掘绕巷，绕过冒落区的决策非常正确。4 月 15 日 13 时许，正在井下抢险的救护队员在上副巷绕巷的掘进过程中，听到上副巷被困人员敲打水管传递的信号，随后又听到喊话要求送风。指挥部果断决定改变绕巷开掘方向，加快掘进速度，以最短的时间与被困人员所在的上副巷贯通；同时加大向人员受困区域压风量，保证氧气供应。救护、医疗人员在公司领导的带领下，在井下待命救援。16 日早晨 6 时 34 分，绕巷与上副巷贯通；7 时 50 分，12 名被困人员被确认全部生存；8 时 46 分，第一名被困矿工获救升井。

2. 灵活的决策和执行机制

这次抢险救援一直实行主要领导一线指挥，随时掌握情况，随时调整方案，随时拍板决策，减少环节。在救援的关键时刻，绕巷离被困人员只有 2 m 就能贯通的 15 日晚，郑煤集团总经理赶到井下，一直指挥救援到 16 日全部被困人员获救并部分人员升井后，才回到地面。

超化矿有一支特别能战斗的抢险救灾队伍。超化矿救护大队一位副大队长说，许多救护队员 5 天来除了上井简单休息外，一直在井下抢险，其中一名队员 5 天只上井吃过一次饭。从领导到一般队员，许多人都是三四天没有睡觉，有的救护队员 5 天里就没有脱过衣服。

这次救援采取许多新技术，得到了相关部门的大力配合和支持。事故第二天，地处河北涿州的中国煤田地质集团的快速冲击钻机就紧急调运到了超化矿的事发现场。西安一家单位送来了国内最先进的窥测仪，通过它可以看到钻孔的情况。平顶山煤炭集团也给抢险指挥部送来了新型的钻机，以帮助挖掘坑道。

3. 实施自救赢得生命

4 天 5 夜，整整 109 个小时，12 名矿工基本没有吃过一口干粮，没有喝过一口水，他们活过来了。现在来听听 12 名矿工中一人在井下进行自救的细节：

11 日下午 4 时 30 分，21051 掘进面发生透水，大约 5 时，我与其他几位领导和同事下井查看水情，处理事故。在 7 时 10 分突然水像山洪一样冲了出来，我们几个人赶快往高处跑，那里有一个瓦斯排放站，空间比较大，相对安全。这时巷道里的水越来越多，一直涌了上来。我们赶快抓着机械的传动皮带，往上跑。好在没过多长时间，巷道里的水又慢慢流了下去。我们才没有被水流冲走，淤积的煤也没有把巷道口堵死。

◆讨论自救方案。12 名被困的人员当中，有 4 人是搞技术的，4 个人商量了一下，决定要尽可能地自救，等待救援。

◆及时避险。被困人员首先是撤到相对高的瓦斯抽放巷内避险，在大水过后，又撤到较为安全的地点等待救援。所选的地方要求与水流比较近，便于观察水情，一旦有情况，可以随时处置；同时离瓦斯比较远。为了保险起见，被困人员用一个瓦斯检测仪，一直在监测头顶上的瓦斯浓度是否超标。为了增加氧气，把通水管打破，让其变成通气管，增加巷道里的氧气。

◆节省体力。安顿下来后，被困人员马上把 12 个人分成 6 组，每组值班巡逻 3 个小时。值班的任务主要是看水，如果水有变化，立即通知。除了值班的人外，其余的人为了节省体力，一律要待在原地不动，一般不要开口说话。为了节省矿灯，除了一个供照明用外，其余的一律不准打开。

井下透水后，我们所带的粮食被水冲走了。四天五夜里基本上没有吃东西，渴了就喝一点矿井里的水。当时规定，必须等到非常渴的时候才能喝水，喝的时候也不能大口地喝，不能双手捧，只单手托，只托三下。这是因为煤矿井下的水不干净，如果喝水太多排泄得多，消耗体能。在这中间，煤矿代总工程师还找到了两袋七八天以前的、已经变成煤泥般的食物，但是大家一直没有吃，主要是担心吃坏了肚子，如果拉肚子，体能消耗得更大。

当时大家已经意识到吃的严重性，于是把巷道里的榆木和槐木放在水里泡，这两种树皮泡软后可以吃。

在巷道里，被困人员一直坚信外面的人们在进行施救，在设想救援方案时，我们也与救援人员想到了一起，尽可能地想尽办法告诉救援人员：我们还活着。我们找到纸片，上面写上我们的名字和所在位置，让纸片顺着水漂出去；还把废旧的塑料袋剪成非常明显的小碎片，让人一看就知道是有人专门剪的，让这些碎片顺水而下；我们还找到了一瓶矿泉水瓶装的煤油，顺着管子倒下去，时不时倒一点，让外面闻到不间断有人倒煤油，说明我们还活着。事后才知道，由于水大，我们这些东西救援人员根本没有看到，煤油倒是闻到了，但以为是矿里的机器里流出来的，也没有在意。

此外，我们还有人把矿灯绳挽起来打上结，在外面的两个线头上，一个绳头完整没有破坏，表示“1”，一个绳头分成两个岔，表示“2”，打结表示我们还在一起。大水把我们的矿灯绳冲出来后，争取能让救援人员发现。能让我们与外界传递信息的还有通水管，在水少的时候，我们就趴在管口附近向外喊话。终于有一次，我们听到了外面的回音。比如说，我们趴在水管上喊“送风”，果然送来了风。与外界取得了联系，一下子鼓舞了我们的信心。

在被困期间，被困人员也曾有过绝望。有一次发现水又涨了上来，涨得很大，但是幸好，水涨了一会儿没有再涨了，否则一旦水淹了巷道，就没有办法活了。就在我们快要坚持不住的时候，救援我们的巷道终于贯通了，救护队员进来，清点我们的人数，12 个人都还活着，我们终于获救了。

三、河北承德某铁金矿井下冒顶事故应急救援事例分析

2007 年 12 月 3 日 16 时左右，该矿发生冒顶事故，当班井下有 16 名作业人员，事发时有 5 人逃生，11 人被困。经过 129 个多小时的全力救援，于 12 月 9 日凌晨 1 时 35 分，11 名遇险人员全部成功获救。

1. 事故单位基本情况

河北省承德市某铁金矿，是一非法开采铁金矿井。该矿有两条矿脉，倾角 60°，为斜坡道开拓，无其他安全出口，无正规设计，无测量数据，凭经验开采。斜坡道入口至事故点约 100 m。

2. 事故应急救援

接到事故报告后，政府部门立即组织开展抢险救援工作，成立了现场抢险救援指挥部，

下设综合、专家技术、抢险救援、保障、安全保卫、医疗救护、信息、稳定八个组。根据事故现场实际情况，制定了抢脸救援方案。一是加紧对矿井坍塌巷道清理和支护、监护工作，对遇险人员可能避难的空间进行打钻，并通过钻杆向遇险人员交替送风、送水；二是在地表布置75 mm钻孔，开辟与井下联系的第二通道。

得知事故情况后，党中央、国务院高度重视，并作出重要批示，国家安全生产监管总局、国家安全生产应急救援指挥中心立即派员赶赴事故现场，协助地方抢救。河北省委、省政府也高度重视，省安监局、国土资源厅等有关部门负责人赶赴现场，组织指挥抢险救援工作。

为加快对矿井坍塌巷道的清理进度，现场抢险救援指挥部从开滦矿务局调集了48名救援抢险队员，携带施工设备和材料火速赶到事故现场，分4班轮流清理坍塌巷道；为及时了解井下被困人员和井下气体的情况，专门调来了开滦矿山救护基地气体检测车和生命探测仪，对矿井气体进行实时监测分析；为保证地面钻孔连续进行，从北京中煤大地公司调来驻山西的T685 WS钻机予以支持，从秦皇岛浅野水泥厂、唐山市冀东水泥厂分别调潜孔钻机，以作备用。

12月6日18时，井下钻机钻透了长达23 m的冒落区，经敲击探试，冒落区另一端传来回应声，现场立即通过钻杆向遇险人员交替送风送水。每间隔半小时送风一次，每次15 min；第一次停风后送水半小时，以后每间隔2小时送开水半小时。然后通过钻孔输送了营养液。

至12月9日凌晨1时35分，经过129个多小时的紧急救援，井下坍塌巷道被清理畅通，11名遇险人员全部获救。

3. 救援成功经验

此次事故能够成功救援，得益于以下几个方面因素：

(1) 党中央、国务院，安全监管总局、河北省委、省政府以及承德市委、市政府等各级领导高度重视，为及时救援、有效救援提供了根本保障。

(2) 现场抢险救援指挥部快速反应、指挥得当，专家组精心研究制定施救方案，为安全施救、科学施救提供了重要保证。

(3) 开滦矿务局救护大队发挥了事故救援主力军作用，业务熟练、经验丰富，大大加快了救援工作的进度。

(4) 生命探测仪和气体检测车等先进仪器的使用，有力地保障了救援决策的正确性和救援工作的安全性。

(5) 救护队员在整个救援过程中，经常通过敲击钻杆、岩壁与遇险人联系，增强其生存信心。同时，通过钻杆及时向遇险人员提供新鲜空气、水、营养液等，为其生存提供了基本条件。

(6) 井下被困人员互帮互助，坚定了生存信念是成功救援的前提。

第二节 化工企业事故应急救援事例分析

化工企业运用化学方法从事产品的生产，生产过程中的原材料、中间产品和产品，大多数都具有易燃易爆的特性，有些化学物质对人体存在着不同程度的危害。化工企业生产与其他行业企业生产还有所不同，具有高温高压、毒害性、腐蚀性、生产连续性等特点，比较容易发生泄漏、火灾、爆炸等事故，而且事故一旦发生，比其他行业企业事故具有更大的危险性，常常造成群死群伤的严重事故。因此，化工企业必须要加强安全生产管理，在积极预防事故发生的同时，还需要应急救援工作一旦发生事故，就要控制事故的发展，减轻事故的危害，保证人员的安全。

一、大庆石化水气厂生产装置突然断电后应急处置事例分析

大庆石化公司是中国石油天然气股份有限公司的地区分公司，是以大庆油田原油、轻烃、天然气为主要原料，从事炼油、乙烯、塑料、橡胶、化工延伸加工、液体化工、化肥、化纤生产，并承担工程技术服务、生产技术服务、机械加工制造、矿区服务等职能的特大型石油化工联合企业。现有二级单位 34 个、员工 3.1 万人、生产装置 137 套。

1. 企业基本情况

大庆石化公司水气厂是大庆石化公司的主要辅助生产厂，成立于 1983 年，地处大庆市龙凤区卧里屯乙烯厂区。设有 10 个职能科室、10 个基层车间、1 个材料供应站，现有职工 912 人，拥有各类设备 7 490 台，固定资产原值 13 亿元，固定资产净值 5.5 亿元。

水气厂主要担负着为石化装置生产所需氧气、氮气、氩气、压缩风、工业水、循环水、脱盐水及乙烯职工生活用水的供给任务，同时负责工业污水和固体废弃物的处理，以及乙烯厂区内外热网管线的维护、检修工作。1996 年引进法国技术和设备，建成生活水深度处理装置，水质达到 2000 年国家一类水质标准。

2. 应急救援经过

2009 年 3 月 11 日夜晚至 3 月 12 日凌晨，一场突如其来的暴雪袭击黑龙江省大庆市，

气温骤降。由于供电线路不堪重负而跳闸，导致大庆石化水气厂各主要生产装置断电，相继被迫停车。水气厂作为大庆石化公司的主要辅助生产厂，一旦无法正常生产，将直接影响化工生产和社区居民的正常生活。

面对突发险情，水气厂领导、各科室相关人员和各车间主要领导第一时间到达现场，勘查情况，组织员工紧急启动应急预案，全力投入到抢险工作中。厂领导班子召开紧急会议，听取各车间关于抢险应急工作的汇报，并结合各装置现状，对下一步具体工作进行了周密部署。在没有完全恢复稳定供电的情况下，该厂从确保员工人身安全和生产装置安全的前提出发，一方面，严格落实防冻措施，做好防冻工作，积极组织岗位员工清理厂区积雪，同时通知车队、各车间注意用车安全，避免交通事故；另一方面，该厂组织关键科室职能人员坚守岗位，并组织各车间技术人员深入装置区排查险情。

各科室、车间迅速行动起来，部分休班的员工主动回到了岗位上，投入到紧张有序的抢险工作中。

3. 应急救援处置措施

3月12日4时28分，空分车间空压机跳车，空压站4号机、5号机也相继跳车。值班人员和车间主要领导赶到现场，组织岗位员工启动应急预案，一方面外送液氮，确保化工主体装置生产用量；另一方面调整生产工艺，处理主要装置停车后的后续问题。多名员工一夜没有休息，坚守在岗位上，确保液氮输送过程安全可靠。电路系统出现故障，工业水源水告急。工业水车间领导接到报告后，立即组织员工启动应急预案，调度室副调度长盯在现场协调，岗位员工冒着风雪逐个检查阀井，确保应急方案运行时每一个步骤的安全。

这个时候，已经工作了一整夜的热网车间夜班员工主动请缨，加强对设备的监控维护，迅速组织恢复生产。供水车间员工深入装置，仔细检查管线、暖气及防冻防凝重点部位，逐项检查确认，确保生活水装置停运期间无冻凝事件发生。安全环保科组织职能人员深入到污水一车间、污水二车间，逐一排查环保设备运行情况。污水一车间按照设备《操作提示卡》要求，组织员工对原水泵、污泥脱水系统和焚烧炉等停运设备进行重新开工，同时按照应急预案要求，采取多项措施，防止冒池等生产事故发生。

在险情发生后，由于水气厂干部员工沉着应对，科学指挥，采取有效措施，在短时间内安全地完成了险情排除工作，24小时内各主要装置陆续恢复运行，为确保化工主体装置按时恢复生产和社区居民生活提供了必要保证。整个抢险过程安全有序，经过20多个小时的奋战，3月13日14时20分，该厂各装置相继恢复运行，及时外送氧气、氮气、工业水和循环水等，为化工厂区生产装置恢复生产和社区居民正常生活提供了保障。

二、天然气分离厂储气罐大量泄漏应急救援事例分析

中海油（中国）公司天津分公司创建于1966年，是中国海洋石油有限公司（中国）下属的一家境内分公司，主要负责渤海海域石油天然气资源勘探开发生产，位于天津市塘沽区。目前有员工700余人，固定资产总值约150亿人民币，累计发现原油地质储量30多亿吨，拥有17个海上油气田，40多座生产平台，4个陆地终端，年油气生产能力已超过1 000万方油当量。

1. 天然气使用的危险性

天然气是一种多组分的混合气态化石燃料，主要成分是烷烃，其中甲烷占比最多，另有少量的乙烷、丙烷和丁烷。它主要存在于油田和天然气田，也有少量出于煤层。天然气燃烧后无废渣、废水产生，相较煤炭、石油等能源有使用安全、热值高、洁净等优势。

天然气常见杂质为有机硫化物和硫化氢（H_2S），在大多数利用天然气的情况下都必须预先除去。尽管天然气是无色无味的，然而在送到最终用户之前，还要用硫醇来给天然气添加气味，以助于泄漏检测。天然气不像一氧化碳那样具有毒性，其本质上对人体是无害的。不过如果天然气处于高浓度的状态，并使空气中的氧气不足以维持生命的话，还是会致人死亡，毕竟天然气不能用于人类呼吸。作为燃料，天然气也会因发生爆炸而造成伤亡，虽然天然气比空气轻而容易发散，但是当天然气在房屋或帐篷等封闭环境里聚集的情况下，达到一定的比例时，就会触发威力巨大的爆炸，爆炸可能会夷平整座房屋，甚至殃及邻近的建筑。

2. 应急救援经过

2004年3月29日上午10时34分，葫芦岛市消防支队指挥中心突然接到报警：中海油（中国）天津分公司位于龙湾新区东窑村的天然气分离厂一个储气罐出现天然气大量泄漏。如果遇到火星，将引起大面积爆炸。接警后，葫芦岛市消防支队派出4个中队的14台车辆、69名指战员迅速赶往现场。“天然气储气罐第二个阀门断了，得赶快堵上，不然就完了。”分离厂的工人焦急地对消防战士们喊着。

上午10时39分，消防指战员到达事故现场后，发现位于厂区东北角的容积1 000 m^3的球形液化石油气储罐周围已被大量的烟气所笼罩，罐底正在大量向外喷泄液化气，喷口发出巨大的“刺刺”声，储罐周围200 m^2的地面全部弥漫着白色的烟气。经询问知情人，当时罐内液面高6.1 m，内有液化气237 t。在周围不足100 m^2范围内，共有5个1 000 m^3容积的液化气储罐，如果通明火或静电，将引发连锁爆炸，整个厂区便会被夷为平地，现

场的消防官兵、厂内技术人员将面临严重的生命危险，且周边的村庄群众将遭受灭顶之灾，后果不堪设想。

在紧急情况面前，有关部门果断采取措施：在储罐外围 3 km 范围内设置警戒区域，禁止人员、车辆通行。使用开花水枪对泄漏处进行稀释，防止有毒气体扩散或达到爆炸浓度。利用厂内设施实施倒罐。同时，打开罐顶的放空阀减压。指战员们冒着随时可能发生爆炸的危险，坚持战斗在最前沿。水枪阵地的官兵连续 5 个小时站在没膝深冰冷刺骨的水中近距离对泄漏处实施稀释。

“封锁分离厂周边地区所有街道，周围地区居民迅速撤离。”赶到现场的指挥人员下达了疏散命令。以分离厂为中心，从葫芦岛市龙湾大街开始，消防战士在当地公安民警的配合下设立封锁线，禁止所有车辆和人员进出。与此同时，葫芦岛市消防支队向葫芦岛市政府、市公安局和辽宁省消防总队汇报事故的严重性。11 时 16 分，接到报告的葫芦岛常务副市长、副市长及随后赶来的辽宁省消防总队领导亲临一线指挥。

由于漏气的储气罐周围还有 7 个装满石油的储油罐，为了保证人员安全，消防队员先在厂墙西侧用消防车上的两门水炮将水流射向漏气的罐子，降低泄漏气体的浓度。消防员一共设立 5 个水枪阵地，一个水炮阵地向罐体喷水，稀释泄露的液化气，并且进行堵漏。在距离现场方圆两公里范围内建立警戒线，严防火源。

罐内大约有液化气 42 t，液压 3.3 个大气压。扑救中又有大量液化石油气泄出。针对此情况，现场指挥部决定扩大警戒范围，以防止随时可能发生的爆炸。葫芦岛市公安局 300 多名民警立即行动，将警戒线范围扩大。如果泄漏出来的液化石油气如果爆炸，就会产生连锁爆炸，并列的 5 个液化气罐都会爆炸，这 5 个液化气罐一共装有 5 000 m^3 的液化石油气，如果爆炸，其爆炸力相当于一万多吨 TNT 炸药的威力，整个南声岛市新城区都将受到严重损害。

3. 消防人员冒死抢险堵漏

液化石油气在气化时吸收大量的热量，所以泄出点温度急剧下降，喷出的水在泄漏点的金属管附近冻结成了厚厚的冰。因为结冰，所以液化气泄出量明显减少。然而，下午 2 时 40 分，泄漏点冻结的冰突然脱落，泄漏点的管口又“刺刺”地冒出白气，液化气又开始大量泄出。指挥员决定用木头楔子堵塞泄漏的管口。

消防战士身穿防化服和呼吸器，顶着冒出的液化气冲了上去。这时只要有一点火星，泄漏出来的液化气就可能发生爆炸。虽然战士们穿的都是防静电的衣服，但危险来自液化气本身。液化气一般都含有杂质，这些杂质在喷出泄漏管口时，可能因为摩擦产生静电火花引发爆炸。

泄漏液化气的管口温度在－50℃左右，由于泄出的液化气压力过大，第一次用木楔堵漏没能成功。储气罐周围防护沟的积水已齐腰深，消防战士站在凉水里，第二次用木头向里顶也没成功，消防人员只好手持木头楔子，用铜锤向里钉。消防战士手上戴着皮手套，一挨上泄出点附近的金属，手套立即被冻得像铁片一样，消防战士将手套上的冰磕掉以后再干，16时06分，泄漏点终于被彻底堵住。

这起事故的发生，是由于违章作业造成的。当日，液化气分离厂发现一个阀门前的压力表出现故障，工作人员更换压力表，向下拧表时，压力表管被拧断，导致液化气泄漏。对于进行这样的操作，应将罐内液化气放净，然后充装进惰性气体，才能进行操作。否则，就有可能发生液化气泄漏事故。

三、某化工厂氯气泄漏事故应急救援事例分析

2006年10月22日，某化工厂液氯中间槽液下泵排污管发生一起爆裂事件，排污管盲板被崩开，造成约0.3 t氯气泄漏。事件发生后，由于现场应急措施处理正确，应急处置及时，使事件在初期就得到了有效控制，避免了事态进一步扩大恶化，确保了与中间槽相连的4.6 t液氯没有泄漏，没有造成人员群体伤害，也没有造成环境污染。

1. 现场应急处置过程

10月22日7时45分，该化工厂氯碱车间正在交接班，液氯岗位带班组长曹某在现场交接班结束时，在返回岗位操作室途中突然听到异常响声，并看到液氯中间槽有氯气溢出。曹某紧急关停了液氯液下泵后，冲向岗位操作室立即佩戴好防毒面具到液氯中间槽现场查看，发现液氯中间槽地坑冒氯气，因烟雾较浓具体泄漏位置难以判断，曹某迅速返回岗位操作室告诉当班的其他两人做好个人防护和应急准备，并立即打电话将现场情况报告中央控制室。随后曹某和其他两名当班人员，严格按照氯气应急处置措施的要求，佩戴好防毒面具，携带应急救援器材，再次来到事发现场，紧急切断了2号液氯受槽通往中间槽的出口阀和与中间槽相连接的其他所有阀门，切断了氯气泄漏出口，以最快速度切断了与1号中间槽相连的其他设备，将4.6 t液氯封存于1号中间槽内，防止发生大规模的氯气泄漏。

7时47分，中央控制室接到液氯岗位报告后，立即将现场情况汇报厂调度室，并按照程序组织全系统紧急停车。由于液氯岗位作业人员少、作业区域内氯气浓度较高，中央控制室紧急调用氯气库、合成、氯气处理岗位人员佩戴正压式空气呼吸器紧急支援液氯岗位，先后有5名其他岗位员工佩戴防护用品迅速赶到液氯岗位集合。

与此同时，厂安全纠察队会同液氯岗位的女职工立即封闭了氯碱生产区域的各个路口，将正在上下班高峰期的人流阻挡在事件区域外，严防群体性人员中毒事件的发生。

2. 企业应急救援过程

7时45分，厂调度室接到氯碱主控室报告，立即启动氯气泄漏应急预案，命令氯碱主控室各岗位，紧急查明事发原因及程度。随即通知10号变电所16型电解、30型电解降电流停车，同时将情况汇报厂长和有关部门，并命令氯碱车间主任迅速到现场组织抢险。

10 min之内，厂长、车间主任、厂级值班员均先后赶到现场，根据已掌握的情况，初步判断液氯岗位中间槽液下泵管连接垫子冲开。厂长下达了立即启动氯气泄漏抢险应急预案的指示，明确抢险方案，要求应急救援组织做好人员疏散、撤离工作，确保周围人员安全；厂调度室将发生氯气泄漏的情况和现场风向方向及时向公司总调度室汇报，请求公司总调度室通知周边单位做好防护及撤离准备；通知公司抢险救援中心抢险救援队伍和职工医院做好救护准备，同时通知周边岗位和车间清查岗位人员和现场施工人员，组织撤离；要求一硫酸车间配合厂督察队警戒通往氯碱生产区的各个路口。

氯碱车间主任组织抢险队员分组轮流进行堵漏，液氯岗位开启抽空氯气泵，对中间槽进行抽空，将废气排入碱吸收系统。由于1号液氯受槽有4.6 t液氯，爆裂的原因不明，如果启动碱液喷淋，剧烈的化学反应放热会危及受槽内的4.6 t液氯，可能造成更严重的后果。这时公司抢险救援中心抢险救援队到达现场后，抢险指挥部决定暂不实施水幕喷淋，消防车在现场待命，密切关注周围情况，应对再次出现异常情况的可能。经过奋力抢险，到8时15分，泄漏氯气已经完全控制，地坑内残留的除氯化物外，液氯基本上气化扩散。

在整个应急处置过程中，车间当班男同志组织抢险堵漏，女同志组织戒严疏散；厂值班人员和安全纠察人员都参与了现场的指挥、周边人员的疏散以及道路的戒严；厂、车间及各科室负责人及相关人员于8时前后都赶到了现场和相应的岗位组织抢险，检查疏散周围人员。公司总调、安全环保部、生产部等领导也相继赶到出事现场。各级人员按照化工厂安全操作规程、氯气泄漏应急抢险救援预案和公司氯气泄漏应急抢险救援的程序进行。安全环保部环境监测人员对泄漏现场进行监测，结果表明此次氯气泄漏事件基本上未对环境造成影响。

3. 事故原因分析

（1）液氯系统用的是两台液氯液下泵（一开一备），本次事件发生在2号泵。事件发生前9个月该厂对2号液下泵中间槽进行了清洗处理，对2号液下泵进行了检修，至事件发生时2号中间槽液下泵总计运行了23天，调查分析认为是在备用期间出现了氯化物堵塞和三氯化氮富集。

（2）根据现场的情况调查和岗位记录，当时岗位人员没有进行任何操作。出现爆裂的2号中间槽是处于备用状态，里面总共约有0.3 t液氯，上部用氮气密封。事件发生后，紧固排污管盲板的4条12 mm螺栓，其中1条断裂、3条的螺纹剥平，盲板已完全脱离。根据能量和排除物的分析判断，直接原因是排污管道内富集的三氯化氮引起爆炸。整个系统的气相压力没有变化，原因可能是由于三氯化氮只是局部富集在排污管端口，爆炸时，中间槽的空间较大，液相部分的压力变化没有传递到上部的气相部分。

（3）为了解决气化器和液氯受槽底部三氯化氮富集对氯碱系统安全生产的影响，根据国内外氯碱行业对解决气化器三氯化氮富集问题的通用做法，该厂将气化器提压送氯改为LSY多级液下泵提压送氯，并加强了盐水中无机铵和总铵的检测分析，以及液氯中三氯化氮含量分析。一般不应该出现三氯化氮富集的问题，但经对2号中间槽排放管内残留物取样分析三氯化氮含量为0.75 g/L，证明液泵中存在有三氯化氮。

（4）调查中发现1号和2号中间槽存在设计缺陷，与液下泵厂家提供的条件图对比，其底部DN40的排污管道过长，留下了三氯化氮富集的空间，并且没有设计排污的装置和排污的去向，只考虑在检修和检测中对罐体用碱液进行清洗，打开盲板放净残留物。泵在备用过程中，要浸润在液氯中，但是随着中间槽液氯的自然气化，排污管内的三氯化氮会不断富集，三氯化氮在气体中的体积百分比达到5%～6%时就会有爆炸的可能，排污管内三氯化氮富集到一定浓度会引起爆炸。

综合以上调查分析，事件的直接原因是三氯化氮在排污管富集引起爆炸，并且现场三氯化氮富集的条件存在，所以这次事件的发生是必然的。

4. 应急救援成功经验

总结这次氯气泄漏事件救援成功经验主要表现在五个方面：

（1）建立了完善的应急救援体系

该公司有综合应急预案，该厂有氯气泄漏应急抢险救援专项预案。专项应急预案明确了救援程序和具体的应急救援措施，对事故类型和危害程度分析、应急处置基本原则、组织机构及职责、预防与预警、信息报告程序、应急处置、应急物资与装备保障部分阐述清楚。

（2）重视日常培训和演练，积累了丰富的实战经验

通过培训和演练，让响应人员熟悉自己的任务，具备相应技能，熟练掌握应急程序，并通过实战检验，做到迅速反应、处置正确。事故发生后，各级生产指挥调度系统信息沟通顺畅，各级人员分工明确、责任到位、措施得当、处置及时，使事件在短时间内得到有效控制。

（3）指挥有方、施救方案正确

由于1号液氯受槽有4.6 t液氯，爆裂的原因不明，如果启动碱液喷淋，剧烈的化学反应放热会危及受槽内的4.6 t液氯，可能造成更严重的后果。抢险指挥部制定了不实施水幕

喷淋的抢险方案，而采用密切关注事态发展，随时应对出现异常情况的方案是完全正确的。

(4) 一方有难八方支援，外部救援力量调配迅速

事故发生后，各岗位人员、管理人员在做好个人防护的同时，按照预案要求进行有序的救灾支援。公司抢险救援中心抢险救援队伍和职工医院随时随地做好救护准备。

(5) 该厂安全基础管理扎实，安全管理制度和安全操作规程健全、全员安全认识到位。在紧急情况下，应对重大灾害反应迅速、组织有力、科学施救。

第三节　道路运输事故应急救援事例分析

道路交通的主要作用是运输，包括人员与物资的运输。道路运输是综合运输体系中的一个组成部分，就目前发展情况来看，道路运输的作用和地位已经越来越重要，完成的客运量、旅客周转量、货运量多年以来已居几种运输方式之首，为国民经济的发展和满足人民生活需要做出了巨大贡献，同时道路运输也是高风险的行业，每年死伤人数惊人，安全问题日益突出。道路交通事故发生后，特别是重大事故发生后，能否及时采取措施应急救援，对于保证人员和物资的安全十分重要。

一、济宁中银电化公司电石运输车火灾应急救援事例分析

1. 事故的发生

2005 年 9 月 29 日，天空下起一阵蒙蒙细雨，10 时 18 分左右，在济宁中银电化有限公司调度中心的调度员听到一声沉闷的爆炸响声，随后接到护卫队人员的报告：一辆山西运送电石的车辆在电化路上发生爆鸣并着火。该公司调度马上启动《厂外停放电石重车爆燃事故预案》，组织人员进行救援。

2. 电石的物化特性

电石的化学名为碳化钙，工业电石因含杂质多为灰黑色，遇水发生化学反应生成乙炔和氢氧化钙，生成的乙炔在空气中遇火花易燃烧，浓度在爆炸范围内极易发生空间爆炸。因工业电石中含有其他杂质，与水反应生成乙炔的同时还生成磷化氢、硫化氢等有毒物质，所以生成的气体有臭味，在空气中也易与空气中的水蒸气反应而粉化。

在危险化学品分类中，电石属一级遇水易燃品，在电石的生产、运输、储存等环节中，严禁雨淋、水浸、受潮。当发生火灾时也不能用水、泡沫灭火剂或四氯化碳灭火剂（四氯

化碳与乙炔反应生成爆炸性物质氯乙炔、二氯乙炔），只能用干沙、干粉灭火剂、二氧化碳灭火剂或用氮气灭火。

3. 应急救援经过

济宁中银电化有限公司是一家十分注重安全管理的企业，始终坚持“安全第一，预防为主”，把“安全”放在生产的第一位，为了预防各种事故，该公司制定了各种事故应急救援预案，并有针对性地进行实战演练。《厂外停放电石重车爆燃事故预案》就是该公司根据实际情况制定的社会救援预案。此预案对预案的职责、工作程序、电石重车爆燃事故的启动和内容都作了详细规定。

该公司生产调度接到报告后，紧急从各生产岗位抽调部分人员，携带干粉灭火器赶往现场协助灭火（根据事故预案，如事故险情严重，应立刻拨打火警电话“119”，请求消防指挥中心派消防人员来支援。因事故在能控制的范围内，该公司未拨打“119”）。该公司领导也十分重视，知道情况后赶往现场组织救援抢险。公司巡检调度赶到现场后，视具体情况，马上安排将着火的电石车开往安全空旷地段，当电石车到达预定位置后，首先组织护卫队人员对现场实施交通管制，以防危险扩大。接着马上组织人员用干粉灭火器对电石车进行灭火。为确保人员安全，该公司领导还调用公司铲车到现场协助救援。当火扑灭后，又组织人员将电石运至能避雨和通风的安全场所，并安排人员看守，以防电石再次着火。

4. 应急救援分析

事故发生后，由于该公司快速反应，及时启动事故救援预案，并科学决策，果断地快速处理，避免了事故的恶化，使事故得到了成功的救援。总结这次应急救援，主要体现这样几个特点：

（1）快速反应

该公司调度中心接到事故报警后，作出的反应及时、准确、快速，为救援工作争取了时间。

（2）科学的预案

由于该公司已有预案，且预案相对比较完善，为救援提供了重要参考方法和措施，使在处理事故时有章可循、有条不紊、科学合理。

（3）果断处理

当事故发生后，该公司领导和当班调度及时赶到现场，敢于果断下命令，应急预案得到了较好的实施，为成功救援起了决定性作用。

5. 应急救援几点体会

（1）应加强危化品的安全管理宣传教育，加强危化品生产、运输、储存、使用等各个环节的管理，防患于未然；加强对从事危化品工作的相关人员的教育培训，对违反者必须严惩，从源头避免事故的发生是根本。

（2）对各个环节应建立预案。有了针对性的各个环节的预案，这样在任何一个环节对发生事故处理时就能有章可循，处理事故才能做到科学、果断、快速。济宁中银电化公司成功的应急救援就证明了这一点。

（3）实战性的联合演练是基础。济宁中银电化公司建立各种事故预案，建立预案的同时，还有针对性地进行了实战性联合演练，在处理这场事故时就是因为有实战经验，在处理问题时突出了快、准、稳，把事故处理得快速、及时。

二、液化气运输车罐体损坏泄漏事故应急处置事例分析

2005 年 6 月 15 日 17 时 40 分左右，西安天力危险品运输公司一辆载重 15 t 的油罐车，从咸阳运输液化气行驶至陇海铁路线杨凌西农路立交桥时，因车体超高卡于立交桥下，罐体顶部安全阀损坏，导致液化气体大量外泄。

1. 事故应急救援情况

陇海铁路杨凌段有两座立交桥，西农路立交桥是高度较低的一座，过去曾发生过车辆被卡的事件，另一座立交桥较高，一般车辆通过都无障碍。据警方介绍，事故发生时，肇事车辆前面的引导车顺利通过立交桥，肇事司机以为所驾车也能通过，结果被卡。幸运的是，液化气泄漏后的一段时间内铁路桥上没有火车通过，否则后果不堪设想。

接到报警后，杨凌示范区公安、消防、交警等部门第一时间赶到现场，杨凌示范区管委会迅速成立抢险指挥部，采取紧急措施：通知铁路部门将陇海铁路上行驶的火车暂停于 5 km 之外；立即疏散了出事地点周围 1 km 内的万余居民；封闭了所有通往出事地点的路口，防止行人、车辆通过；切断出事地点周围 1 km 内的所有电源，关闭天然气管道，并通知医院随时做好抢救准备；消防战士向出事地点喷水，防止出事车辆发生闪爆。

2. 应急救援措施

发生事故后，司机惊慌失措，发动机也没有熄火就离开了现场，后被当地警方控制。专家们赶到事故现场后，发现汽车被卡到那里，液化气还在泄漏。由于液化气密度大，泄漏后气体全沉到地面上。车卡的地方刚好是一个低洼地带，靠近地面的全是液化气，抢险难度很大。

两名专家和两名消防官兵冒着生命危险深入到液化气槽车泄漏位置，勘查泄漏点破损情况及气罐呼吸阀受损程度，评估气罐的压力，为抢险方案的尽快确定提供了重要依据。

事故抢险指挥部根据专家建议确定了救援方案：首先派人把汽车电源切断，向排出的液化气喷水，稀释液化气浓度；把汽车轮胎气压降下来，降低整车高度；拆掉桥上限高栏工字钢；万一不行只能采取危险的倒罐方法。抢险中，汽车轮胎气压降下后，高度下降了十几厘米，但工字钢一直取不下来，最后决定只能把事故车拖出来。因找不到麻绳，最终只能用钢丝绳拖车。专家要求必须用橡胶把钢丝绳包起来，在拖车过程中还不断用高压水枪对着钢丝绳喷水，以防止产生火花。车拖出来后，即进行倒罐。16 日 4 时 20 分，险情基本排除。整个抢险过程没有发生人员伤亡。

16 日 4 时 15 分，肇事车被安全拖出陇海铁路线杨凌西农路立交桥。4 时 40 分，中断近 11 个小时的陇海线恢复通车，被疏散的 1.2 万多名居民陆续返回家中。

3. 成功抢险的原因

杨凌液化气抢险结束后，6 月 16 日陕西省安委会办公室即向全省发出了《关于"6·15"石油液化气泄漏事故抢险工作情况的通报》，对参与抢险的相关单位和个人进行表彰。

事故发生后，杨凌示范区管委会立即启动特大安全事故应急救援预案，疏散人员，实施交通特别管制，电力部门采取停电措施，陇海铁路咸阳段中断行车，控制了险情的进一步扩大。

两名专家不顾生命危险，深入到液化气槽车泄漏位置勘查，为抢险方案的尽快确定提供了重要的依据。

省消防总队调遣消防队伍和近百名消防官兵赶赴事故现场，为抢险工作取得成功起到了决定性作用。

长庆油田分公司、省天然气有限责任公司、西安市天然气公司等在接到省安全监管局的援助请求后，行动迅速，派出了最优秀的技术专家和抢修队伍，为抢险工作提供了有力的支持。

为此，陕西省安委会办公室决定对两名专家和参战的所有消防官兵、公安干警在这次抢险工作中的出色表现予以通报表扬；对参加抢险的省消防总队、杨凌示范区管委会、长庆油田分公司、省天然气有限责任公司、西安市天然气公司等给予通报表彰。

三、运输溶剂油车辆相撞溶剂油泄漏应急救援事例分析

2005 年 4 月 15 日下午，一辆车牌号为闽 C40353 的运煤车和一辆车牌号为闽 A07967 的 10 t 油罐车相撞，溶剂油泄漏满地，大爆炸一触即发。消防官兵在当地交警等有关部门的积极配合下，采取警戒、防护、堵漏、倒罐、转运措施，顽强奋战两个多小时，成功地实施救援，化险为夷。

1. 启动应急救援预案

当日 16 时 13 分左右，泉州市公安消防支队接警后，立即启动应急预案，迅速调派了泉州市丰泽区消防大队、特勤一中队、二中队三个消防队 12 辆消防车和 70 余名官兵赶赴现场进行抢险救援，并迅速联合交警等有关部门成立了现场指挥部。

指挥部经研究迅速将现场救援人员分成三组，第一组由丰泽区消防大队（一部）和特勤二中队组成，负责协同交警警戒和疏散附近群众，隔离一切火源，防止车辆和无关人员进入现场，并命令进入现场的救援人员关掉手机；第二组官兵架设两支泡沫水枪，向油罐和地面喷射泡沫，覆盖流淌的溶剂油，以防止产生火花引燃油蒸气；第三组由丰泽区消防大队（一部）和特勤一中队组成，利用堵漏工具实施堵漏。

2. 紧急堵漏

消防官兵到现场时，油罐车的左侧车身破了一个洞，大量的溶剂油正往外喷。第一组消防队员立即弄来了几个大水桶，不久即装满了五六桶泄漏出的溶剂油。看见靠近事故车的路上流淌着大量的油，路边的小沟也满是油，几名消防队员急忙铲土将河沟堵住，防止溶剂油往下游流淌污染环境。

同时，第二组消防人员将油罐车左侧车轮垫高，避免溶剂油大量外泄。随后，消防队员对缺口进行堵漏。一名消防队员拿着裹着毛巾的木塞小心翼翼地塞向缺口，用锤子砸，经过多次努力，到 17 时 10 分，木塞终于将缺口堵住，溶剂油停止泄漏。此时，奋勇堵缺口的消防队员早已是满身油迹。

随着泡沫不停地喷射，油罐车逐渐冷却，情况初步得到控制，但危险还没有消除，当务之急就是将溶剂油卸走，将油罐车拖离现场。

3. 采取调车倒罐措施

正当现场指挥人员商讨调车事宜时，事故油罐车司机简师傅提醒，该公司有一辆开往晋江的空载油罐车会随后到来，可以进行倒油。17 时 52 分，这辆油罐车在交警的引导下，小心翼翼地与事故车辆并排停在一起。

吸油是一件危险程度很高的工作，稍有不慎，即可引发爆炸。为了防止发生意外，消防官兵再次对现场喷洒了泡沫。几分钟后，两辆油罐车的四周堆积起约有 5 mm 厚的泡沫。现场工作人员将接口接上事故车辆的油罐，打开事故车辆的阀门，接着开始将里面的油吸到另外一辆油罐车里。

吸油工作进展很顺利，18 时 30 分，事故油罐车的油已经大部分换到另一辆车里，消防队员开始用水稀释路上的氟蛋白泡沫液，清洗路面。

4. 危险施救

本次抢救行动，消防部门出动了 12 辆消防车，由于消防水罐车在灭危化品火灾中不能派上用场，现场唯一的一辆丰泽区消防大队刚购买的泡沫消防车立了大功。

泉州市消防支队支队长介绍说，此次是用氟蛋白泡沫处理泄漏的溶剂油，因为泡沫具有流淌性，能够覆盖流淌出的油，使之与空气隔离，避免起火爆炸，但是氟蛋白泡沫有效覆盖时间只有十几分钟，消防人员需不停喷射。这种泡沫相当昂贵，每吨价格近万元，在这次抢险中估计用了近两吨泡沫。

据了解，这种溶剂油的燃点比汽油还低。溶剂油泄漏后，车辆就像个大炸弹。当天下午，泉州市气温升高，幸亏没有引起爆炸，否则后果不堪设想。

第四节　火灾事故应急救援事例分析

火灾是指失去控制并对财物和人身造成损害的燃烧现象。水火无情，一把火可以使人们辛勤劳动创造的财富，顷刻之间化为灰烬；一把火可以将活生生的生命吞噬，让青春梦想荡然无存，让亲人痛苦悲伤。因此，必须认真对待火灾，严加防范。此外，火灾事故发生后，往往由于人们缺乏相应的逃生知识与急救知识，造成不应有的伤亡，所以应该了解和掌握火灾时的安全疏散和逃生知识，提高自救能力。同时，还需要加强对火灾事故的应急处置，面对火灾不要惊慌失措，积极配合消防人员做好火灾扑救工作。

一、乌鲁木齐富丽华大酒店火灾发生后应急救援事例分析

新疆乌鲁木齐富丽华大酒店前身是津京美食娱乐有限公司，现有近 1 000 名员工。公司本着以人为本的发展战略，依托边城，立足企业，辐射全疆，开发连锁化，规模化经营。公司在发展过程中，取得了良好的经济效益和社会效益。

2005 年 4 月 26 日凌晨 2 时 30 分，19 层高的三星级涉外酒店——富丽华大酒店里，有的客人已入睡，大部分客人在 16、17 两层 KTV 包厢内娱乐，不料一场大火突袭而至。在这生死关头，富丽华大酒店的员工迅速启动应急预案，按照平时掌握的疏散逃生技能，积极引导客人疏散。结果，在短短 8 min 内，将 376 名客人安全疏散，无人员伤亡，火灾损失降到了最低限度。

乌鲁木齐富丽华大酒店火灾发生后应急救援的做法主要是：

1. 深夜突袭来的火灾

富丽华大酒店由于地理位置优越，“五一”黄金周临近前，来自国内外的游客争相入住，酒店内的歌舞厅、夜总会也是常常座无虚席。

4月26日凌晨2时30分，酒店外墙冒出的一道火光划破了夜色，酒店楼体东南角外侧突然失火（现已查明是酒店某室内遗留火种沿窗掉落，引燃酒店大楼外墙装饰的铝塑板与建筑墙面夹缝内的杂物而引发）。火势从6层迅速蔓延到19层，人员集中的6层至14层客房和16、17层夜总会、歌舞厅等部位片刻间被熊熊大火包围。熟睡中的客人被刺鼻的浓烟呛醒，正在歌舞厅、KTV包厢内娱乐的客人面对突如其来的灾祸惊慌失措，一时间，大楼内呼救声、惊叫声、哭喊声连成一片！加之整幢大楼忽然停电，漆黑一片，慌乱的人群顺着消防应急指示灯光，摸索着拥堵到安全出口，整个楼道都被焦躁的人群挤得水泄不通。

2. 采取紧急转移救人方案

据介绍，当时较早发现火情的是富丽华大酒店保安部王经理。当时他正在酒店门前维持车辆秩序，抬头看到酒店6层外沿有火光冒出，便立即拨打“119”报警，并用对讲机向酒店领导和消防控制中心报告，随即快速跑到酒店内组织疏散人群和灭火。

酒店消防控制中心闻讯后，立即启动平时早已制定好的火灾应急疏散预案，打开消防广播，迅速通知各部门、各楼层立即采取救助措施，并通过广播稳定顾客的情绪，讲解逃生自救方法，请客人配合酒店员工有秩序地逃生。很快，酒店当日值班领导赶到消防控制中心，按照预案下达救人灭火指令。

客房部领班按照疏散救人预案，召集在18、19层的全体服务员，分成两组从14层往下开始疏散顾客。酒店工作人员用扩音器告诉拥挤在楼道内的客人，打湿衣物或毛巾捂住口鼻，有秩序地跟随服务员从两侧的疏散楼梯向楼下疏散。服务员嘴里不停地大声喊话：“请大家跟我来，不要慌……”领班带着值班服务员每人手拿电筒和粉笔，逐个房间敲门搜索有无顾客被困在客房内，每打开一个房间确定无人后，服务员就用白色粉笔在门上画一个勾，以防重复搜救耽误时间。在1317号房间，连敲了几次门都没有回应，她赶紧用备用钥匙打开房门，发现里面一位外宾因饮酒过量还在昏睡，便立即与服务员抬起这名外宾就往安全出口走，直到将其安全救出。

富丽华大酒店16层和17层夜总会内共有34个包厢，发生火灾时，正值娱乐消费的高峰期，里面有200多名顾客被困。娱乐部总监为避免顾客混乱，将每个包厢的服务员集合到一起分配任务，要求他们免收当晚所有的消费款，按照应急预案履行职责，带领本包厢的顾客沿安全通道疏散。一些包厢内的客人害怕楼内火势大不敢离开包厢，服务员们就耐心地向他们讲解楼体结构和逃生常识，最终将客人们全部安全带出。

酒店6层以下的人员在发生火灾后都已自行逃出，6层至19层内的被因人员也相继疏散到一楼大厅。由于酒店大厅出口安装的是旋转门，无法满足大量客人同时通过的需要，许多人被堵在了大厅。酒店工作人员将疏散下来的客人排成队，由两名工作人员手动操作旋转门，有条不紊地逐个将客人送出楼外。酒店门外的门卫对疏散出来的客人逐一进行登记，再对照原先的入住记录查询有无漏救者。

凌晨2时38分，富丽华大酒店内的376名客人全部疏散到安全地带。

3. 内外搞合击灭火

本着“先救人、后灭火”的战术原则，酒店保安部王经理和工程部主管带领单位义务消防队及技术人员在疏散救人的同时，迅速组成了灭火组扑救初期火灾。他们启动酒店内的自动喷淋系统和防排烟系统，打开防火卷帘门，加大室内消火栓压力。王经理带领义务消防队员负责实施灭火，他们利用室内消火栓的2支水枪堵截火势，用强大的水压将楼体上的燃烧物击落。王经理的胳膊和胸部不慎被砸伤，保安员的眼睛和眉毛也被飞溅下的火星烧伤，剧烈的疼痛阵阵袭来，但他们没有丝毫退缩，仍咬紧牙关坚持战斗，并且又分别在10层和19层楼顶进行扑救，以防火势蔓延。

凌晨2时42分，乌鲁木齐市消防二中队接到消防指挥中心命令后，迅速出动7辆消防车、30名指战员赶赴现场救援。同时，当地消防部门在现场成立火场指挥部，调集更多的消防人员前来增援，并与交通、医疗、供电、供水等部门取得联系，请求他们可协助作战。15 min内，乌鲁木齐市近半数消防官兵会战富丽华大酒店，在酒店员工的配合下全面搜索有无被困者；同时，掩护酒店义务消防队员撤离火场，利用上下、内外合击的战术扑救火灾。

3时25分，在酒店火灾发生55 min后，大火被彻底扑灭。据统计，这次高层建筑火灾中，酒店共救出376人，无一人伤亡。

4. 平时员工练硬功，关键时刻起作用

高层建筑和人员密集场所一旦发生火灾，极易形成立体燃烧，蔓延迅速，历来是人员疏散和火灾扑救的难点。富丽华大酒店为何能在这起火灾中最大限度地降低了损失？这不得不归因这家企业平时在消防工作的重视。

据了解，富丽华大酒店是乌鲁木齐市消防安全重点单位之一，当地消防部门指导酒店建立健全了各项消防安全管理制度，制定了详细的火灾应急疏散预案。就在酒店发生火灾前一个月，酒店还组织员工对应急预案进行了演练。

在消防部门的指导下，该酒店逐步树立了单位消防安全责任主体意识，将消防安全作为酒店经营管理的一项重要工作来抓，先后投资200多万元完善了酒店内的消防报警系统

和消防设备。

火灾发生后，酒店各岗位人员能迅速反应，疏散被困顾客有序逃生，并及时利用酒店内部的消防设施扑救初期火灾。这既得益于平时的演练，也得益于酒店内部消防设施的日常维护保养。

此外，酒店还建立了全员消防安全培训制度，层层签订了消防安全责任书，坚持新招员工必须经消防安全培训合格才能录用，自动消防设施操作人员必须经消防部门进行专业培训，并取得专业上岗证才可聘用。酒店内的保安和义务消防队员，有80%以上都是复员军人，其中多数都是退役的消防战士。酒店还制定了严格的消防安全奖惩措施，将消防安全与全体员工的工资待遇挂钩，充分调动了员工做好消防安全工作的积极性。

二、南京钢铁公司煤气管道火灾事故应急救援事例分析

南京钢铁联合有限公司是南京钢铁集团有限公司与上海复星集团下属的3家公司共同合资成立的江苏省特大型钢铁企业，地处南京市沿江工业开发区。

1. 企业基本情况

南钢公司是集采选矿、钢铁冶炼、钢材轧制为一体的冶金企业，公司本部分新、老两个生产区域。新区拥有一条现代化的宽中厚板（卷）生产线及其配套设施，主要设备包括两座55孔焦炉和一座60孔焦炉、一台180 m^2烧结机和一台360 m^2烧结机、一座2 000 m^3高炉和一座2 550 m^3高炉、两座120 t转炉、一台宽板坯连铸机和一套宽中厚板（卷）轧机。其中轧钢生产线集成了当今世界最先进的生产工艺和技术，采用了先进的生产管理手段，其工艺装备和产品档次均达到国际一流水平。目前南钢产能已达到650万t钢。公司产品涵盖中板、螺纹钢、高等级管线钢板、高强度高等级造船板、低合金高强度结构板、桥梁用板、锅炉用板、压力容器用板、工程机械用板、优质碳素结构钢板等。公司先后多次荣获“全国质量效益型企业”“全国用户满意企业”等荣誉称号。

2. 事故原因

2000年11月24日夜，南钢公司厂区大雾弥漫。22时30分左右，炼铁车间4号炉煤气管道突然吐出火舌，烈火熊熊。4号炉上空，高压煤气喷出四五米高的蓝色火焰，并发出“呼呼”的响声，形势极为惊险。在南钢厂区，煤气管道纵横密布，大火若得不到控制，便可能导致煤气罐爆炸，后果不堪设想。

发生爆燃的煤气管道，是南钢公司的焦炉煤气管道。事故发生时，南钢3名检修工正在对该段管道进行维护检查，不料煤气管道接口阀门处突然发生爆燃。面对突如其来的烈

焰袭击，3名检修工猝不及防，被灼伤后从高处坠落下来，被现场人员送往医院救治，其中一人伤势较重，但无生命危险。

火灾事故发生后，南钢公司领导及本厂消防队员迅速赶到现场扑救，但火势太猛、火情复杂，大火难以有效控制。于是迅速报警，请求支援。南京市消防支队接警后，调集各消防中队前往支援。

3. 应急救援过程

23时30分，浦口中队2辆消防车、18名消防战士，接警后20 min即赶到了事故现场；其后，扬子石化消防队、高新消防队、特勤消防队等消防队伍先后赶到，参与抢险。南京消防支队的领导亲临现场指挥灭火。南京共有7个公安、工企专业消防队、28辆消防车、140多名消防战士奋战在南钢灭火第一线。

在事故现场，100余米长的路上，10余辆消防车拖着长长的水管，从各处的消防栓取水。消防战士持着高压水枪，对准火舌及周围的煤气管喷射。在2个多小时的时间内，10余支消防水枪，一刻不停地对着火焰和周围的煤气管喷射。消防水枪喷射的目的主要是冷却管道，防止温度过高发生爆炸。而在此时，扑灭大火的时机还没到，因为此时煤气管道内的压力太大，一旦火被扑灭，管道内的煤气就会喷射出来，弥漫整个现场，极易引发管外大爆炸。而且在目前的情况下，也不能一下切断管道输气阀门，因为若贸然切断阀门，煤气与明火就会发生回流，引起管内煤气爆炸，因此只有对管道气体逐步减压，并往管道内充入氮气以稀释可燃气体含量，待稳定燃烧时，才具备条件，发动最后总攻，将火魔降伏。

凌晨1时40分，灭火时机终于来到，火焰开始稳定燃烧，两台架着干粉灭火炮的消防车开到了火场中心区。

灭火方案开始实施，现场总指挥、南京市公安消防局局长向消防战士下达了用干粉炮灭火的命令，并嘱咐现场的消防队员，务必准备好湿毛巾和空气呼吸器，在干粉炮炸响后，捂住嘴阻止有害气体的侵袭。

1时53分，在数支水枪喷射的同时，两声沉闷的炮声响起，烈火迅即被压了下去。2 min后，刚才还不可一世的火魔在白色的粉尘中消失，浓烟腾起，迅速“淹没”了消防战士。

大火扑灭后，南京市煤气公司专业人员赶到现场，用仪器对现场可燃性气体含量进行测定，结果显示一切正常，属于安全值范围内，抢修人员迅速攀上煤气管道，进行紧急抢修。一场重大火灾事故得以消除，灭火战斗取得胜利。

三、山东日照变电站火灾事故应急救援事例分析

2000年12月11日，日照市50万伏变电站A相变压器发生火灾，日照市消防支队迅速调集5个消防队、14台消防车、80余名消防干警前往处置，经过参战消防干警的努力，大火于17时30分被扑灭。

1. 事故经过

12月11日15时21分，由于在变压器滤油过程中违章操作，电焊火花引燃了可燃材料，并进而引燃了变压器油，燃烧迅速扩大，在初起时未能得到及时控制。该站距最近消防队22 km。发生火灾后职工自行扑救未果。责任区中队接警赶到时，火灾已经发展到猛烈阶段。

变压器油猛烈燃烧，并有喷溅危险。着火的A相变压器内装有45 t左右25＃变压器油，这种油的组分是含18～22个碳的烷烃和10％的芳香烃的混合物，相对分子质量260左右，闪点高于140℃，属重油系列，起火之后热值高，燃烧猛烈，并分解成大量可燃气体，灭火时打入水分等还会喷溅，危险性大。

中心现场情况复杂，紧挨着火变压器西侧还有2个同类型变压器（B、C相，各装45 t变压器油），东侧、北侧不足10 m处有11个10 t变压器油油罐（大部分油已卸空），南侧数米即为变电站电缆管沟和高架线路。如果不能及时控制，火势无论向哪个方向蔓延，都会造成巨大损失甚至人员伤亡，后果将不堪设想。

2. 应急处置过程

日照市消防支队指挥中心接到报警后，立即调度责任区消防中队3台水罐（泡沫）消防车及20名消防官兵出警。随之，调度两个消防中队和两个企业（地方）消防支队、大队的11台消防车、60名消防干警增援。通知支队其他领导立即赶赴火场。

15时43分，支队值班员和消防一中队官兵同时到达火场。此时，A相变压器顶部南侧、底部北侧两个滤油操作阀门向外喷出大量变压器油，形成气体迅猛燃烧，变压器身及四周均被火海包围，黑烟冲上天空30余米、十几千米之外即可望见。同时，大火沿滤油操作管线向北侧蔓延，引燃滤油泵房，并有向西、向南蔓延危险，情况十分紧急，火势相当严重。根据先控制、后消灭的战术原则，在进行火情侦察后，一中队1号水罐消防车停靠变压器东北侧，出1支19 mm水枪扑救滤油泵房火灾，灭火后冷却北侧变压器油油罐；2号水罐消防车停靠变压器西北侧，出1支19 mm水枪冷却B相变压器；3号水罐消防车停靠变压器西南侧，出1支19 mm水枪冷却着火变压器。同时，为防止发生爆炸，组织变电

站职工全部撤出，并积极寻找水源，一面控制和冷却，一面急待增援。

16 时 5 分，第一批增援力量 1 台干粉消防车、两台水罐（泡沫）消防车到场，火场指挥部发出强攻灭火命令。消防二中队 1 台 4 t 干粉炮车停靠变压器西北侧，出干粉炮灭火，一中队 1 号水罐（泡沫）消防车停靠变压器东北侧，出 2 支 19 mm 泡沫管枪灭火，一中队 3 号水罐（泡沫）车继续停靠变压器西南侧，出 1 支 19 mm 泡沫管枪灭火，另 3 台水罐消防车负责，为 1 号消防车供水。调整位置后，16 时 15 分，第一次强攻开始，干粉、泡沫一起向火变压器打去，火势虽然变小，却迟迟未见熄灭。16 时 25 分，供水中断，泡沫停射，随后火场指挥员命令停止进攻，第一次强攻失败。

火场指挥员随即命令两台水罐消防车出水枪进行冷却，防止火势蔓延，其他消防车外出拉水供水，并等待增援。

16 时 50 分，后续增援力量 8 台消防车全部到齐，指挥部从企业调运的 4 t 泡沫液也已到位。此时火势非常猛烈，变压器顶部两个防爆泄压口、3 个高低压套管（瓷管）都先后爆裂，变压器油受高温作用，不断向外喷溅，不时有大火球冲上数十米高空。为了有效控制火势，迅速扑灭火灾，指挥部命令发起第二次强攻。根据火场估算，指挥部部署两台干粉消防炮车（6 t 干粉）停靠着火变压器北部东、西两侧，距变压器仅数米。同时，在着火变压器南北各部署两支 19 mm 泡沫管枪，并部署 9 台消防车接力供水。17 时 10 分，强攻打响，一时间干粉、泡沫铺天盖地打向着火变压器，上下合击，前后夹攻，经过约 20 min，大火被扑灭。

为了防止高温变压器油复燃，灭火后指挥部立即调整部署，命令部分消防官兵登上变压器顶部，出两支泡沫管枪沿防爆口不停地向内灌注泡沫，并将事故油池打开，使变压器油迅速排往油池。由于变压器内部铁芯的绝缘材料阴燃，不断有烟冒出，监控一直持续到 23 时。

整个灭火保护财产价值 2 000 余万元，使变电站免受更大损失。

第五节　其他事故应急救援事例分析

在现代化工业生产过程中，由于大量机械设备、电力设备、起重机械以及其他设备的使用，不可避免地存在着各种危险性，存在着发生人身伤害事故的可能。因此，坚持“安全第一，预防为主”的方针，积极做好各项预防工作，积极做好应急处置、应急救援工作，对于减少事故的发生，减轻事故造成的危害具有重要的意义。通过对应急处置、应急救援知识学习和事例分析，不仅能提高自身素质和技术水平，还能够提高预防事故的能力，从而保证安全，避免悲剧的发生。

一、宝成铁路 K165 次列车车厢坠河应急处置事例分析

2010 年 8 月 19 日，四川省广汉市境内发生 K165 次列车车厢坠河事件，无一人遇难。“零死亡”的背后，是铁路部门严格的安全应急制度、地方政府完备的救援网络，使得短短 20 余分钟内，千余名乘客在车厢坠河前撤离。随后的 3 个多小时内，所有乘客均被妥善转移安置。

1. 临危不乱，安全意识化为本能反应

8 月 19 日 15 时 15 分左右，一列西安至昆明的 K165 次列车运行到四川德阳至广汉间的石亭江大桥，这时，石亭江大桥突然因水害发生倾斜，两节车厢悬吊在河面之上，情况万分危急。

值乘这趟客车的是成都铁路局机车司机曹某。这位已安全行驶超过 50 万 km 的司机说：“在感觉到情况不对时，我立即采取了紧急停车措施，几乎是靠着身体本能反应作出的决定。”事后证明，正是他的这种“本能反应”，为千余名乘客，尤其是困在桥上的 8 节车厢中的 700 多名乘客赢得了“救命时间。”

参与现场救援的一位铁路工作人员心有余悸地告诉记者：“如果司机没有紧急刹车，列车将加大对钢轨和大桥的冲击力度，加剧大桥的不稳定性，甚至可能导致列车翻车。”

曹某身边有一本“司机手账”，上面清楚记载着发车前铁路部门的调度命令：18 日至 19 日有暴雨。他在上面写着应对计划：“执行汛期行车办法，防洪看守点及早呼叫。宁可错停，不可盲行，宁停勿撞。”

曹某将计划中的后一句称为“12 字方针”，他说：“对机车司机来说，这 12 个字就是安全的法宝。我们不仅每月都有针对安全行车的学习，一到汛期，还有应急演练和竞赛，司机人手一本《非正常情况下行车办法》和《汛期安全行车手册》，就是要让安全意识化为自己的本能反应，达不到要求是不能上车的。”

就在 2010 年 7 月，成都铁路局还专门组织了全局应急救援演练。每趟列车出乘时，调度员都要将线路上的天气、汛情和防洪措施通报给司乘人员。

曹某说：“因为事先已经获知了行车路线上在下暴雨，部分地段可能会涨水，所以我的脑子里就绷起一根弦，一感觉不对劲就马上刹车，如果再多考虑一两秒钟，真不知会发生什么事。”

2. 环环紧扣，千余人与死神赛跑

从 K165 次列车刹车，到两节车厢坠河，仅有 20 余分钟。正是机车司机、乘务人员的

密切合作，整个应急程序环环紧扣，为千余名乘客迅速有序地撤离提供了保障。

曹某讲："刹车后我立即通知了车后的运转车长，我们下车查看情况后认为必须马上疏散乘客，并将情况通知给了乘务组，乘务员立即开始组织撤离，中间没有任何停顿。"

K165 次列车出行前的应急演练也成为这次全部人员成功撤离的关键因素。列车长王某说："接到通知后，我们所有的乘务员都按照事先演练过的应急程序组织乘客紧急撤离。虽然大家都非常紧张，但脑子里有操作流程，没有耽误时间。我们先打开了其他车厢的车门让旅客下车，等到前几节车厢清空之后，我们马上赶到悬空的 14 号、15 号车厢。当确定所有乘客都下车后，乘务员们才离开。由于撤离及时、有序，乘客们对我们没有怨言。"

乘客邱某回忆起当时的情景仍很害怕："当时大家以为死定了，有的人哭喊着要往外跑，但乘务员告诉大家不要惊慌，在座位上不要乱动，他们会组织我们有序撤离。如果没有组织引导，大家很可能会挤成一团，最后导致谁也跑不掉。"

3. 网络健全，各路人马及时出动

这起列车车厢坠河事件中，地方政府建立的救援网络，使得救援人员迅速赶到现场，砸开车窗帮助乘客逃生。所有乘客随即被妥善转移安置，现场秩序井然。

广汉市公安局小汉派出所所长刘某等 8 名民警第一时间赶到大桥参与救援。事后讲："近段时间汛情严峻，小汉镇内有河流、桥梁，因此我们加大了出警力度。8 月 19 日 15 时许，我们正在石亭江的下游排除一处险情，得知有列车在大桥上遇险后，我们以最快速度赶到了现场。看到列车乘务员正在组织乘客撤离，我们也找了两把榔头冲上大桥，砸碎车窗玻璃往外拽乘客，并且分派人手将撤出来的乘客带到安全地带，维持现场秩序。"

广汉市小汉镇方碑村村民曾某是第一时间自发参与救援的当地村民之一。他说："由于汛情严峻，我们全镇每一个靠近河道的村都有村民防洪队。当天我们正在石亭江大桥边抢修一处防洪堤，亲眼看到桥上的列车出事了。"他讲："我们马上冲到桥上，捡起路基上的石头砸碎车窗玻璃，我记得我 1 个人就拽了 12 个人出来。当时的雨非常大，大桥不断晃动，等到所有人都出了车厢，还没完全走下桥，桥那头的 2 个桥墩就倒了，2 节悬空的车厢也掉下了河。如果再晚一点，后果就严重了。"广汉市副市长兼公安局局长唐某在指挥小汉派出所民警赶赴现场的同时，迅速启动了处置灾害事故一级应急响应预案，800 余名警员、消防战士赶往现场参与救援，疏导交通，40 多辆转移乘客的大巴车随后赶到。最终，地方政府、铁路部门和当地村民一起，妥善处置了这起突发事件。

二、陕西省电网雷击跳闸事故应急救援事例分析

2005 年 6 月 21 日，陕西全省持续高温，陕西电网负荷上涨较大，全网负荷达

6 250 MW。但由于系统出力不足、大机组故障、汉江来水偏枯等因素造成电网按错避峰预案控制负荷 800 MW，西电东送 700 MW，南庄线 500 MW。安康水电厂通过 330 kV 安柞Ⅰ线、安南Ⅱ线向关中地区输送 480 MW。21 日 15 时 54 分，由于局部恶劣天气，造成安南Ⅱ、安柞Ⅰ线相继故障跳闸，电网出现大量电力缺口，西北电网频率降至 49.69 Hz，主要联络线西电东送达到 1 190 MW、庄南线 790 MW、新马Ⅰ、Ⅱ线负荷 1 040 MW，均已超出动稳限制，电网面临随时发生断线、振荡解列、大面积停电和电网瓦解的危急情况。

事故发生后，西北电网有限公司和陕西省电力公司领导高度重视，亲临现场组织事故处理。陕西省电力公司按照《陕西省电力公司重特大生产安全事故预防与应急处理暂行规定》，立即启动《陕西省电力公司大面积停电应急预案》，在国调中心和西北网调的指挥和帮助下，采取果断措施进行紧急事故限电和事故拉路，共计 500 MW，并将西北送华中电力由 360 MW 降至 40 MW，快速恢复了电网稳定运行，将事故损失减少到最小程度，成功地化解了一起重大恶性事故。

1. 事故经过

6 月 21 日 15 时 54 分，330 kV 安南Ⅱ线两侧高频方向、闭锁保护动作，C 相开关跳闸，重合成功。20 s 后，安南Ⅱ线两侧高频方向、闭锁保护再次动作，C 相开关跳闸，重合失败。

15 时 55 分，330 kV 安柞Ⅰ线两侧高频方向保护动作，B 相开关跳闸，重合失败。

事故后西北电网频率降至 49.69 Hz，西电东送达到 1 190 MW，庄南线 790 MW，新马Ⅰ、Ⅱ线负荷 1 040 MW，均已超出动稳限制。同时，安康地区电网与系统解列，安康水电厂稳控装置动作切除 0 号机组，安康水电厂手动解列 2 号、4 号机组，岚河口水电厂稳控装置动作，切除运行机组 50 MW，安康地区电网低周减载切 34 MW。安康水电厂 1 号、3 号机组带安康地区电网孤网运行，最高频率达 53.20 Hz，负荷 110 MW。

16 时 50 分，灞桥电厂 #12 炉磨煤机跳闸，减负荷 100 MW。

2. 事故处理情况

事故发生后，采取了以下应急处置方式：

(1) 西北网调

事故发生后，立即令陕西省调限电 400 MW 负荷，同时增加未带满出力的电厂出力，控制相关联络线在稳定极限内。

15 时 59 分，令陕西省调根据陕南电网情况开启石泉水电厂备用机组，并协调甘肃省调增加直供陕西电网的碧口水电厂出力。

16 时 10 分，将事故简要情况汇报国调中心并请求事故支援。国调中心对此给予了大力支持，16 时 22 分将西北送华中电力由 360 MW 降至 40 MW。

17 时，令安康水电厂做好机组带线路零起升压的准备工作。18 时 3 分。安康水电厂将接线方式和线路保护定值调整莞毕。18 时 15 分，安康水电厂 4 号机组对安柞Ⅰ线零起升压正常。18 时 46 分，安柞Ⅰ线由柞水侧充电成功。18 时 54 分，安柞Ⅰ线同期并列，安康地区电与主网并列。

（2）陕西省调

15 时 57 分，令渭南、宝鸡、西安地调分别立即紧急限电 60 MW、100 MW、100 MW。

15 时 59 分，令蒲城电厂、秦岭二电厂紧急投油加出力 150 MW。

15 时 58 分，按照陕西电网紧急事故断电序位表，令 330 kV 南郊变将韦杜、韦蒲开关拉路。

16 时 6 分，令 220 kV 阎良变将阎东、阎三开关拉路。

16 时 10 分，令咸阳地调将陕柴变三云线、泾阳变 1 号、2 号主变、大杨变大礼线、武功变 2 号主变、贞元变 1 号、2 号主变、乾县变 1 号、2 号主变拉路。

16 时 15 分，令西安地调将三桥变、户县变、豁口变、阿房变、枣园变 10 kV 拉路；16 时 15 分，令渭南地调将兴镇变兴盖线、富平变 10 kV、南蔡变合王开关、大荔变大朝开关拉路。主要断面潮流控制在稳定限额内，陕西主网趋于稳定。

16 时 50 分，由于灞桥电厂 12 号炉磨煤机跳闸减负荷 100 MW，南庄线负荷再次超限达 560 MW。16 时 55 分，令渭南地调按事故Ⅰ轮拉路限电；17 时 4 分，令商洛地调紧急限电 30 MW；17 时 8 分，令渭南地调紧急限电 50 MW；17 时 20 分，令西安地调按事故Ⅰ轮拉路限电。

至此，陕西电网恢复稳定运行。

3. 事故恢复情况

18 时 20 分，安柞Ⅰ线零起升压正常。18 时 54 分，安柞Ⅰ线两侧转运行，安康地区电网与主网并列，陕西网逐步恢复本次事故所限负荷。西北送华中电力由 40 MW 升至 200 MW。

19 时 11 分，安康地区电网全部恢复低周减载所限负荷；19 时 28 分，除三桥变外，西安地区所限负荷恢复；23 时 40 分，西安、渭南、咸阳、宝鸡、商洛地调当日所限负荷全部恢复。

事故处理过程中陕西电网增加限电 500 MW。

22 日 8 时 21 分，南安Ⅱ线加运行。

4. 事故原因分析

事故后巡线人员迅速赶赴处于秦岭山区的故障地段。因为暴雨、冰雹和大风天气，故障点查找困难。经有关单位对线路反复查找，安南Ⅱ线 126 号塔（距安康水电厂 62.766 km）C 相小号侧右子线第 1、2、3 片绝缘子有雷击放电痕迹，安柞Ⅰ线 110 号塔（距安康水电厂 53.376 km）B 相连接金具和低压侧第 1 片绝缘子轻微烧伤痕迹。安南Ⅱ线跳闸原因为雷击，安柞Ⅰ线跳闸原因为雨闪。

事故中保护装置和安康水电厂 0 号小机组稳控装置及蔺河口水电厂稳控装置及低周减载装置等安全自动装置均动作正确。

5. 事故后果分析

事故发生后，西电东送功率增大至 1 170 MW，南庄线有功增至 790 MW。由于西电东送及南庄和渭桃断面均大大超过动稳水平。电网功率超过动稳水平运行时，若再发生线路跳闸，将直接导致电网稳定破坏，继而瓦解，大面积停电。超动稳运行时，往往造成导线温度急剧上升，弧垂加大，线路烧断或对地放电线路跳闸，稳定破坏等严重后果，主要会导致以下两种结果：

(1) 由于事故前西电东送功率约为 700 MW，事故后因安康电厂与主网解列，损失功率约 480 MW，使西电东送达到 1 170 MW，造成西电东送严重超动稳水平（880 MW）。若此时陕西和甘肃四条330 kV 联络线中任意一条线路再发生故障，均将引起西北电网发生失步振荡，导致电网稳定破坏。发生失步振荡后陕甘联络线上配置的振荡解列装置能够正确动作，断开东西部所有 330 kV 联络线，将使陕西电网与西北主网解列。因解列后的陕西电网功率缺额高达 1 170 MW（约占当时陕西电网总负荷的 18.7%），从而会导致孤网频率快速下降，陕西电网内低周减载装置将动作，切除约 1 200 MW 负荷后，但大电网稳定破坏后的振荡中，系统受到强烈冲击，后果难以预料，往往引起大量的发电机组和线路跳闸，直接导致系统崩溃、大面积停电。类似“8·19”美加大停电和“5·25”莫斯科大停电事故。大电网稳定破坏事故，不但会使国民经济遭受国大损失。给社会带来混乱和不安定因素，还会在国内外造成恶劣的影响。我国自 20 世纪 80 年代以来没有发生过区域电网破坏事故。

(2) 由于事故前南庄线功率约为 500 MW，事故后安康电厂解列，损失出力约 550 MW，南庄线有功功率达到 790 MW，造成南庄线严重超热稳和动稳水平（550 MW），由于南庄线严重超热稳定水平，线路温度急剧升高，线路弧垂增大，如果此时出现线路故障或线路被烧断，南庄线发生短路故障或被烧断，陕西东部和渭北电网将与系统发生失步振荡，330 kV 联络线桃西线的振荡解列装置动作，跳开桃西线，但渭桃线没有解列装置，大量负荷转移至唯一的联络线渭桃线，经计算渭桃线功率将达到 1 000 MW 以上。如果渭桃线跳闸或被烧断，陕西东部和渭北电网将会发生稳定破坏事故而大面积停电。

三、黔桂铁路隧道塌方事故应急救援事例分析

1. 事故经过

2006 年 7 月 6 日，黔桂铁路扩能改造工程螃蟹冲北端隧道 180 m 处发生塌方事故，塌方长度约 20 m，6 名工人被困洞内。

事故发生后，黔南州及都匀市安监部门迅速赶到事故现场，与施工方共同组成事故救援指挥部。贵州省安监局、黔南州、都匀市有关领导也立即赶赴事故现场。施工单位立刻启动紧急救援预案，积极展开救援工作。

2. 事故应急救援

经实地勘察，救援工作在专家组的指导下，采取了三条急救措施：

一是凿通一小管道给被困人员送风供氧；

二是在隧道顶端钻孔，打通一向下的小洞后，再放钢管伸入到隧道底部，从钢管内将瓶装的牛奶等食物运送给被困人员充饥；

三是在隧道北端掘进一个长、宽均为 1.5 m 的垂直“生命通道”进入隧道救人。

救援小组立即从黔东南州调来大型钻探机从隧道山顶钻探，当日打通出气孔，经双方敲打伸进去的钢管，判断隧道内有人生存。随后手电筒、笔、纸、水、牛奶、八宝粥、对讲机、扑克牌等通过钢管送到洞内，得知隧道内仍有 100 多米活动空间后，救援队伍日夜冒着大雨，开挖天井通道。

经过救援人员连续紧张的施救，7 月 9 日 17 时 30 分，被困 3 天 3 夜的 6 名工人全部成功获救。

四、燕化集团输气管路丙烯泄漏事故应急救援事例分析

2004 年 6 月 18 日，北京房山区燕化集团公司深埋地下的输气管路在施工中被挖断，造成丙烯泄漏险情，面对突如其来的意外情况，房山区迅速启动应急救援预案，沉着应对；果断处置，避免了一起重大人身伤亡事故发生。

1. 事故经过

北京房山城关地区的化工四厂所需的生产原料丙烯均由燕化集团公司通过输气管路提供，全长达 6 km，直径 50 mm 的输气管路深埋地下约 1.5 m。

2004 年 6 月 18 日上午 11 时 50 分许，北京市燕顺实业公司一挖掘机手在操作挖掘机进

行雨沟施工作业时，将地下丙烯运输管线挖漏，顿时管内约 16 kg 级的气体压力使雾状的丙烯从裂缝中喷涌而出，形成二三米高的烟柱，有害气体无情地向四周扩散，对现场和周边人们的生命安全构成严重威胁，闯下大祸的施工人员情急之下，拨通了化工四厂的电话。

2. 应急救援经过

接到报警电话后，化工四厂领导马上意识到事故的严重性，一方面由指挥长率领安消科、生产科、设备科、保卫科、车管科等职能部门人员，出动消防车辆急速赶赴事故现场，控制险情；另一方面及时将事故情况报房山区政府、区安全生产监督管理局和供气方燕化集团公司，请求对险情协调处置。与此同时，该厂储运车间及时关闭丙烯进料阀门，燕化一厂接到险情报告后，也立即关闭了送料阀并组织技术人员在事故现场回收管线内的残存丙烯，对无力回收的送火炬燃烧，减少丙烯扩散影响环境和危及群众的生命安全。厂中化室现场负责对气体的监测，为安全排险提供科学依据。房山区主管副区长命令区安委会有关成员单位负责人以军事化的行动赶赴事发现场，组织排险。接到指令后，驻区国有大型危化企业燕化公司、东方公司领导都在第一时间到达现场。市安全生产监督管理局有关领导闻讯后也专程赶来，对排险工作进行指导、督察。

为使排险工作紧张有序进行，各级领导现场简要听取事故通报情况后，立即成立以主管副区长任全胜为总指挥的战地指挥部。针对事故现场紧邻交通要道，过往车辆多，人员密集，扩散的有毒气体危及人身安全的严重后果，当即决定启动区事故应急救援预案。区安全生产监督管理局、公安局、环保局、城关办事处、消防处、交通支队等单位按照各自职责分工，协调配合，积极行动，在划定方圆 500 m 的警戒区域内迅速布控，加强警戒，封锁事故现场，疏导过往车辆和行人，熄灭周边明火，切断现场电源，组织险区内三户居民和几十名民工紧急疏散，确保绝对安全。

3. 紧急处置，确保安全

化工四厂储运车间的职工顾不上吃饭休息，有的关阀卸压、有的回收丙烯、还有的冒雨拆卸盲板。维修班工作人员接厂调度室关于给丙烯管线和球罐加盲板，准备氮气吹扫的命令后，立即行动，两人一组，小心而又熟练地操作，避免因工具碰撞产生火花带来麻烦。保安和消防人员夜以继日盯守在事故现场，认真履行职责。晚 7 时 30 分许，管道内丙烯全部卸完，燕化一厂开始向管线内置换氮气；次日 12 时 45 分，丙烯管线内丙烯分析合格，达到动火要求；12 时 50 分由北化建负责动火施工，更换部分管线；14 时 30 分管线更换完后，开始向管道内充氮气，准备气密实验；15 时 05 分经气密实验确认管线无泄漏后，进行吹扫置换；15 时 15 分，对更换的部分丙烯管线做探伤和管线吹扫置换；19 时 15 分，正式输运丙烯，供高压气密实验；21 时 30 分，管线内的丙烯达到每小时 2 t 的正常值，开始恢复生产。

在整个排险过程中，市安全生产监督管理局、房山区政府、区有关部门、化工四厂、燕化集团领导自始至终坚守在现场指挥，协调组织排险。由于措施得力，工作有序，防控到位，经过近30小时的连续奋战，顺利排除险情，达到了无一人伤亡，确保全区安全稳定大局的目的。